Anthropologie – Technikphilosophie – Gesellschaft

Herausgegeben von
Klaus Wiegerling, Kaiserslautern, Deutschland

Die Reihe Anthropologie – Technikphilosophie – Gesellschaft fokussiert auf anthropologische Fragen unter dem Gesichtspunkt der technischen Disposition unseres Handelns und Welterschließens. Dabei stehen auch Fragen der zunehmenden technischen Erschließung unseres Körpers durch Bio- und Informationstechnologien zur Diskussion. Der Wandel des Selbst-, Gesellschafts- und Weltverständnisses durch die Technisierung des Alltags und der eigenen körperlichen Dispositionen erfährt in der Reihe eine philosophische und sozialwissenschaftliche Reflexion. Geboten werden bevorzugt Monographien zu Schlüsselproblemen und Grundbegriffen an der Schnittstelle von Anthropologie, Technikphilosophie und Gesellschaft.

Herausgegeben von
Klaus Wiegerling, Kaiserslautern, Deutschland

Weitere Bände in dieser Reihe http://www.springer.com/series/15203

Rafael Capurro

Homo Digitalis

Beiträge zur Ontologie, Anthropologie und Ethik der digitalen Technik

Rafael Capurro
Hochschule der Medien
Stuttgart, Deutschland

Anthropologie – Technikphilosophie – Gesellschaft
ISBN 978-3-658-17130-8   ISBN 978-3-658-17131-5   (eBook)
DOI 10.1007/978-3-658-17131-5

Die Deutsche Nationalbibliothek verzeichnet diese Publikation in der Deutschen Nationalbibliografie; detaillierte bibliografische Daten sind im Internet über http://dnb.d-nb.de abrufbar.

Springer VS
© Springer Fachmedien Wiesbaden GmbH 2017
Das Werk einschließlich aller seiner Teile ist urheberrechtlich geschützt. Jede Verwertung, die nicht ausdrücklich vom Urheberrechtsgesetz zugelassen ist, bedarf der vorherigen Zustimmung des Verlags. Das gilt insbesondere für Vervielfältigungen, Bearbeitungen, Übersetzungen, Mikroverfilmungen und die Einspeicherung und Verarbeitung in elektronischen Systemen.
Die Wiedergabe von Gebrauchsnamen, Handelsnamen, Warenbezeichnungen usw. in diesem Werk berechtigt auch ohne besondere Kennzeichnung nicht zu der Annahme, dass solche Namen im Sinne der Warenzeichen- und Markenschutz-Gesetzgebung als frei zu betrachten wären und daher von jedermann benutzt werden dürften.
Der Verlag, die Autoren und die Herausgeber gehen davon aus, dass die Angaben und Informationen in diesem Werk zum Zeitpunkt der Veröffentlichung vollständig und korrekt sind. Weder der Verlag noch die Autoren oder die Herausgeber übernehmen, ausdrücklich oder implizit, Gewähr für den Inhalt des Werkes, etwaige Fehler oder Äußerungen. Der Verlag bleibt im Hinblick auf geografische Zuordnungen und Gebietsbezeichnungen in veröffentlichten Karten und Institutionsadressen neutral.

Lektorat: Frank Schindler

Gedruckt auf säurefreiem und chlorfrei gebleichtem Papier

Springer VS ist Teil von Springer Nature
Die eingetragene Gesellschaft ist Springer Fachmedien Wiesbaden GmbH
Die Anschrift der Gesellschaft ist: Abraham-Lincoln-Str. 46, 65189 Wiesbaden, Germany

Da sprach es wieder wie ein Flüstern zu mir: „Die stillsten Worte sind es, welche den Sturm bringen. Gedanken, die mit Taubenfüßen kommen, lenken die Welt."
　　　　　　　　Nietzsche 1999, 4, S. 189.

Vorwort

Diese Monografie umfasst eine Auswahl deutschsprachiger Beiträge des Verfassers zu ontologischen, anthropologischen und ethischen Fragen der digitalen Technik. Sie schließt an zwei vorhergehende Sammlungen, nämlich *Leben im Informationszeitalter* (Capurro 1995) und *Ethik im Netz* (Capurro 2003), an. Die rasante Entwicklung der digitalen Technik und ihre Anwendung in allen Bereichen der Gesellschaft gibt zunehmend Anlass zu einer nicht nur akademischen, sondern auch in den klassischen Massenmedien sowie im Internet geführten Diskussion. Der Bedarf an philosophischer Analyse wächst, um Klischees, Schlagworte und Schwarz-Weiß-Darstellungen zu entlarven, die zu einer lähmenden Polarisierung führen. Erfreulicherweise beteiligen sich in letzter Zeit immer mehr deutschsprachige Intellektuelle an dieser global geführten Debatte. Die digitale Technologie ist nicht nur ein Instrument, sondern eine Sichtweise uns selbst und die Welt zu verstehen. Sie wirft ontologische, anthropologische und ethische Fragen auf. Was kennzeichnet diese Art die Welt in ihrem digitalen Sosein zu verstehen? Wer sind wir im digitalen Zeitalter? Diese Fragen lassen sich deskriptiv und normativ erörtern. Mit dem Internet entstand eine interaktive horizontale Kommunikationsform, welche die vertikale massenmediale Eins-zu-vielen-Struktur der Informationsverbreitung grundlegend veränderte. Aus passiven Botschaftsempfängern sind global agierende aktive Sender geworden. Wir leben in einer digitalen interaktiven *message society*. Das hat massive ökonomische, politische und rechtliche Auswirkungen, die erst seit wenigen Jahren in ihrem vollen Ausmaß sichtbar geworden sind. Der digitale Code, der dem Internet zugrunde liegt, ist in dem Sinne universal, dass er eine Rechnerkompatibilität ermöglicht. Die dadurch eröffneten Möglichkeiten freier Kommunikation haben inzwischen zu Monopolbildungen durch *global players* geführt. Diese geben eigene *rules of fair play* vor und wähnen sich über demokratisch legitimierte Gesetze, zumal wenn diese ihren Profitinteressen zuwiderlaufen. Die interaktive digitale

Kommunikation zeigt sowohl positive Möglichkeiten als auch Verfallsformen wie Ausbeutung, Überwachung, Abschottung und kriminelle Aktivitäten aller Art. Auch mit diesen Fragen befassen sich die Beiträge in diesem Band, auf deren Inhalte anhand von Exzerpten kurz hingewiesen werden soll. Zunächst aber, soll die allen diesen Denkversuchen gemeinsame Problematik vorgestellt werden.

Wenn die Grundkoordinaten eines neuen Zeitalters ansatzweise vorliegen, ist es Zeit für Minervas Eule einen ersten Erkundungsflug zu starten, auch wenn manche Überraschung bevorsteht, die das heute Sichtbare später anders erscheinen lässt. Das sinnende Denken muss nicht bei ihrem Flug abwarten, bis die neue Epoche ergraut, sondern es kann angesichts dessen was im Entstehen begriffen ist, eine vorläufige Bestandsaufnahme und eine Ahnung von dem, was kommen mag, darlegen, auch um den Preis von Irrtum und Verzerrung, die bei einer Nahsicht und vermeintlicher Hellsicht begriffsgeschichtlicher Entwicklungen unvermeidbar sind. Die Aufgabe des Einsicht suchenden Denkens besteht darin, epochale Veränderungen menschlichen In-der-Welt-seins zur Sprache zu bringen, um Antworten auf die Herausforderungen, die das neue Verhältnis von Mensch und Welt bestimmen, zu geben. Ein solches Denken ist wesensmäßig geschichtlich. Seine Antworten haben eine Halbwertzeit und lassen sich nicht von einer Epoche auf die andere eins-zu-eins übernehmen. So stellte zum Beispiel die neuzeitliche Naturauffassung einer durch Kausalgesetze bestimmten Welt eine Herausforderung für die Selbstdeutung menschlicher Freiheit, Autonomie und Würde dar, der nicht mehr mit den Mitteln des mittelalterlichen Denkens beizukommen war. Kant gab eine Antwort auf Newton, Hume eine andere. Wenn wir heute in einer Welt leben, die von Relativitätstheorie, Quantenmechanik, digitaler Weltvernetzung, Molekularbiologie, Nanotechnologie, ökologischer Krise, atomarer Aufrüstung, Bevölkerungsexplosion und vieles anderes mehr bestimmt ist, dann kann das sinnende Denken nicht bloß die Antworten aus der Vergangenheit wiederholen als wären sie der feste Bestandteil einer universalen, überzeitlichen *philosophia perennis* – aber sie kann sie auch nicht einfach vergessen, um analytisch *ab ovo* anzufangen. Sie muss sie stattdessen immer wieder heranziehen oder ‚wieder-holen‘, um dadurch das besondere der jetzigen Zeit herauszuarbeiten. Es wäre ein Irrtum zu glauben, dass die epochalen Antworten inkommensurabel sind. Wir stehen vor einer immer wieder revidierbaren Übersetzungsaufgabe, um das gemeinsame und das jeweils Besondere herauszuarbeiten. Der heutige Begriff der Menschenwürde zum Beispiel, der vor allem aus den traumatischen Erfahrungen der Weltkriege im vorigen Jahrhundert entstanden und in der *Allgemeinen Erklärung der Menschenrechte* der Vereinten Nationen verankert ist, unterscheidet sich gerade in dieser Form geschichtlicher Begründung von Kants Begriff der Würde und auch dadurch, dass bei Kant einer Auffassung des Menschen als Bürger zweier Welten, der *phänomenalen* und der *noumenalen,* zugrunde liegt. Heute leben wir in einem an irdischer und kosmischer Evolution orientierten und von der Möglichkeit digitaler Selbst- und Weltmanipulation bestimmten wissenschaftlich-technischen Denken und Handeln, das eine andere sinnende Antwort verlangt, als jene, die sich aufgrund der neuzeitlichen Polarität zwischen Freiheit und Naturdeterminismus stellte. Was bedeutet Freiheit in diesem neuen epochalen Kontext? Die seit Jahren geführte Debatte um Privatheit, die zugleich eine Debatte um einen Strukturwandel der Öffentlichkeit ist, ist ein Anzeichen für nur in Ansätzen vorliegenden Antworten einer neuen Aufklärung. Dabei ist aber zu bemerken, dass eine digitale Aufklärung im Sinne eines globalen Bewusstwerdens über die epochale Veränderung, welche die digitale Technologie mit sich bringt, nur eine halbierte Aufklärung ist, wenn sie nicht imstande ist, just von diesem digitalen Zeitgeist einen denkerischen Abstand zu nehmen, anstatt sich nur um ihre Verbreitung zu bemühen. Darum kümmern sich schon die *global players* der Informationstechnologie. Was sie aber im Rahmen ihres So-seins nicht tun können, ist, einen epochalen Abstand zu nehmen, der ihre Geschäftsgrundlage in ihrem Wesen relativiert oder sogar ganz infrage stellt. Wir brauchen aber eine Aufklärung über die digitale Aufklärung, damit sie nicht dialektisch in digitale Mythologie zurückschlägt. Wie kann eine solche Aufgabe bewältigt werden? Oder ist der Begriff der Bewältigung irreführend, als ob es sich um etwas handeln würde, worüber wir Herr werden können, während in Wahrheit solche epochale Veränderungen sich aus vielschichtigen unvorhersehbaren Ereignissen ergeben und nicht in Beherrschungskategorien angemessen gefasst werden können bzw. nur um den Preis, dasjenige gedankliche Instrumentarium zu benutzen, worüber hinaus zu gehen ist? Die Risse in der digitalen Mythologie werden bei diesem frühen Eulenflug allmählich sichtbar. Sie sind dadurch gekennzeichnet, dass sie bei Nacht durch leises und langsames Schwingen stattfindet. Worin besteht der uns heute bestimmende digitale Horizont? Wie lässt sich das Digitale als ein ontologisches, das Seinsverhältnis von Mensch und Welt betreffendes und nicht bloß instrumentelles technisches Phänomen deuten?

Ontologie

Diesen Fragen ist der *erste Beitrag* dieses Bandes mit dem Titel „Einführung in die digitale Ontologie" gewidmet. Ich bezeichne unsere gegenwärtig vorherrschende Seinsdeutung in Abwandlung des Satzes von George Berkeley

„Das Sein der Dinge ist ihr Wahrgenommensein" („Their *esse* is *percipi*") mit dem Satz *„esse est computari"*. Die globale digitale Vernetzung ist die Art und Weise, wie wir heute jene Totalität erfahren und gestalten, die die Metaphysik das Seiende im Ganzen nannte. Eine genaue ontologische Bestimmung des Digitalen im Rahmen eines sinnenden sich im Übersetzen übenden Denkens ist nicht ohne Rückgriff auf den griechischen Ursprung der Seinsfrage sowie auch auf andere Ursprünge jenseits der europäischen Tradition in einem interkulturellen Dialog möglich. Die gesellschaftlichen Transformationen, die auf der Basis des Verstehenshorizontes der digitalen Ontologie stattfinden sind bereits wahrnehmbar, wenn Milliarden von Menschen und Dingen über digitale Netzwerke interagieren, wenn Menschen sozusagen darin körperlich verworben sind und sich in ihren konkreten globalen und lokalen Ausformungen sowohl in gelingenden die Freiheit erweiternden Möglichkeiten als auch in Verfallsformen der sozialen Kontrolle und offenen oder verschleierten Ausbeutung artikulieren.

Der *zweite Beitrag* handelt von der rechnerischen Künstlichkeit, die eine Art von Superkategorie ist, wie die metaphysischen Kategorien der Substanz oder Subjektivität, welche alle Arten des Seienden umfassen. Die Metaphysik der Künstlichkeit sieht alle Phänomene insofern als real an, als sie Ausdrücke der rechnerischen Formen (Algorithmen oder Programme) sind. Die errechnete Form hat einen höheren ontologischen Rang als die sogenannte Realität, da sie diese ändern und in anderer Form reproduzieren kann. Realität ist lediglich ein Ausdruck für errechnete Virtualität. Das Künstliche ist das Wirkliche. Seit alters her hängen die menschliche Vorstellungskraft und ihre künstlichen Hervorbringungen eng mit unseren Träumen und besonders mit der Weise zusammen, wie wir diese Träume sozusagen als Mythen bewusst verarbeiten. Unsere Träume, nicht so sehr unsere Rationalität, sind der Ursprung unserer Künstlichkeit. Die Grundfrage menschlichen Existierens, die Seinsfrage, ist eine Streitfrage, die nur teilweise der Deutungsmacht des Menschen unterworfen ist. Die Unverfügbarkeit der Welt und unseres In-der-Welt-seins drückt sich in der Form einer sich kontingent verwirklichenden Vernunft aus, die immer nach dem Maß der Freiheit suchen muss.

Der Titel des *dritten Beitrags* lautet: „Zur Kritik des platonischen Höhlengleichnisses als Metapher der Medienkritik". Platons Höhlengleichnis scheint auf den ersten Blick eine ausgezeichnete Grundlage für eine heutige Medienkritik zu bieten. Platon beschreibt nämlich die Lage der in einer medialen Pseudorealität eingebetteten bzw. angeketteten Menschen sowie den Weg ihrer Befreiung. Inwieweit ist aber diese Verwendung tatsächlich für eine Kritik unserer Medienrealität tauglich? Die Speleologie, die Wissenschaft von den Höhlen, hat als philosophische Metapher für die Beschreibung des Weges zur wahren Erkenntnis und zum richtigen Handeln eine lange und wechselhafte Entwicklung hinter sich. Sie führte zur Diskriminierung bestimmter Erfahrungen, die dem Schattenhaften zugeschrieben wurden. Die Höhlenmetapher ist deshalb nur bedingt eine Aufklärungsmetapher, da sie im Namen der einen Sinndimension eine andere Sinndimension abwertet und dieses Schema nicht nur inhaltlich, sondern auch strukturell festschreibt.

Mitten in einer nie enden wollenden Rede von der Globalisierung, die einem homogenisierenden Globalismus und den profitorientierten Interessen der *global players* zu Diensten ist, stellt sich die Frage nach dem Lokalen, mit der sich der *vierte Beitrag* dieser Sammlung befasst. Das Netz ist kein Heilmittel gegen Freuds „Unbehagen in der Kultur", sondern steht in einer immer stärkeren Wechselwirkung mit allen Sphären der Gesellschaft und spiegelt deren Konflikte wider. So gilt es hier erneut die Differenz lokal/global im Sinne einer Differenz innerhalb des Netzes zu hinterfragen, um nicht an der Oberfläche der globalen Weltvernetzung hängen zu bleiben, sondern diese Differenz im Hinblick auf die lokalen, d. h. geografischen, ökonomischen, kulturellen, politischen usw. Interessen im Interface des jeweiligen Systems zu analysieren. So gesehen ist die Weltvernetzung weder ein bloß technisches oder neutrales Artefakt noch ein Machwerk der Moderne, sondern eine Weise, wie wir unsere Existenz im Sinne eines ontologischen Weltentwurfs gestalten. In-der-Welt-vernetzt-sein bedeutet dann eine echte Möglichkeit menschlichen Existierens, vorausgesetzt, wir besinnen uns unserer Kontingenz, indem wir global und lokal bei Sinnen bleiben.

Anthropologie

Wer sind wir im 21. Jahrhundert? Diese Frage stellt sich immer mehr in Zusammenhang mit einer Theorie der natürlichen und künstlichen Agenten, wobei die Grenze zwischen Mensch und Natur sowie zwischen Menschen und Maschine verwischt wird. Das Resultat ist eine moralische Ambivalenz, auch bezüglich der Differenz zwischen Körper und Leib, die im sogenannten Transhumanismus sowie in der Robotertechnologie in mythologischem Gewand erscheint. Das ist Thema des *fünften Beitrags*. Was bewegt einen Roboter? Für gewöhnlich eine Batterie und ein Programm in einem Mikroprozessor in Verbindung mit mehr oder weniger klar definierten Situationen und Zielen in der ‚Außenwelt'. Hybride, also Lebewesen mit digitalen Komponenten oder Roboter mit organischen Teilen, werden folglich von einer Kombination aus natürlichen und künstlichen Triebkräften bewegt, einschließlich erweiterter sensorischer und/oder intellektueller

Fähigkeiten. Es ist schwierig sich vorzustellen, wie sich ein nicht-menschliches moralisches Bewusstsein herausbilden kann. Die bloße Programmierung eines moralischen Codes in einem Roboter ist offensichtlich nichts weiter als die Nachahmung von Moralität, von ethischer Reflexion ganz zu schweigen. Offensichtlich bringt die digitale Vernetzung aller oder einiger sensorischen, intellektuellen und moralischen Fähigkeiten der Menschen fundamentale Veränderungen mit sich, die nicht nur den Umfang ihrer Handlungen betrifft, sondern auch den ihrer Leidenschaften und damit der Situationen, in denen sie als Individuum oder auch als Gesellschaft teilweise oder vollständig die Macht und Verantwortung über ihre Aktionen verlieren können.

Der *sechste Beitrag* „Der Moment des Triumphs" ist ein Dialog mit dem Philosophen und Wissenschaftsjournalisten Hans-Arthur Marsiske über das für das digitale Zeitalter paradigmatische Bild von US-Präsident Obama im Kreise seiner engsten Berater während des Angriffs auf Osama bin Laden. Was zeigt und verbirgt dieses Bild im *Situation Room* des Weißen Hauses? Wir leben in der Zeit des digitalen Weltbildes. Das Bild zeigt, jenseits der unentrinnbaren Dialektik zwischen Zuschauer erster und zweiter Ordnung, das, was unsere Realität ausmacht: nämlich das Verhältnis von Macht und Digitalisierbarkeit. Dieses Phänomen erleben wir tagtäglich, ohne dass es uns immer bewusst ist, wer wir geworden sind. Das Bild zeigt uns einen Mikrokosmos der *message society,* in der wir nicht bloße Zuschauer des Weltgeschehens, sondern mitspielende Sender, Boten und Empfänger sind.

In Wirtschaft, Politik, Ausbildung und Forschung und nicht zuletzt in unserem Alltag sind wir weitgehend auf digitale Informationen angewiesen. Was wir wissen möchten, ist situationsabhängig, d. h. es rekurriert auf unsere existenziellen Umstände, unsere Geschichte und unser Engagement, es hängt ab von dem, was wir glauben und begehren. Was wir wissen wollen, ist zum Teil explizit benennbar, bleibt jedoch häufig implizit. Das wird beispielsweise deutlich, wenn uns bewusst wird, wie groß die Kluft ist zwischen dem, was wir verstehen und dem, was wir glauben verstehen zu sollen – wenn also etwa unser kritischer Geist dem aktuellen Wissen als sicheren Ausgangspunkt für künftige Erkenntnisse nicht länger vertraut. In der globalen und digitalen Wirtschaft spiegelt sich diese Position in den Finanzmärkten wider, die permanent zwischen Vertrauen und Angst pendeln. Jede Art von Zukunftswissen stützt sich auf Annahmen, die nicht restlos expliziert werden können, da dies absolutes Wissen voraussetzen würde – zu dem der Mensch nicht fähig ist. Es gibt für ein endliches menschliches Erkennen keine vollständige Information. So betrachtet können wir informationelle Angst und ihr Gegenstück, informationelles Vertrauen, als grundlegende Stimmungen der digital vernetzten Informationsgesellschaft konstatieren. Mit diesem Phänomen setzt sich der *siebte Beitrag* auseinander.

Der *achte Beitrag* mit dem Titel „Jenseits der Infosphäre" handelt von der anthropologischen und ontologischen Debatte um den Sinn der Infosphäre am Beispiel der Begriffsprägungen durch Luciano Floridi und Peter Weibel sowie der Kritik sphärologischen Denkens durch Peter Sloterdijk. Anschließend wird anhand des Unterschiedes zwischen *face-to-face* und *interface* eine Kritik sozialer Netzwerke am Beispiel von *Facebook* und *Google* unter Bezugnahme auf Presseberichte in der *Süddeutsche Zeitung,* der *New York Times* und der *Frankfurter Allgemeine Zeitung* vorgelegt und auf die Bedeutung des Unterschiedes zwischen Wer-sein und Was-sein für eine Neubesinnung des Verhältnisses von Privatheit und Öffentlichkeit im digitalen Zeitalter hingewiesen. Der Beitrag schließt mit Hinweisen auf eine Phänomenologie der Kommunikation als ein Boten- und Botschaftsphänomen, die ich Angeletik (Griechisch: *angelos/angelia* = Bote/Botschaft) nenne. Eine kritische Erörterung des Phänomens der Kommunikation im digitalen Zeitalter soll auf die Gewinne und Verluste, die ihr eigen sind, aufmerksam machen, um so von den Obsessionen, Illusionen und Ambitionen der digitalen *global players* sowohl individuell als auch gesellschaftlich einen kritischen Abstand zu nehmen. Ich sehe darin eine Kernaufgabe der digitalen Ethik.

Im Mittelpunkt des *neunten Beitrags* „Robotic natives" steht die Erörterung der rasch voranschreitenden Verbreitung von Robotern in allen Lebensbereichen aus ethischer Sicht. Der Begriff des Roboters umfasst alle Arten von für bestimmte Zwecke programmierte und autonom handelnde Dinge, die, nach den Absichten ihrer Hersteller, das Leben erleichtern sollen. Nach einem kurzen Ausflug in die Robotergeschichte werden aktuelle Roboteranwendungen in Bereichen wie Medizin, Haushalt, Verkehr und Unterhaltung erörtert. Der Schwerpunkt liegt bei ethischen Fragen, die sich vor allem dann ergeben, wenn Roboter vernetzt und Teil dessen werden, was Internet der Dinge genannt wird. Der Beitrag soll Entlastungen und Belastungen im Alltag ansprechen und die Frage aufwerfen, wie eine Welt mit digital vernetzten Robotern unser Selbstverständnis verändert.

Ethik

Der *zehnte Beitrag* „Ethik der Informationsgesellschaft. Ein interkultureller Versuch" hat als Ziel, das Phänomen der indirekten Rede, das insbesondere für die Kulturen im Fernen Ost prägend ist, in die gegenwärtige informationsethische

Debatte einzuführen. Die Differenz direkte/indirekte Rede, die hier nicht primär als eine grammatikalische oder rhetorische, sondern als eine existenzielle, d.h. das Verhältnis von Mensch und Welt betreffende, aufgefasst wird, soll Anlass dazu geben, über Interkulturalität und Geschichtlichkeit informationsethischer Ansätze sowie über unterschiedliche moralische Ausformungen vergangener und gegenwärtiger Informationsgesellschaften nachzudenken.

„Leben in der *message society*" ist der Titel des *elften Beitrags,* der mit einem persönlichen Erfahrungsbericht anfängt, um sich anschließend mit Grundfragen menschlichen Existierens in einer Lebenswelt auseinanderzusetzen, in der das Digitale in Wechselwirkung mit dem Leib immer mehr zu einem entscheidenden Lebens- und Leidensfaktor wird. Ich behaupte, dass dieses hybride Umfeld, sowohl im existenziellen als auch im ökologischen Sinne, eine Reihe von krankhaften leiblichen und seelischen Symptome hervorruft, worüber wir aber, soweit mir bekannt, noch keine systematische Übersicht haben. Eine künftige Pathologie der Informationsgesellschaft müsste sowohl leiblich-seelische als auch existenzielle Aspekte umfassen. Wir befinden uns am Anfang eines Weges, ohne genau zu wissen, ob die eine oder andere Richtung besser wäre, nicht zuletzt weil die durch die Digitalisierung und die Biotechnologien ermöglichten lokalen und globalen Wechselwirkungen sich kaum in ihren konkreten Auswirkungen im Voraus ahnen und bewerten lassen.

Der *zwölfte Beitrag* behandelt die Frage nach den Grenzen der Medialisierung menschlichen Leidens am Beispiel der Medialisierung von Aids. Während aber Aids als gesellschaftliche Metapher das endlose und globale Zirkulieren von Menschen, Bildern, Waren, Müll, Informationen und Kapital anzeigt, deutet inzwischen eine andere Krankheit, nämlich Alzheimer, sozusagen auf das Herz oder genauer gesagt auf das Gehirn der Informationsgesellschaft hin, nämlich auf den Verlust nicht nur der biologischen, sondern auch der digitalen Gedächtnis- und Erinnerungsfunktionen, aufgrund einer Überwucherung von Information oder von geheimen Selektionsmechanismen oder schließlich durch Störungs- und Löschungsmöglichkeiten aller Art.

Der *dreizehnte Beitrag* befasst sich mit dem Verhältnis zwischen Information und moralischem Handeln im Kontext der digitalen Informations- und Kommunikationstechnologien (IKT). Am Beispiel von Axel Honneths Ansatz *Das Recht der Freiheit* wird gezeigt, wie und mit welchen Konsequenzen eine aktuelle sozialphilosophische Analyse eines Habermas-Schülers, welche meint, fast gänzlich von den digitalen IKT absehen zu können, die durch diese Technologien bewirkte Veränderung des menschlichen Selbstverständnisses im Allgemeinen und des moralischen Handelns im Besonderen aus den Augen verliert. Demgegenüber wird angedeutet, worin diese Veränderung menschlichen Handelns besteht und was die Aufgabe der Informationsethik in diesem Zusammenhang ist.

Seit der Entstehung des Internets haben akademische wie auch gesellschaftliche Debatten über informationsethische Themen rasant zugenommen. Der *vierzehnte Beitrag* erörtert einige dieser Themen unter dem Titel „Digitale Ethik". Dieser Ausdruck ist neueren Datums. Die kritische Reflexion über eine von der Digitalisierung geprägten Welt entstand aber bereits in den vierziger Jahren des vorigen Jahrhunderts. Ethische Analysen sollten Handlungsoptionen erhellen, ohne den Handelnden ihre Verantwortung abzunehmen. Wir leben nicht in zwei Welten, einer physischen und einer digitalen, sondern die digitale Weltvenetzung prägt unser In-der-Welt-sein insgesamt. Die bisherigen symbolischen „Immunsysteme" (Sloterdijk 2009) wie die Moral und das Recht, befinden sich im Krisenmodus. Soziale Netzwerke und Onlineplattformen sowie die Vernetzung mit Smartphones geben Anlass zu neuen ethischen und rechtlichen Fragestellungen, bei denen das Verhältnis von Privatheit und Öffentlichkeit auf dem Prüfstand steht. Das gilt auch für die aktuelle Debatte um Robotik, Mobilität und Bildung.

Der Leser wird nicht nur auf Überschneidungen und Wiederholungen stoßen, sondern auch auf widersprüchliche Einsichten, die nicht zuletzt ihren Grund darin haben, dass diese Texte im Laufe der letzten zwölf Jahre entstanden sind, also in einer für das zu untersuchende Phänomen sehr langen Zeit. Dieser Befund bestätigt die anfangs geäußerte Problematik eines frühen Eulenfluges, der nicht nur einmal, sondern mehrmals stattfand und sich immer wieder in verschiedener Hinsicht bestätigt oder widerlegt vorfand. Das Gleiche gilt für den Bezug auf Einzelphänomene, die zwar in einer bestimmten Situation punktuell vermutlich richtig wahrgenommen, später aber entweder bedeutungslos wurden oder gar ganz verschwanden. Mit anderen Worten, die Halbwertzeit des Denkens über den *Homo digitalis* beträgt in manchen Fällen wenige Jahre, in anderen ist sie heute noch gültig.

Schließlich möchte ich auf das mit dem Ausdruck *big data* gekennzeichnete Phänomen hinweisen. *Big data* ist die alltägliche Seinsweise als *was* wir uns zunächst und zumeist im digitalen Zeitalter wiederfinden. Es wäre aber ein Irrtum, diese Weise des Menschseins *nur* als die negative Folie zu sehen, wovon sich das *authentische* Selbstsein, dessen Kernfrage ‚*Wer* ist der Mensch?' lautet, abhebt. In Wahrheit gehören beide Weisen des In-der-Welt-seins zusammen und genau diese Zusammengehörigkeit ist es, was die *conditio humana* auszeichnet. Authentisches Selbstsein im Sinne eines mit anderen in einer gemeinsamen Welt Sich-Entwerfendes bleibt immer auf die Kontingenz des Geschichtlichen angewiesen. Ein so verstandenes offenes Selbstsein kann sich weder individuell noch als Gesellschaft eine feste Identität, auf der Basis einer Kultur, Sprache oder einer staatlichen Form, geben, um dadurch das Nichtauthentische im Sinne des Fremden oder des Anderen auszuschließen. Das sich wandelnde In-der-Welt-sein mit anderen gibt Anlass zu wiederholten, langsamen und lautlosen Eulenflügen. Minervas Eule sucht nach Beute, indem sie auf den ethischen Unterschied zwischen *Was-sein* und *Wer-sein* im digitalen Zeitalter Ausschau hält. Sie erblickt darin die Wechselseitigkeit der ontologischen und der anthropologischen Frage. Denken braucht Zeit. Wahrheit gibt es nur im Gespräch.

Karlsruhe, Deutschland   Rafael Capurro

Inhaltsverzeichnis

Teil I Ontologie

1 Einführung in die digitale Ontologie 3
   1.1 Einführung 3
   1.2 Der griechische Ursprung............................... 5
   1.3 Digitale Ontologie 10
   1.4 Ausblick 14

2 Über Künstlichkeit 17
   2.1 Geschichtlicher Hintergrund............................ 17
   2.2 Zu einer zeitgemäßen Deutung von Künstlichkeit 19
   2.3 Schlussbemerkungen 24

3 Zur Kritik des platonischen Höhlengleichnisses als Metapher der Medienkritik 27
   3.1 Platons Höhlengleichnis................................ 27
   3.2 Benny's Video... 31
   3.3 Zur Kritik der platonischen Medienkritik................. 32

4 Die Rückkehr des Lokalen 37
   4.1 Einleitung.. 37
   4.2 Sinn und Grenzen der digitalen Ontologie................ 38
   4.3 Die Rückkehr des Lokalen 41
   4.4 Ausblick 45

Teil II Anthropologie

5 Wer ist der Mensch? 49
    5.1   Einleitung 49
    5.2   Was bewegt einen Roboter? 50
    5.3   Körper in Technologien 51
    5.4   Schlussfolgerungen 53

6 Der Moment des Triumphs 55

7 Zwischen Vertrauen und Angst 75
    7.1   Über Informationsangst 75
    7.2   Informationsüberflutung 76
    7.3   Furcht vor Überwachung, Kontrolle und Ausschluss 77
    7.4   Die zunehmende Kommerzialisierung des Internet 78
    7.5   Über Stimmungen 79
    7.6   Über die Stimmungen der Informationsgesellschaft 81

8 Jenseits der Infosphäre 85
    8.1   Einleitung 85
    8.2   Infosphäre 86
    8.3   Kommunikation im digitalen Zeitalter 94
    8.4   Ausblick 104

9 *Robotic Natives*. Leben mit Robotern im 21. Jahrhundert 109
    9.1   Einleitung 109
    9.2   Kurzer Ausflug in die Automaten- und Robotergeschichte 113
    9.3   Roboethik 117
    9.4   Ausblick 122

Teil III Ethik

10 Ethik der Informationsgesellschaft 127
    10.1   Einleitung 127
    10.2   Die Tradition der direkten und indirekten Rede
           im *Fernen Westen* 130
    10.3   Die Tradition der direkten und indirekten Rede
           im *Fernen Osten* 138
    10.4   Ausblick 147

11	**Leben in der *message society***	149
	11.1 Einleitung	149
	11.2 Ein Erfahrungsbericht	151
	11.3 Leben in der *message society*	153
	11.4 Ausblick	158

12	**Fremddarstellung – Selbstdarstellung**	161
	12.1 Einleitung	161
	12.2 Aids als Medienkonstruktion	162
	12.3 Aids als Metapher	165
	12.4 Über Grenzen der Medialisierung menschlichen Leidens	169
	12.5 Ausblick	172

13	**Information und moralisches Handeln im Kontext der digitalen Informations- und Kommunikationstechnologien**	173
	13.1 Einleitung	173
	13.2 Das Recht der Freiheit nach Axel Honneth	175
	13.3 Information und moralisches Handeln im digitalen Zeitalter	180
	13.4 Ausblick	185

14	**Digitale Ethik**	187

Quellen, die in überarbeiteter Form aufgenommen wurden 193

Literatur 195

Teil I
Ontologie

Einführung in die digitale Ontologie 1

1.1 Einführung

Wir leben in digitalen Kulturen. Die digitale Technik prägt bis in den Alltag hinein unsere Lebensweise, die Art und Weise wie wir wissenschaftlich lehren und forschen, unsere Politik und Ökonomie, unser Recht- und Verwaltungssystem usw. Zwar ist das Verhältnis von Technik und Kultur in der Menschheitsgeschichte immer eng gewesen, aber das besondere unserer heutigen Situation besteht m. E. darin, dass dies global, beinah gleichzeitig und auf der Basis digitaler Technik geschieht, die sich auch in vergleichsweise extrem kurzer Zeit entwickelt hat. Die digitalen Kulturen sind Teil einer globalen Kultur, die aber nicht notwendigerweise kulturelle Unterschiede einebnet. Sie bedeutet auch nicht, dass alle Menschen im gleichen Ausmaß und auf gleicher Weise von ihr bestimmt werden. Das Schlagwort von der „digitalen Spaltung" *(digital divide)* zeigt diesen Unterschied an, auch wenn zum Beispiel die Frage des Zugangs zum Internet die Differenzen zwischen den von der digitalen Technik geprägten Informationsgesellschaften vereinfacht darstellt. Aber nicht etwa das *World Wide Web,* sondern generell die Digitalisierbarkeit aller Phänomene macht das besondere der heutigen digitalen Kulturen aus. Wir sehen, verstehen, konstruieren und manipulieren alle Phänomene im Horizont des Digitalen. Wenn diese Wahrnehmung unseres Zeitgeistes stimmt, dann können wir vom Digitalen als von einem den Wirklichkeitsbegriff lokal und global auf unterschiedlicher Weise bestimmenden Horizont sprechen. Mit dem Wirklichkeitsbegriff befassen sich in der Philosophie bekanntlich Ontologie, Metaphysik und Erkenntnistheorie.

Ich unterscheide in diesem Zusammenhang, Martin Heidegger folgend, zwischen Ontologie (oder „Fundamentalontologie") im Sinne der Seinsverfassung des Menschen, und Metaphysik oder Lehre vom Seienden, die aber, so Heidegger in

Anschluss an Immanuel Kant, die Bedingungen ihrer Möglichkeit in der menschlichen Erkenntnis bzw. im menschlichen Dasein nicht kritisch reflektiert (vgl. Heidegger 1991). Wenn Metaphysik auf der Endlichkeit menschlicher Erkenntnis bzw. menschlichen Existierens basiert, dann ist die Objektivität „symbolischer Formen", im Sinne des Kulturphilosophen Ernst Cassirer, der sich in der berühmten „Davoser Disputation" mit Martin Heidegger auseinandersetzte, in eben dieser endlichen Seinsverfassung begründet (vgl. Cassirer 1994; Heidegger 1991). Kultur und Technik, symbolische und „poietische" Formungen, sind als ontische oder kategoriale Phänomene zu verstehen. „Jedes neue Werkzeug, das der Mensch findet, bedeutet demgemäß einen neuen Schritt, nicht nur zur Formung der Außenwelt, sondern zur Formierung seines Selbstbewusstseins" (Cassirer 1994, Bd. 2, S. 258). Kultur und Technik beruhen, so meine These, auf einer nicht endgültig fixierbaren Seinsdeutung, wobei man wiederum menschliches Seinsverständnis als Kultur *im ontologischen Sinne* bezeichnen kann.

„Was ist das Seiende?", diese Grundfrage der Metaphysik, lässt sich aus der Sicht eines endlichen Erkennens nicht ein für allemal beantworten. Metaphysik bedeutet ein solcher Versuch, das Sein des Seienden „essentialistisch" zu fixieren. Auf unsere gegenwärtige Problematik einer digitalen Kultur bezogen: Eine digitale Ontologie ist eine mögliche Bestimmung des Seins des Seienden, welches sich auf die Digitalisierbarkeit bezieht. Eine digitale Ontologie ist aber stets in Gefahr, zu einer digitalen Metaphysik in dem Augenblick zu mutieren, in dem sie sich als die wahre Antwort auf die Seinsfrage missversteht. Die digitale Ontologie ist ein mögliches Seinsverständnis menschlicher endlicher Erkenntnis. Alle Regionen oder Sphären des Seienden erscheinen oder werden aufgefasst als digital-seiend. Wir sprechen von e-Commerce, e-Economy, von virtuellen Gemeinschaften und virtuellen Hochschulen, von digitalen Bibliotheken, usw.

Ich bezeichne unsere gegenwärtig vorherrschende Seinsdeutung in Abwandlung des Satzes von George Berkeley „Das Sein der Dinge ist ihr Wahrgenommensein" („Their *esse* is *percipi*") (Berkeley 1965, S. 62) mit dem Satz „*esse est computari*". Das bedeutet also keineswegs, alles sei bloß virtuell oder die Dinge bestünden, „essentialistisch" gedacht, aus bits, sondern es bedeutet, dass wir meinen, etwas in seinem Sein erklärt und verstanden zu haben, wenn wir es auf der Basis von Zahlen und Punkten im elektromagnetischen Medium erfassen. Es wäre auch möglich, diesen Satz so zu formulieren: „*esse est informari*", wobei der Informationsprozess im Sinne eines im elektromagnetischen Medium stattfindenden Formungsprozesses zu verstehen ist. Die globale digitale Vernetzung ist die Art und Weise, wie wir heute jene Totalität erfahren und gestalten, die die Metaphysik das Seiende im Ganzen nannte. Der Ursprung dieses digitalen Weltentwurfs liegt, so meiner These, in der griechischen Metaphysik. Im Rahmen dieser Einführung ist es nicht möglich, die weitere Entwicklung, etwa über Raimundus Lullus, Blaise Pascal, René Descartes, Gottfried Wilhelm Leibniz, die britischen Empiristen, die Erfindung des Computers usw., nachzuzeichnen.

1.2 Der griechische Ursprung

Wir sollten zunächst bedenken, inwiefern die Kategorie des Signals zum Seienden selbst im metaphysischen Sinne gehört oder ob sie aus einem Handelnden – einem Göttlichen oder einem Menschlichen oder einem sonst Existierenden – zu verstehen ist. Mir scheint, dass die antike Philosophie eher den ersten Sinn betont, während der zweite seit der Neuzeit aufgrund der Trennung von Subjekt und Objekt vorherrschend wird. Das moderne *Verstehen* von 0 und 1 hat auch eine andere Bewandtnis im Rahmen einer Theorie der Signalübertragung als zum Beispiel im Rahmen einer kabbalistischen Überlegung über die Bedeutung dieser Zeichen. Letzteres würden wir dann eher als Symbol kennzeichnen. In der Neuzeit wird die Unterscheidung zwischen Signal und Symbol teilweise eingeebnet. Genau genommen werden aber keine Reihen von Nullen und Einsen gesendet, sondern elektromagnetische Strömungen, die wir dann als 1 und 0 interpretieren. Der Code 0/1 ist also unser Anteil am ontologischen Entwurf. Dieser Code bedeutet nicht, dass allen Phänomenen eine zweiwertige Logik zugrunde gelegt wird. Zahlen werden bekanntlich im Computer binär dargestellt und dienen der Berechnung der *Fuzzylogic,* oder der Erfassung quantenmechanischer Phänomene nicht weniger als der Codierung natürlicher Sprache. Ob die Quantenmechanik – in deren Rahmen bereits eine „Quantentheorie der Information" entwickelt wurde (vgl. Lyre 1998) – auf dem Weg über den Quantencomputer zu einer Quantenkultur oder gar zu einer Quantenontologie im Sinne einer grundlegenden menschlichen Einstellung zum Sein mit allen ontischen Konsequenzen führen kann oder wird, ist eine offene Frage.

Wir nehmen die Signalübertragung als ein Ganzes wahr. Das Gehirn braucht dazu Zeit. Aber phänomenal gesehen entsteht der *Eindruck* der Ganzheit. Die Tätigkeit des Gehirns ist auf Ganzheit hin ausgerichtet. Hier ist eine metaphysische Kategorie *(to holon)* impliziert. Es ist eine beliebte Metapher, die gegliederte Auflösung in 0/1 im digitalen Bereich mit der Auflösung im neuronalen Netz unseres Gehirns zu *vergleichen.* Wir müssten dabei eine metaphysische Unterscheidung *(diairesis)* vornehmen. Zahl und *logos* hängen in der Sprache der Metaphysik (Platon) so zusammen, dass die Zahl einen höheren Seinswert (Freisein vom materiellen Substrat) hat als der *logos.* Insofern erfasst die Zahl das *eidos* der Dinge, während der *logos* die Möglichkeit hat, näher am Wahrnehmbaren zu sein.

Als Ausgangspunkt dieser Einführung in die digitale Ontologie dient uns folgende Passage aus Heideggers *Sophistes*-Vorlesung vom Wintersemester 1924/1925:

> Dabei ist zu beachten, dass für Aristoteles die primäre Bestimmung der Zahl, sofern sie auf die *monás* als die *arché* zurückgeht, einen noch viel ursprünglicheren Zusammenhang mit der Konstitution des Seienden selbst hat, sofern zur Seinsbestimmung jedes Seienden ebenso gehört, dass es ‚ist', wie dass es ‚eines' ist; jedes *on* ist ein *hen*. Damit bekommt der *artithmós* im weitesten Sinne – der *arithmós* steht hier für das *hen* – für die *Struktur des Seienden überhaupt* eine grundsätzlichere Bedeutung als ontologische Bestimmung. Zugleich tritt er in einen Zusammenhang mit dem *lógos*, sofern das Seiende in seinen letzten Bestimmungen nur zugänglich wird in einem ausgezeichneten *lógos*, in der *nóesis*, während die geometrischen Strukturen allein in der *aisthesis* gesehen werden. Die *aisthesis* ist das, wo das geometrische Betrachten halt machen muss *(stesetai)*, einen Stand hat. In der Arithmetik dagegen ist der *lógos*, das *noein*, am Werk, das von jeder *thesis*, von jeder anschaulichen Dimension und Orientierung, absieht (Heidegger 1992, S. 117).

Das Trennen *(chorizein),* so Heidegger, ist der „Grundakt der Mathematik" für Aristoteles (Trennen, aber kein Getrenntes – vgl. Heidegger 1992, S. 100). Die *mathematiká* sind ein Herausgenommenes aus den natürlichen Dingen *(physei onta).* Der Mathematiker bringt etwas von seinem Platz *(chora)* weg. Es gibt für Aristoteles keinen himmlischen Ort *(topos ouranós)* für die Zahlen. Der Unterschied zwischen Geometrie und Arithmetik besteht zunächst darin, dass die *monas* nicht gesetzt wird *(ousia áthetos),* der Punkt *(stigme)* aber doch. Die *monas* ist das, was schlechthin bleibt. Punkte muss man setzen. Orte gehören zum Seienden. Jedes Seiende hat seinen Ort: das Feuer oben *(ano),* die Erde unten *(kato)* etc. Diese Bestimmungen gelten für Aristoteles teilweise absolut, dann aber auch für uns *(pros hemas),* d. h. je nachdem, wo wir uns befinden. Der Ort ist schwer zu fassen. Erst z. B. beim Bewegenden, d. h. beim Ortswechsel, werden wir uns des Ortes bewusster. Der Ort ist die Grenze des *periechon,* also dessen, was einen Körper umgrenzt, was an seine Grenzen stößt. Die Welt ist für Aristoteles absolut orientiert, es gibt ausgezeichnete Orte (ein absolutes Oben etc.). Heideggers Fazit lautet: Der Ort hat eine *dynamis,* er ist die „Möglichkeit der rechten Hingehörigkeit eines Seienden", er gehört zum Seienden als sein „Anwesendseinkönnen", sein „Dortseinkönnen". Es ist, wenn es da ist (vgl. Heidegger 1992, S. 109).

Heidegger erörtert anschließend die Genesis von Geometrie und Arithmetik im Ausgang vom *topos*. Wenn man vom *topos* absieht und nur die möglichen Lagen und Orientierungsmomente behält, dann sind wir bei der Geometrie. Das Geometrische ist nicht mehr an seinem Ort. Die *pérata* sind nicht mehr *als* die Grenzen des physischen Körpers verstanden, sondern sie erhalten durch die

1.2 Der griechische Ursprung

thesis eine eigentümliche Eigenständigkeit. Es ist aber nicht so, dass die höheren Gebilde aus solchen Grenzen (Punkte usw.) einfach zusammengesetzt sind. Linien entstehen nicht aus Punkten, Körper nicht aus Flächen, denn zwischen zwei Punkten gibt es immer eine Linie *(grammé)*. Aristoteles und Platon sind hier „in der schärfsten Opposition": „Zwar sind die Punkte die *archai* des Geometrischen, aber doch nicht so, dass aus ihrer Summierung die höheren geometrischen Gebilde aufgebaut werden könnten" (Heidegger 1992, S. 111). Eine „bestimmte Zusammenhangsart" ist darüber hinaus erforderlich. Ähnlich im Bereich des Arithmetischen ist die *monás* noch keine Zahl. Die erste Zahl ist die zwei. Weil die *monás* im Unterschied zu den Elementen der Geometrie keine *thesis* in sich trägt, ist die Zusammenhangsart eines arithmetischen Ganzen anders als bei Punkten. Beide Formen von Mannigfaltigkeit (Faltung) sind verschieden oder, wie wir auch sagen könnten: Beide Formen der *Vernetzung* sind verschieden. Zahlen sind anders *vernetzt* als Punkte usw.

Wie aber? Es gibt mehrere Formen, wie Dinge miteinander (vernetzt) sind – Heidegger bezieht sich dabei auf Aristoteles' *Physik* V, 3 (Aristoteles 1950) –, nämlich:

- *hama:* zugleich; wenn Dinge an einem Ort sind;
- *choris:* getrennt; was an einem anderen Ort ist;
- *haptesthai:* sich berühren (an einem Ort);
- *metaxy:* dazwischen (oder das Medium: wie z. B. der Fluss, in dem sich ein Schiff bewegt);
- *epheches:* das Darauffolgende; da gibt es zwischen dem, was vorher ist, und dem, was folgt, kein Zwischen vom selben *genus* (Seinsabkunft) wie das Vernetzte. So stehen die Häuser einer Straße in einer Reihe, aber in einem Medium, was kein Haus ist. Das ist die Art der Vernetzung der *monades*, wobei bei ihnen nichts dazwischen steht. Sie berühren sich aber nicht wie bei der *syneches*;
- *echomenon:* was sich hält, ein Nacheinander, was sich zusammenhält und sich berührt, die Enden stoßen zusammen an einem Ort (wie etwa bei Kabel und Steckdose);
- *syneches – continuum:* hier gibt es kein Zwischen; es ist ein *echomenon*, aber ohne Zwischen, also ein ursprüngliches *echomenon* (Beispiel: Die Grenzen des einen Hauses sind identisch mit denen der anderen); das ist die Vernetzungsart der Punkte, die eine Linie bilden.

Jedes Seiende *(on)* ist ein *hen*. In der Geometrie ist die Wahrnehmung *(aisthesis)* am Werk, während in der Arithmetik der *logos* von jeder Setzung *(thesis)* und jeder Anschauung absieht. Die Dinge, *sofern* sie eins sind, gehören zusammen oder sind vernetzt in der Weise der *epheches*, d. h., sie müssen sich nicht berühren und es muss nicht immer etwas dazwischen sein (vgl. Heidegger 1992, S. 113–116). So, wie die Griechen die Zahlen aus dem Zusammenhang mit den natürlich Seienden *(physis)* lösten, so lösen wir sie heute aus ihrem *gedanklichen* Zusammenhang mit dem menschlichen Geist *(nous)* und dem menschlichen Leib und verlagern sie nicht mehr in einen *theo*-logischen, sondern in einen *techno*-logischen Ort. Was zunächst aber rätselhaft erscheint, ist die Möglichkeit eines Zugangs zum Sein ohne den *logos*. Ich denke an Gadamers Satz: *„Sein, das verstanden werden kann, ist Sprache"*. Er schreibt anschließend: „Das hermeneutische Phänomen wirft hier gleichsam seine eigene Universalität auf die Seinsverfassung des Verstandenen zurück, indem es dieselbe in einem universellen Sinne als *Sprache* bestimmt und seinen eigenen Bezug auf das Seiende als Interpretation. So reden wir ja nicht nur von einer Sprache der Kunst, sondern auch von einer Sprache der Natur, ja überhaupt, von einer Sprache, die die Dinge führen" (Gadamer 1975, S. 450).

Sofern *wir* es sind, die das Sein auslegen, ist immer die *Zeit* im Spiel, denn wir sind zeitlich (vgl. Heidegger 1992, S. 632). Offenbar stellt Heidegger hier die Möglichkeit, das Sein des Daseins vom Sein der Welt auszulegen oder umgekehrt, zur Entscheidung und entscheidet sich für das Gegenteil. Der Grund? Weil das Zeitlichsein des Daseins eine eigene (eigentliche) Zeitlichkeit besitzt, die nicht identisch ist mit der Zeitlichkeit der Welt (und somit mit den Seinskategorien der Welt). „Der nächste Sinn von Sein" ist nämlich der Sinn vom Sein (der Welt) als das Gegenwärtige (vgl. Heidegger 1992, S. 633). Für uns ist aber Vergangenheit und Zukunft eine Weise zu sein, die dem Sein der Welt in seinem Begegnen nicht entsprechen. Welt ist nur da in der Weise der Anwesenheit. „Das Sein der Welt ist Anwesenheit" (vgl. Heidegger 1992, S. 633). Die Aneignung des Seienden in logischen und digitalen Zusammenhängen wird der Interpretation des Seins des Daseins nicht gerecht. Umgekehrt aber gilt, dass durch die zureichende Interpretation des Seins des Daseins „der nächste Sinn von Sein", die Anwesenheit nämlich, die auch das Sein der logischen und digitalen Zusammenhänge ausmacht, positiv aufgeklärt werden kann. Es ist schon etwas merkwürdig, dass Aristoteles von Herauslösen spricht, wo man in der Regel meint, der Denker der Loslösung *(horismos)* sei ja Platon.

Ich fasse zusammen. Punkte haben einen Ort und dadurch lassen sie sich voneinander differenzieren. Zahlen sind zwar ortlos, aber in sich selbst differenziert. Beide, sowohl Punkte als auch Zahlen, werden aus dem natürlich Seienden *(physis)* herausgelöst, also sie bestehen zunächst nicht für sich wie Platon meint. Das digital Seiende, oder das Seiende, sofern es digital ist, oder die aus dem natürlich Seienden heraus gelöste Zahl-Struktur, löst das Seiende zugleich aus seinem

1.2 Der griechische Ursprung

natürlichen Ort heraus. Das digitalisierte Seiende oder das Seiende in seinem Digitalisiert-sein ist ortlos, weil sie als Zahl aufgefasst werden. Das ist die Bedingung der Möglichkeit für die Einrichtung einer Technik, die genau den Gesichtspunkt des Ortes weg lässt, im Gegensatz etwa zu einer Bibliothek, die auf die Materie *(hyle)* der Bücher baut. Zugleich aber schafft die Schrift auch eine Ortlosigkeit, denn Bücher können woanders sein, als dort, wo sie hergestellt wurden. Die Ortlosigkeit des *logos* ist eine merkwürdige Eigenschaft, die vielleicht den Unterschied zwischen Platon/Sokrates und den Sophisten ausmacht. Denn Platon legt immer großen Wert auf die situationelle Gebundenheit des Logos gegenüber der Schrift, wie er dies im *Phaidros* in Zusammenhang mit dem Mythos der Erfindung der Schrift darlegt. Die Sophisten scheinen den *logos* von der strengen dialektischen Situation zu lösen, um die so losgelösten Erkenntnisse überall zu vermarkten. Der sophistische mündliche *logos* wäre also, von Platon aus gesehen, nicht weniger losgelöst als der schriftlich fixierte *logos*. Aristoteles knüpft an die Einsicht der Sophisten an, ohne aber deren Praxis zu teilen.

Mit Bezug auf die Ortlosigkeit des *logos* lösen die *techné* und die *poiesis* das natürlich Seiende mit seiner *hyle* aus seinem angestammten Ort heraus. Die Frage ist aber, ob durch die Vernetzung den Zahlen doch ein wechselbarer Ort zugewiesen wird: Sie sind immer irgendwo, aber nicht ausschließlich an *einem* Ort. Sie sind also an der technischen Schnittstelle zwischen *hyle,* Punkt und *logos* angesiedelt. Wie steht es aber mit der von Heidegger hervorgehobenen Unterscheidung zwischen *monas* und *hen?* Wenn das *hen* zu dem natürlich Seienden gehört, dann sind das *ens et unum convertuntur* der Scholastik (griechisch: *on kai hen*) sowie das „Ein und Alles" *(hen kai pan)* von hier aus zu verstehen. So wie sich also das Seiende gegen das Nicht-Seiende abhebt, so hebt sich die *monas* gegen die 0 ab. Zunächst haben wir also die natürliche Welt und dann durch Herauslösung das Ort- und Weltlose *(atopos).* Wir haben also folgende Abstufung der *Abstraktion* oder der Herauslösung aus dem natürlich Seienden:

- *das natürlich Seiende (physei onta):* bestimmt durch Einheit, Ort und Setzung *(hen, topos, thetos);*
- *der Punkt (stigme):* bestimmt durch Ortlosigkeit und Setzung *(atopos, thetos)* und Berührung *(syneches, continuum);*
- *die Einheit (monas):* bestimmt durch Ortlosigkeit und Ungesetztheit *(atopos, athetos).*

Diese Herauslösung ist heute gekoppelt mit der technischen Einprägung oder *Herstellung* von Zahl und Punkt im elektromagnetischen Medium. Die Frage, die wir uns angesichts der Entwicklung von der Formung durch den Schöpfer über den Golem bis hin zum Computer stellt, ist dann die unseres möglichen Aufenthaltes in der so erschlossenen Welt.

Die Griechen – weniger pauschal: Platon und Aristoteles – orientierten sich am *logos* und entwickelten demnach eine Onto*logie*. Der Logos behält die Kontrolle auf verschiedenen Stufen, letztlich auch als Logos, der den Ursprung der *monas*, d. h. das *hen* erkennt. Heidegger geht auf die Diskussion des *on* als *hen* (Parmenides) ein. Der Satz „Alles, was ist, ist Eins" *(hen on to pan)* stellt eine verwickelte Geschichte über die Deckung oder Nicht-Deckung dieser Begriffe mit der wohlgerundeten Kugel des Parmenides dar. Ein wichtiger Unterschied ist der zwischen der Einheit im Sinne der Ganzheit von Teilen und der Einheit, die dieser Ganzheit vorausgeht (vgl. Heidegger 1992, S. 457). Griechisch ausgedrückt: *hen* als *pathos epitois meresi* oder *syneches ek pollon meron on* und *hen alethos*, das letztlich aufgedeckte Eins. Das hat zur Folge, dass das *on* als ein *hen (alethos)* nicht gleich dem *holon* als Ganzheit von Teilen ist. Wenn das *holon* aus dem *on* als solchem herausfällt, dann fallen auch *genesis* und *ousia* heraus, weil das Werden in einem gewordenen Ganzen im Sinne eines fertigen, ganzen Seienden sich vollendet. Wenn es aber kein Werden und kein Sein gibt, dann ist das *on* nicht. Der Satz des Parmenides führt also, wie Heidegger Platons Überlegungen nachzeichnet, in einen Selbstwiderspruch.

Da Platon im Horizont des *hen* argumentiert und dem *me on* eine entsprechende Stelle im Ganzen zuweist, wäre die Frage, wie das *me on* im Horizont des Digitalen zu denken ist: Was ist eine digitale Spur? Sie verweist auf das Gewesene *(me on)* des Digitalen. Es scheint mir so zu sein, dass wir in einer digitalen Ontologie mit einem umgekehrten Parmenides zu tun haben: Während bei Parmenides das *holon* – also die Ganzheit im Sinne von Ganzheit von Teilen – aus dem *on* herausfällt, und es somit keine *genesis* und keine *ousia* gibt, so fällt bei der digitalen Ganzheit das *hen* aus dem *on* heraus, so dass wir nur *genesis* und *ousia*, aber nicht „Sein" und „Totalität" *(pan)* haben. Die Frage ist dann, ob in der digitalen Ontologie lediglich die *monas* und nicht das *hen* gesehen werden kann.

1.3 Digitale Ontologie

Durch die Computertechnik und die Vernetzung haben wir eine andere Möglichkeit für die Ortlosigkeit der Zahlen geschaffen: Sie sind zwar ortlos, aber sie können an allen möglichen Orten sein, oder besser gesagt, sie sind zunächst technisch an einem Ort, aber an diesen Ort nicht von Natur aus gebunden, also zugleich ortsgebunden und ortlos. Wenn jetzt nicht nur Raum und Zeit, sondern sogar ein elektromagnetisches Medium hinzukommt, dann haben wir es wohl hier

1.3 Digitale Ontologie

mit der Konstitution des „digital Seienden" zu tun. Und wie steht es mit der Frage nach der Vernetzung? Mir scheint, dass wir heute den Begriff der Vernetzung sehr inflationär gebrauchen. Welches neue Phänomen wird dadurch konstituiert?

Die digitale Welt ist eine Welt und doch keine, sie ist lokal und doch global und umgekehrt. So hat der Mensch nicht nur die Möglichkeit zuweilen beim Immerseienden zu verweilen, sondern auch bei einer Art von Seiendem, das von der *techné monas* hervorgebracht wird. Was passiert, wenn wir den *logos* mit der Welt der technisierten Arithmetik verbinden? Dass der *logos* sich vom natürlich Seienden und somit von der Stimme *(phone)* trennen lässt, zeigt die Auseinandersetzung von Sokrates/Platon mit den Sophisten und Platons *Kratylos* in der *physei-thesei*-Debatte.

Wir sprechen in der Informationswissenschaft von *information retrieval,* d. h. vom Abruf von Information (vgl. Capurro 1986). Wie unterscheiden sich der logische und der mathematische Abruf des Seienden? Um was für einen Vorgang handelt es sich hier? Dass die natürlichen Dinge sich uns „zusprechen", mag einsichtig sein, aber wie können uns Dinge ansprechen, die wir erst konstruieren müssen? Für Platon lag hier ein höherer Zuspruch wohl vor, dem wir entsprechen, wenn wir die Ideen nachahmen. Die Platonische Lösung dessen, was wir Kreativität nennen, sind die Ideen als Vorbilder für die künstliche Herstellung vom Seiendem. Für Aristoteles bleibt das natürlich Seiende das Leitende, wovon sich die *logoi* abheben. Zahl und *logos* lassen Seiendes anders sein als es von sich aus, d. h. natürlich ist, und sie lassen auch deshalb Seiendes anders werden, d. h. Seiendes vom *logos* oder von der Zahl her entstehen, *techné on*, onto- und monado- oder arithmo-logisch. Die Verbindung ergibt *das* onto-arithmo-logisch Seiende. Dadurch wird nicht nur das natürlich Seiende *(physei onta)* anders vergegenwärtigt, sondern es wird Seiendes in seinem Sein anders vernommen. Mit anderen Worten, die onto-arithmo-logische Technik lässt Seiendes anders sein als eben die *physis* und die bisher bekannten Formen der Herauslösung (Punkt, Zahl). Wie ist also das onto-arithmo-techno-logische Seiende zusammen? Indem es zugleich an einem Ort, aber nicht an ihm gebunden ist.

Das elektromagnetische Medium ist eine Prägemasse. *To ekmageion* ist die Masse, worin man etwas abdrückt, Wachs, Gips, und *to ekmagma* ist das Aus- oder Abgedruckte in Wachs, Gips, daher ein getreues Abbild, Ebenbild. Dieses Wort entspricht dem Lateinischen *informatio* (vgl. Capurro 1978). *Mageia* bedeutet Zauberei. Das *ekmageion* kommt bei Platon in der berühmten Stelle über das Aufnehmende *(chora)* im „Timaios", in der es um das Aufnehmende für alles Seiende, um die „Amme des Werdens" (Timaios 52b), die selber „von allen Sichtbarkeiten *(eidon)* frei sei" und „alle Herkünfte *(gene)* in sich aufnehmen, empfangen soll" (Timaios 50e). Platon behauptet, „dasjenige aber, das weder auf Erden noch irgendwo am Himmel sei, das sei nicht" (Timaios 52b). Übersetzt heißt dies, dass jedes Seiende eines Mediums bedarf. Das elektromagnetische Medium ist eine Prägemasse, die das digital Seiende aufzunehmen vermag. Das digital Seiende kann sich aber auch frei durch dieses Medium bewegen und Platz darin einnehmen. Insofern ist das elektromagnetische Medium wie die *chora* ein Raum zum Aufnehmen von digital, d. h. arithmologisch zergliedertem Seienden. Bereits in der Verschriftlichung des *logos* findet eine Herauslösung des Mitgeteilten aus dem Zusammenhang und somit aus dem Ort statt, was Platon in seiner Schriftkritik klar erkennt. Aber schon der gesprochene *logos* ist eine Herauslösung aus der Seele des Sprechenden, wodurch dann die Praxis der Sophisten möglich wird, sofern diese die *logoi*, losgelöst vom Ziel der Wahrheitssuche, für beliebige Zwecke verwenden.

Die Ontologie orientiert sich am *logos* oder am *on legomenon*, d. h. am Seienden, wie es vorliegt als das Worüber eines Sagens. Hier liegt ein Unterschied zu uns: Wir orientieren uns an der *monas* oder an den *mathematika* aber nicht schlechthin, sondern sofern diese – die *monades* oder Einheiten – techno-logisch digital eingebunden sind. Die Bezeichnung digitale Onto*logie* ist, von hier aus gesehen, ein Oxymoron. Eher könnten wir von *digitaler Ontoarithmetik* sprechen.

Für Aristoteles wird das *hypokeimenon* als das schon Vorliegende im Hinblick auf das *legein*, also als etwas, was *vor* dem Sprechen schon da ist, verstanden. Wie aber, wenn der Grundcharakter des Seins nicht aus dem *logos*, sondern aus dem *arithmos* gewonnen wird? Und wie, wenn dieser *arithmos* techno-logisch aufgefasst wird? Welches ist dann die formale Bestimmung von etwas, was überhaupt ist? Was liegt vor dem Zählen? Was macht das Zählen möglich? Die *monas*, die ja ungesetzt *(athetos)* ist. Aristoteles schreibt, dass das *hen* das Prinzip für etwas ist, was wir dann unter dem Gesichtspunkt des Zählens *(arithmos)* auffassen können (vgl. Metapysik, Bd. V, S. 1016b18 ff.). Das *hen* ist aber ein Metaprädikat, denn, was wir jeweils als *hen* betrachten, ist je nach Seiendem unterschieden. Wenn das, was wir zählen, von der Art des Unteilbaren *(adiaireton)* und Ungesetzten *(atheton)* ist, dann ist die Einheit, die *monas*, etwas Unteilbares. Eine Linie ist dann in eine Richtung teilbar etc. Aristoteles trifft hier eine weitere Unterscheidung: Das *hen*-sein lässt sich der Zahl nach oder dem *eidos* oder der Analogie nach unterscheiden:

- das *hen, der Zahl nach* hat mit der *hyle,* zu tun;
- dem *eidos* nach mit dem *logos*, oder dem *schema tes kategorias;*
- der Analogie nach, wie das Verhältnis des Einen zum Anderen.

1.3 Digitale Ontologie

Aristoteles schreibt, dass das Verhältnis dieser drei Ebenen so ist, dass die erste Ebene, die der Zahl, die grundlegende ist. Was also der Zahl nach eins ist, hat auch *ein* Eidos (aber nicht umgekehrt). Die *monas* ist also eine Form (unter anderen) von Einheit *hen*. Aristoteles sagt wenig später, dass die Einheit in der Zahl Ursprung und Maßstab ist *(en tou arithmou arche kai metron)*. Gemeint ist wohl, dass das *hen* als *monas* oder besser gesagt, dass das *hen, arché* der *monas* ist und dass die *monas* wiederum Ursprung des Zählens *(arithmos)* ist.

Kehren wir aber zu Heidegger zurück. Was ist ontologisch entscheidend: die *monas* oder das *hen*? Jedes *on* ist zwar ein *hen*, aber das *hen*-sein des Seienden ist ja nicht einerlei und nicht mit der *monas* und dem *artihmos* gleich. Dennoch ist das *hen* der Zahl nach grundlegend für das Einssein von Eidos und Analogie. Die Zahl *(arithmos)* liegt dem *logos* voraus, denn sie ist nicht gesetzt, *(athetos)*. Heidegger schreibt, dass deshalb die Zahl für Platon grundlegender ist als der *logos* im Hinblick auf die ontologische Besinnung, weil sie weniger braucht als der Punkt, wobei aber das *hen* „nicht mehr selbst Zahl ist" (Heidegger 1992, S. 121). Er schreibt mit Bezug auf die Zahl: „Dasselbe ist durchgeführt am Beispiel des *logos*" (Heidegger 1992, S. 120). Zahlen und Silben sind eigenständig. Es gibt keine Silbe überhaupt, während ein Punkt wie alle Punkte ist.

Die Zahlen sind, wenn sie an der technischen Schnittstelle zwischen Materie *(hyle)*, Punkt und *logos* angesiedelt werden, nicht schlechthin ortlos, aber auch nicht an einen Ort gebunden. Das ist erstaunlicherweise auch eine Form von Im-Ort-Sein, die Thomas von Aquin den (von der Materie) „getrennten Intelligenzen" *(intelligentiae separatae)* zuweist. Die oft als lächerlich empfundenen scholastischen Überlegungen zur Seinsweise der *intelligentiae separatae*, also dessen, was theologisch „Engel" genannt wird, könnten ein sehr interessantes Gedankenexperiment in Zusammenhang mit der Seinsweise digitaler Virtualität ausgelegt werden (vgl. Capurro 1993). Es waren die arabischen Philosophen des Mittelalters, die in Anschluss an die antike Kosmologie diesen Begriff prägten. Die „getrennten Intelligenzen" sollten zum Beispiel dazu dienen, die Sterne und Planeten ewig zu bewegen. Sie waren also als *motores* gedacht. Die himmlische Mechanik wurde in der Neuzeit durch natürliche Kräfte ersetzt, woraus sich dann auch eine sehr praktische Industrie der Maschinenherstellung entwickeln konnte.

Am Ende dieser Entwicklung werden die Maschinen wieder abstrakt und wir kommen zurück zu einer Art von „Intelligenz", die sich durch ihre Virtualität auszeichnet, die aber nicht von einem göttlichen, sondern von einem menschlichen Erbauer hergestellt wird. Die reine universelle Zahlenmaschine vermischt sich aber im Laufe des 20. Jh.s mit dem *logos*. Um aber dem universellen Charakter der Zahlen und Punkte zu entsprechen, muss der *logos* künstlich berechenbar werden. Gehört zu diesem *logos* eine besondere Form von Verstehen? Ergibt sich daraus nicht so etwas wie eine *digitale Hermeneutik?* (vgl. Capurro 2008) Kommen wir dem Sein dadurch, paradoxerweise, (anders) näher als durch die *natürliche* Sprache? Ist das „aisthetische Sichzeigen" nicht bereits ebenfalls eine Loslösung des Seienden zum „Anderen" hin? Denn nach Aristoteles bildet sich „in der Seele" ein Bild *(phantasmata)* der sichtbaren Dinge, was aber nicht wie eine Verdoppelung der Dinge im Bewußtsein zu interpretieren ist, sondern eher so, dass die Wahrnehmung auf die Dinge je mit dem jeweiligen Sinnesorgan zugeht und dabei das „Eigene" – Aristoteles nennt es *idia* – „wahr-nimmt". So nimmt das Ohr zum Beispiel sein „Eigenes", also die Laute wahr.

Ist es aber nicht so, dass die metaphysische Vorstellung vom Ort des *logos* in der Seele *(psyche)* und vom Ort des Denkens als einem Dialog der Seele mit sich selbst (Platon) die eigentliche Herauslösung des *logos* aus dem existenziellen Zwischen bedeutet, was Heidegger mit dem Vorrang der Rede und mit ihr des „hermeneutischen Als" vor dem „apophantischen Als" bezeugt (vgl. Heidegger 1927/1976, S. 158)? Gilt die Unwahrheit bzw. Verstellung nur für den *logos* oder auch für die Zahlen? Wo liegt der Unterschied in der Art der Entbergung zwischen den Zahlen und dem *logos?* Wie gehören diese beiden Formen der Entbergung zusammen? Gibt es nur diese zwei oder auch andere? Und wenn nicht, warum nur diese zwei?

1.4 Ausblick

Für uns ist nicht die *sophia* als Wissenschaft vom *hen,* sondern die Wissenschaft und Technik von der *monas* und dem *arithmos* grundlegend. Wenn wir also den *arithmos* als grundlegend für die Struktur für alles Seiende nehmen, dann bedeutet dies, dass wir uns zwar in den Fußstapfen der griechischen Ontologie bewegen, aber ohne das *hen* und die *sophia*. Das bedeutet auch, dass wir dem Gegenwärtigen den Primat auch bei der Auslegung des Daseins geben. Heute besitzen wir eine ausgebildete Mathematik und Logik aber keine Ontologie im Sinne einer Wissenschaft vom Einen. Geblieben ist lediglich das Eine als logische Kategorie. Eine Wissenschaft vom „Einzigen" scheint heute nur im Bereich der Religion, öfter in dem der Esoterik, möglich. Zugleich aber entwickelt sich eine digitale Ontologie, deren Herrschaft, in Gestalt einer digitalen Metaphysik, mir nicht kleiner erscheint als die des Materialismus im vorigen Jahrhundert.

Die digitale Ontologie bedenkt ein Code und ein Medium, nämlich die digitale Weltvernetzung, in dem unser Sein sich der Weise eines vielfältigen Rufens und Angerufenwerdens abspielt, wo also die Grenzen zwischen der *one-to-many*-Struktur der Massenmedien und der *one-to-one*-Struktur der Individualmedien

1.4 Ausblick

beim Telefon im Hegelschen Sinne „aufgehoben" werden. Wenn wir uns des griechischen Wortes für *message,* nämlich *angelia,* erinnern, dann können wir sagen, dass wir eine neue angeletische Situation vor uns haben, deren Fundament gegenwärtig die digitale Ontologie darstellt. Ich nenne die Wissenschaft, die sich mit dem Phänomen (dem Code) Bote/Botschaft befasst, *Angeletik* (vgl. Capurro 2003a; Capurro und Holgate 2011). Die Hermeneutik, als Theorie des Verstehens von Botschaften, setzt stillschweigend dieses Phänomen voraus.

Die digitale Sicht des Seienden im Ganzen *(holon),* dass wir also alles, was ist, nur dann in seinem Sein zulassen, wenn wir es im Horizont des Digitalen verstehen, macht die Kernthese der digitalen Ontologie aus. Sofern sie sich darüber im Klaren ist und diesen Seinsentwurf nicht für den einzig gültigen hält, mutiert sie nicht zur digitalen Metaphysik (vgl. Capurro 2006).

Über Künstlichkeit 2

2.1 Geschichtlicher Hintergrund

Das neunzehnte Jahrhundert war fasziniert von der Natur und der Geschichte. Uns faszinieren die Künstlichkeit und die Kommunikation. Was ist jedoch heute genau der Sinn des Künstlichen und insbesondere der elektronischen Geräte, Systeme und Produkte? Wie sind die Beziehungen zwischen dem Künstlichen und anderen Arten von Seiendem wie die Natur, das Göttliche, die Mathematik und – natürlich, wir selbst? Die Bedeutung der Künstlichkeit wie die Deutung dieser Beziehungen haben sich im Laufe der Geschichte gewandelt.

Die Unterscheidung zwischen dem Künstlichen und dem Natürlichen geht auf die griechische Philosophie zurück. Für die Griechen gab es, ganz allgemein gesprochen, Dinge, die als Hervorbringung der Natur entstanden *(physis)* und Dinge, die vom Menschen hervorgebracht wurden *(poiesis)*, wie Werkzeuge, Maschinen oder Kunstwerke. Indem der Künstler Dinge hervorbringt, ahmt er die Natur nach *(mimesis)*, d. h. er ahmt eben nicht die Produkte der Natur, sondern das nach, wie die Natur diese Dinge hervorbringt. Die Natur handelt in einer paradoxen Weise, nämlich in einer spontanen und einer „zweckvollen" Weise. Im Gegensatz zur Natur muss der Künstler über den Zweck und über die Weise nachdenken, wie er ein Objekt hervorbringen kann, um eben diesen Zweck zu erreichen. Aufgrund seines technischen Wissens *(techne)* verleiht er seinen Werken einen in gewisser Weise vom Zweck befreiten Charakter oder Schönheit. Das Besondere an der griechischen Auffassung von Künstlichkeit besteht im Zusammenfallen des Guten oder Nützlichen *(agathós)* und des Zweckfreien oder Schönen *(kalós)*.

In seinem Dialog *Timaios* beschreibt Platon die schöpferische oder technisch-poietische Tätigkeit des göttlichen Künstlers. Der Demiurg bringt die Natur in einer ähnlichen, aber weitaus vollkommeneren Weise hervor als der menschliche

Künstler zum Beispiel eine Statue hervorbringt. Während der Demiurg die Urbilder aller Dinge, die göttlichen Formen, zu seiner Verfügung hat, benutzen wir diese materiellen Kopien als Original, sodass wir Abbilder von Abbildern herstellen.

Für die jüdisch-christliche Tradition ist die Vorstellung des göttlichen Künstlers *(deus opifex)* offenkundig eine christliche Version des platonischen Demiurgen. Sie enthält aber den nichtgriechischem Begriff der „Schöpfung aus dem Nichts" *(creatio ex nihilo)*. Alle Vorgänge, durch welche die Natur oder der Mensch neue Dinge zuwege bringen, indem sie dem, was schon existiert, eine Form geben, stellen „Informationsprozesse" dar. Der christliche Gott ist als Einziger mächtig, Dinge aus dem Nichts zu erschaffen. Diese Unterscheidung zwischen *„informatio"* und *„creatio"* bleibt eine wesentliche durch das ganze Mittelalter. Obwohl dies eine christliche Unterscheidung ist, ist sie doch tief in der platonischen und aristotelischen Philosophie verwurzelt, insbesondere in den Begriffen der *morphé,* des *eidos,* der *idéa* und des *typos* (Capurro 1978).

In der Renaissance und der Neuzeit wird der schöpferische Mensch als ein autonomes Wesen oder als Genie, der die Charakteristik des göttlichen Schöpfers annimmt, immer wichtiger. Das Genie ist ein Mensch, der nicht nur allein fähig ist, Dinge gemäß einer vorgegebenen Regel zu reproduzieren, sondern auch neue Regeln erzeugen kann. Kant entwickelte diese Idee, um zwischen der produktiven und der reproduktiven Vorstellungskraft zu unterscheiden. Ein Genie ist jedoch kein Träumer, da es den Unterschied zwischen dem Unaussprechlichen oder Nicht-Darstellbarem und dem bloß symbolischen Charakter seines Werkes kennt.

Der Akt, neue Regeln zu erzeugen, verlangt, dass das Genie in irgendeiner Weise mit den metaphysischen Dimensionen in Berührung kommt, nämlich mit Gott als dem Erschaffer von Regeln. Dies heißt nach Kant aber nicht, dass das Genie irgend etwas über diese Dimension in theoretischer Weise wüsste (Capurro 1996). Die ästhetische Tätigkeit als die höchste der menschlichen künstlerischen Tätigkeiten vermittelt zwischen der theoretischen und der praktischen Vernunft. Diese Vorstellung wurde durch die Romantik, insbesondere durch Friedrich Schiller, weiterentwickelt.

Während des 19. Jahrhunderts wurde die künstliche Tätigkeit des Menschen mehr und mehr naturalisiert, d. h. von ihren metaphysischen Ansprüchen getrennt (Nietzsche, Marx, Feuerbach). Dieser Vorgang hatte seinen Höhepunkt in der ersten Hälfte des 20. Jahrhunderts. Der industrialisierte Arbeiter und der säkularisierte Künstler stellen die beiden Hauptfiguren der Künstlichkeit in diesem Zeitabschnitt dar. Der industrielle Arbeiter bildet die Natur um und beherrscht sie vor allem mit Hilfe von Maschinen, wie dies von Ernst Jünger in seinem Essay *Der Arbeiter* (1982) beschrieben wird. Das Werk des Künstlers wird entweder unter einem rein profanen Aspekt oder unter einem politischen Blickwinkel betrachtet. Im ersten Fall folgt dies der Hegelschen Vorstellung, dass die Rolle der Kunst als einer Vermittlung zwischen dem Sinnlichen und dem Übersinnlichen beendet ist. Im zweiten Fall kann Kunst (gerade noch) als Propaganda dienen.

2.2 Zu einer zeitgemäßen Deutung von Künstlichkeit

Durch die Entwicklung des Computers in der Mitte des 20. Jahrhunderts hat sich die Bedeutung von Künstlichkeit verändert. Ich möchte diese Veränderung unter den folgenden Gesichtspunkten analysieren:

- Wirklichkeit als rechnerische Künstlichkeit
- Existenzielle Künstlichkeit
- Mythen der Künstlichkeit

2.2.1 Wirklichkeit als rechnerische Künstlichkeit

Traditionellerweise ist das Künstliche weniger real als das Natürliche. Diese Begrifflichkeit verändert sich in der Moderne, da das Künstliche (die Maschine) hauptsächlich dazu verwendet wird, die Natur zu beherrschen. Wir benutzen jedoch heutzutage eine Maschine, nämlich den Computer, nicht nur zur Steuerung oder zur Regelung, sondern auch dazu, alle möglichen Arten von Seiendem zu simulieren. Diese Fähigkeit zur Simulation trägt mehr und mehr zu einer neuen Bedeutung von Künstlichkeit in ihrer Beziehung zur Natur bei. Begriffe wie virtuelle Realität, Künstliche Intelligenz und Künstliches Leben sind Anzeichen für diesen Wandel.

Im 19. Jahrhundert vollzog Nietzsche eine Umkehrung des platonischen Schemas, welches das Metaphysische oder Übersinnliche an die Spitze und das Physikalische oder Sinnliche ebenso wie das Künstliche auf der untersten Ebene ansiedelte. Nietzsche war jedoch von der Natur und der Geschichte fasziniert. Seine Vorstellung des Künstlers als dem Schöpfer und Vermittler von immer sich verändernden Perspektiven blieb der Vorstellung von der ewigen Wiederkehr der Natur untergeordnet. Natur sollte sich selbst durch diese Perspektiven manifestieren.

Heute arbeiten wir paradoxerweise unter einer anderen Art von Wiederkehr. Wir ziehen mehr und mehr in Betracht, dass die Virtualität von Computersimulationen das Wirkliche wäre. Und in der Tat, Realität wird zu einer möglichen

Aktualisierung errechneter Künstlichkeit. Dies ist in gewisser Weise eine Unkehrung der aristotelischen Beziehung zwischen dem Virtuellen *(dýnamis)* und dem Aktuellen *(enérgeia).* Reine Aktualität enthält keine der sinnlichen Wahrnehmung fähige Materie. Ich denke, dass diese Umkehrung deshalb paradox ist, weil sie die vormoderne Dominanz des Übersinnlichen wieder einführt. Die Bedeutung von Virtualität ist jedoch heute nicht göttlicher, sondern technischer Art. Im Gegensatz zu Plato sind die reinen mathematischen Formen (Ideen) nun im Herzen der techno-logischen Maschine, dem Computer, angesiedelt.

Von unserem menschlichen Standpunkt aus betrachtet, wird der Computer im Großen und Ganzen zur externalisierten Intelligenz und Imagination. Er ist der Spiegel, in dem wir sehen, wie die Realität zu etwas wird, das einen geringeren Status als die Virtualität des Künstlichen aufweist. Wir kennen diesen paradoxen Effekt aus dem Kino. Der reale Schauspieler oder die Schauspielerin ist die Blaupause des Kinostars. Was real ist, ist gerade das, was wir durch diesen technologischen Spiegel zu fassen bekommen, und dadurch simulieren und manipulieren können. Das Bild im Spiegel stellt sich als das Original der Projektion oder als eine weitere mögliche Konstruktion dessen heraus, was es offenkundig erzeugte. Real zu sein bedeutet fähig zu sein, virtuell auf einem Computer vorgestellt und implementiert zu werden. Die Objekte, worauf sich die künstliche Simulation beziehen, können entweder andere technische Produkte („Technoide") oder natürliche Produkte („Naturoide") sein (Negrotti 1995). Nicht nur Kognition, wie Pylyshyn (1986) behauptet, sondern auch Imagination ist Berechnung („computation"). Aber noch allgemeiner gilt: Sein bedeutet „digitales Errechnet-werden". *Esse est computari* könnten wir in Anlehnung an Bischof Berkeley (1965, S. 62) sagen. Errechnete Künstlichkeit ist, in Heideggers Begrifflichkeit ausgedrückt, der gegenwärtige Sinn von Sein.

Rechnerische Künstlichkeit ist eine Art von Superkategorie, so wie die metaphysischen Kategorien der Substanz oder Subjektivität, welche alle Arten des Seienden umfassen. Es gibt in der Metaphysik der Substanz Grade von Realität, die der Fähigkeit der dauerhaften Existenz oder der Widerständigkeit der verschiedenen Arten von Substanzen (wie Materie, Leben, menschlicher Geist, göttlicher Geist) gegen das Vergehen von Zeit entsprechen.

Die Metaphysik der Künstlichkeit sieht alle Phänomene insofern als real an, als sie Ausdrücke der rechnerischen Formen (Algorithmen oder Programme) sind. Die errechnete Form hat einen höheren ontologischen Rang als die sogenannte Realität, da sie diese ändern und in anderer Form reproduzieren kann. Realität ist lediglich ein Ausdruck für errechnete Virtualität. Das Künstliche ist das Wirkliche. Die Theorie der Fraktale beabsichtigt, so etwas wie die Form aller möglichen errechenbaren Formen zu berechnen. Das ist eine technische Version des platonischen Konzepts der Form der Form. Rechnerische Künstlichkeit imitiert nicht die Natur. Sie simuliert sie noch nicht einmal. Es ist genau umgekehrt – das Natürliche scheint gerade eine mögliche Simulation des Künstlichen zu sein.

2.2.2 Existenzielle Künstlichkeit

In seinem Werk *Sein und Zeit* charakterisiert Heidegger das menschliche Leben durch die Tatsache, dass wir in einem Feld gegebener und offener Möglichkeiten leben (Heidegger 1976). Weder unsere Seele noch unser Leib, sondern unsere besondere Weise zu sein, unsere Existenz oder unser „Dasein", macht den Unterschied zwischen unserem Leben und der Weise, wie zum Beispiel ein Werkzeug oder ein Tier existiert, aus. Diese Vorstellung wurde mit unterschiedlichen Bedeutungen und Variationen auch von anderen Denkern unserer Zeit wie José Ortega y Gasset oder Jean-Paul Sartre entwickelt. Es war jedoch Giambattista Vico, der in großartiger Weise den Begriff der menschlichen Welt als eine künstliche Welt analysierte.

Als menschliches Wesen zu existieren bedeutet, dass wir unser Leben konstruieren müssen. Unser Leben ist nicht etwas Gegebenes, es ist kein Programm, das auf einer Hardware laufen soll, sondern es muss von uns selbst teilweise geschrieben werden. „Teilweise" bedeutet hier, dass wir mit natürlichen und kulturell vorgegebenen Bedingungen (Familie, Geschlecht, Land, Epoche, Sprache etc.) auf die Welt kommen. Obwohl wir uns in unserem täglichen Leben meist auf diese Bedingungen beziehen, haben wir doch Optionen in einem Feld nicht fixierter Möglichkeiten. Für diese Entscheidungen sind wir verantwortlich. Mit anderen Worten: Unser Leben ist nicht nur ein natürliches, sondern ebenso ein künstliches, oder wie die Tradition es nennt, ein ethisches Leben. Unsere Weise des Existierens ist der Sinn, den wir der Künstlichkeit mit Blick auf uns selbst geben. Unsere mimetische, nachahmende Beziehung zu den ethischen Idealen und Werten ist eine künstliche, nicht nur, weil wir sie wählen, sondern auch, weil wir sie ändern und sogar neue hervorbringen können.

Nur weil wir selbst künstlich sind, sind wir fähig, künstliche Dinge zu erzeugen. Im Begriffraster der Existenzphilosophie können wir sagen, dass unsere Offenheit zum Sein (oder zum Nichts) eine Bedingung der Möglichkeit für die Erzeugung künstlicher Dinge ist. Diese Möglichkeit ist im Falle anderer natürlicher Wesen eine sehr beschränkte oder analoge. Heidegger spricht davon, dass nur der Mensch „weltbildend" ist, während Tiere „weltarm" und ein Stein „weltlos" ist (Heidegger 1983). Worin aber besteht die Beziehung zwischen existenzieller und errechneter Künstlichkeit? In einer gewissen Hinsicht scheint das Künstliche heutzutage einige der ontologischen Merkmale von Tieren, menschlichen Wesen wie auch nicht lebender Objekten aufzuweisen, in anderer Hinsicht kann man es aber auch die Sache gerade umgekehrt sehen. Dies schafft einen neuen Horizont für ein Verständnis alles Seienden, einschließlich unserer eigenen Existenz.

Nehmen wir von der rechnerischen Künstlichkeit einmal an, dass sie in der Lage wäre, sich ihre eigene Welt zu schaffen, die weder die eines Tieres noch die eines verantwortlichen handelnden moralischen Wesens ist. In den einfachsten Fällen kann man dies gerade als Werkzeug auffassen, das die Grundeigenschaften des „Vorhandenen" wie die des „Zuhandenen" aufweist, wie sie in Heideggers *Sein und Zeit* beschrieben wurden. Es gibt jedoch andere Fälle, bei denen wir geneigt sein könnten, ihnen Leben und selbst Intelligenz zuzuschreiben. Obwohl dies eher eine Metapher als ein Faktum ist, könnten wir nicht über die rechnerische Künstlichkeit spekulieren, dass sie in einer Weise sei, die auf irgend eine Art Weltoffenheit und Weltkonstruktion enthält, die weder die eines Tieres noch eines menschlichen Wesens ist?

In seinen Vorlesungen über *Un know-how per l'etica* zeigt Francisco Varela, dass rechnerische Künstlichkeit, sofern sie kognitive Fähigkeiten hervorbringen soll, auf der Grundlage eines selbstorganisierenden Systems funktionieren muss, dessen dynamisches Verhalten nur möglich ist, wenn es kein festes Programm oder kein stabiles Selbst gibt. Für dieses dynamische Verhalten ist nicht die Berechnung, sondern die Wechselwirkung mit seiner Umgebung eine notwendige Bedingung (Varela 1992). Die hinreichende Bedingung jedoch ist die Offenheit oder „das Ganze" zwischen dem System und seiner Umwelt. Diese Offenheit erlaubt es dem System, sich seine eigene Welt zu schaffen.

Nach Varela basiert dieser Prozess auf dem Körper des Organismus. Er plädiert dafür, eine Ethik aufgrund von Praktiken unserer körperlichen Erfahrung von Offenheit zu entwickeln, wie bei der buddhistischen Meditation. Diese Form von Wahrnehmung erlaubt es uns, flexibel zu handeln. Wir werden dadurch der Zuwendung zu anderen fähig, und wir können kreativer und flexibler handeln.

Wenn diese Einsicht zutrifft, kann die Bedeutung der rechnerischen Künstlichkeit auf die bloße Simulation dessen eingeschränkt werden, was Varela die regelgeleitete Handlung oder die Gewohnheiten nennt. Wird rechnerische Künstlichkeit so verstanden, dass sie den neuronalen Netzen ähnliche Netzwerke aufbaut, dann wird die Frage nach den nicht programmierten Wechselwirkung mit der Umwelt entscheidend. Nur unter dieser Bedingung könnten wir davon sprechen, dass künstliche Systeme in der Lage wären, ihr eigenes Leben zu formen. Künstliche Existenzialität wäre dann die Simulation einiger wesentlicher Grundzüge existenzieller Künstlichkeit.

Rechnerische Künstlichkeit strahlt zurück in die existenzielle Künstlichkeit, in unser Selbst, in uns selbst und in die Weise, wie wir unser Leben verstehen. Unser In-der-Welt-sein wird mehr und mehr sowohl durch Computernetzwerke wie durch alle Arten elektronischer Einrichtungen bestimmt. So weit diese Systeme unser Leben als Ganzes zu bestimmen scheinen, sollten wir Praktiken entwickeln und kultivieren, die es uns ermöglichen, diese und andere Konventionen zu bewältigen, nicht um sie zu verlassen oder ihnen unsere Verachtung zu zeigen, sondern, wie Varela bemerkt, um die Gewohnheit, vorgegebenen Regeln zu folgen, zu verlernen. Diese Haltung ist ähnlich jener der schöpferischen Vorstellungskraft, wie sie Kant analysiert hat. Michel Foucault nennt diese Praktiken „Technologien des Selbst" (Foucault 1998).

2.2.3 Mythen der Künstlichkeit

Seit alters her hängen die menschliche Vorstellungskraft und ihre künstlichen Hervorbringungen eng mit unseren Träumen und besonders mit der Weise zusammen, wie wir diese Träume bewusst verarbeiten, den Mythen. Unsere Träume, nicht so sehr unsere Rationalität, sind der Ursprung unserer Künstlichkeit.

Jean Brun hat die engen Beziehungen zwischen Träumen und Maschinen untersucht (Brun 1992). Die *conditio humana,* insbesondere unsere körperliche Natur, die Tatsache des Voneinander-Getrennt-Seins durch Zeit, Raum sowie durch den Tod, die Vielfältigkeit des Seienden, der Zeiten und der Orte verleihen den menschlichen Handlungen und all ihren künstlichen Hervorbringungen einen mythologischen Grundzug. Sie werden als Träume, die diese Bedingung überwinden sollen, als Machtträume, aufgefasst.

Doch manchmal, wenn die Vernunft schläft, aber auch wenn sie träumt, wird das Künstliche eher zum Albtraum als zur Wohltat. Dies ist beispielsweise der Fall, wenn die Vernunft einige ihrer künstlichen Albträume einen positiven Sinn zu geben versucht. Wenn die Vernunft ihre Grenzen vergisst, dann lässt sie Mythen entstehen, zum Beispiel den Mythos des technischen Fortschritts. „Der Traum/Schlaf der Vernunft gebiert Monster" *(„el sueño de la razón engendra monstruos")* (Francisco Goya).

Die Mythen des Künstlichen sind heute Legion, nicht nur in Science-Fiction Geschichten wie *Star Treck* oder *2001: A Space Odyssee,* sondern auch in Form von wissenschaftlichen Mythen. Ein Beispiel dafür ist die Vorstellung, dass die natürliche Evolution fortschreite und durch Roboter, unseren *mind children* übernommen wird (Moravec 1988). Wie bereits erwähnt, strahlt das Künstliche zurück und wir erscheinen als ein Teil davon, als ein evolutionäres Vorspiel für eine höhere Form von Existenz.

Der Mythos der höheren Intelligenzen (Engeln), losgelöst von den Bedingungen eines sterblichen Körpers, ist Teil vieler religiösen und philosophischen

Überlieferungen. Ich habe vorgeschlagen, dass die technologische Form dieses Mythos eine anthropologische Funktion habe. Die Leerstelle der göttlichen höheren Intelligenzen, die der Prozess der Säkularisierung hinterlassen hat, wird nun in unserer technischen Gesellschaft durch die Vorstellung einer höheren vom Menschen geschaffenen Intelligenz, einer Art Super KI (Künstliche Intelligenz) ausgefüllt. Während in der Vergangenheit unser Platz auf der Skala der Wesen zwischen Tier und Engeln angesiedelt war, nimmt nun in einer säkularisierten und technologischen Zivilisation der Mythos der Super KI den Platz englischer Intelligenzen ein. Das ist eine moderne Form von Gnosis (Capurro 1995, S. 78–96).

Diese kritischen Bemerkungen bedeuten jedoch nicht, dass wir unser Leben und unseren Körper im Sinne der rechnerischen Künstlichkeit nicht deuten beziehungsweise umwandeln könnten oder sollten. Wir werden in der Tat immer mehr in neue Formen errechnender Künstlichkeit eingebettet. Aber dieser Vorgang ist keine blinde Nemesis. Als Schöpfer künstlicher Dinge und als Wesen, das sein eigenes Leben formt, spielen wir eine strategische Rolle in der Gestaltung des Künstlichen. Unsere rationalen Strategien hiefür sind die Technikfolgenabschätzung und die philosophische Kritik. Unsere ästhetische Strategie überbietet die technologische Vorstellungskraft durch die ästhetische Vorstellungskraft. Dies ist einer der wichtigen Beiträge der elektronischen Kunst zur Kultur des Künstlichen. Elektronische Kunst ist eine Sublimierung der elektronischen Gnosis.

Künstliche Maschinen erzeugen, wie Negrotti bemerkt, eine neue Vielfalt in der natürlichen wie in der kulturellen Welt. Das Künstliche wird zuweilen dem Natürlichen und manchmal der konventionellen Maschine oder der Elektronik selbst ähnlicher. Die Grenze zwischen Natur, konventioneller Technologie und – so möchte ich hinzufügen – Existenz sind nicht verschwunden, sondern sie sind subtiler. Zu glauben, dass wir künstliches Leben ohne einen Selektionsprozess reproduzieren könnten, ist ein Mythos. Ebenso ist es ein Mythos zu glauben, dass die Verwendung von verschiedenen Materialien und/oder Prozessen bei der Imitation anderer Lebewesen keinen Unterschied zwischen dem Natürlichen und dem Künstlichen ausmacht. Die Frage nach der Kompatibilität zwischen Natur, Künstlichkeit und konventioneller Technik ist keine leichte Frage (Negrotti 1995, 1999).

2.3 Schlussbemerkungen

Die Gestaltung unseres Lebens durch elektronische Netzwerke wie das Internet kann als ein wichtiger Beitrag zu einer global-vernetzten Kultur angesehen werden, für die sich die Machtfrage in einer neuen Weise stellt – ebenso wie im Falle

2.3 Schlussbemerkungen

der geografischen Grenzen oder der bisherigen Transport- und Kommunikationsmedien (Fleissner et al. 1995).

In einer solchen Situation brauchen wir mehr denn je Praktiken und im besonderen körperliche Erfahrungen, durch die wir in Berührung mit der Kontingenz unseres Lebens wie auch mit der Kontingenz der natürlichen und künstlichen Welt kommen. Wir können dann lernen, nicht nur auf den Spiegel, sondern auch jenseits (nicht durch oder hinter!) von ihm zu schauen.

Transzendieren bedeutet darüber hinaus gehen. Es mag sein, dass wir entdecken, dass es jenseits der Künstlichkeit nichts gibt, so wie es auch jenseits von Natur und Existenz nichts gibt, außer gerade der einfachen Tatsache zu sein. Wir benutzen künstlich wie natürlich Seiendes (einschließlich unser Leben), um eine solche Dimension zu verbergen. Sich dessen gewahr zu werden, ist der Hauptbeitrag der philosophischen Übungen, welche gerade in früheren Zeiten aufs Engste mit körperlichen Erfahrungen verbunden waren (Capurro 1995).

Zur Kritik des platonischen Höhlengleichnisses als Metapher der Medienkritik

Platons Höhlengleichnis scheint auf den ersten Blick eine ausgezeichnete Grundlage für eine heutige Medienkritik zu bieten. Platon beschreibt nämlich die Lage der an einer medialen Pseudorealität eingebetteten Menschen sowie den Weg ihrer Befreiung. Inwieweit ist aber diese Verwendung tatsächlich für eine Kritik unserer Medienrealität tauglich?

Im Folgenden kommt zunächst Platon ausführlich zu Wort. Sodann wende ich mich dem Film *Benny's Video* des österreichischen Regisseurs Michael Haneke aus dem Jahre 1992 zu und stelle einige Zusammenhänge zwischen Platons Höhlengleichnis und der heutigen Medienwelt dar. Im dritten Teil widme ich mich der Kritik der Platonischen Medienkritik.

Zunächst aber zu Platon. Wir befinden uns im siebten Buch seines Dialogs *Politeia*. Sokrates und Glaukon sprechen miteinander.

3.1 Platons Höhlengleichnis

Sokrates Dann, sprach ich, vergleiche unsere Natur in Bezug auf Bildung und Unbildung mit folgendem Zustand. Stelle dir nämlich Menschen in einer unterirdischen höhlenartigen Wohnung vor, die einen gegen das Licht geöffneten Zugang längs der Höhle hat. In dieser sind sie von Kindheit an gefesselt an Hals und Schenkeln, so daß sie an derselben Stelle bleiben müssen und nur nach vorne sehen, ohne sie ihre Köpfe umdrehen zu können, da sie gefesselt sind. Sie haben Licht von einem Feuer, das von oben und von ferne hinter ihnen brennt. Zwischen dem Feuer und den Gefangenen läuft oben ein Weg; längs diesem, so stelle dir das vor, ist eine niedere Mauer gebaut gleich den Schranken, die sich die Gaukler vor den Zuschauern bauen, um über sie ihre Kunststücke zu zeigen.

Glaukon Ich sehe, sagte er.

S. Sieh nun längs dieser Mauer Menschen, die allerlei Gefäße tragen, die über die Mauer vorbeitragen, und Bildsäulen sowie Bildwerke aus Stein und Holz und allerlei vom Menschen künstlich Erzeugtes. Einige der Vorübertragenden unterhalten sich dabei, wie zu erwarten, die anderen schweigen.

G. Du stellst da, sagte er, ein außergewöhnliches Bild und außergewöhnliche Gefangene vor.

S. Sie sind uns ganz ähnlich, erwiderte ich. Denn was glaubst du wohl? Solche Menschen haben von sich selbst und von einander, nie etwas anderes zu sehen bekommen als die Schatten, die das Feuer auf die ihnen gegenüberstehende Wand der Höhle wirft.

G. Wie sollte es anders sein, sagte er, wenn sie gezwungen sind, zeitlebens den Kopf unbeweglich zu halten?

S. Und von den in ihrem Rücken vorbeigetragenen Dingen, sehen sie nicht eben auch die Schatten?

G. Was sonst?

S. Wenn sie nun miteinander reden könnten, glaubst du nicht, daß sie das, für das Wirkliche halten, was sie sehen und benennen?

G. In der Tat.

S. Wie aber, wenn dieses Gefängnis auch einen Widerhall von der ihnen gegenüberstehenden Wand hätte? Wenn einer von den Vorübergehenden sprechen würde, würden sie nicht denken, daß der vorübergehende Schatten spricht?

G. Nichts anderes, beim Zeus!

S. Auf keine Weise also können sie etwas anderes für das Wahre halten als die Schatten jener künstlichen Dinge?

G. Notwendigerweise, sagte er.

S. Betrachte jetzt, erwiderte ich, wenn die Gefangenen gelöst und geheilt von ihren Fesseln und ihrer Einsichtslosigkeit, was ihnen dann zustoßen würde. Wenn einer entfesselt wäre, und gezwungen würde sogleich aufzustehen, den Hals umzudrehen, zu gehen und gegen das Licht zu sehen, dann hätte er immer Schmerzen, und wegen des Geflimmers könnte er jene Dinge nicht recht erkennen, wovor er

3.1 Platons Höhlengleichnis

vorher die Schatten sah. Was meinst du wohl, würde er sagen, wenn ihn einer versicherte, damals habe er nur Nichtigkeiten gesehen, jetzt aber wäre er dem Seienden näher und indem er sich dem Seienderen gewendet hätte, würde er auch richtiger blicken? Und wenn jener ihm jedes Vorübergehende zeigend ihn fragte und ihn zwänge, auf die Frage, was es sei, zu antworten, glaubst du nicht, daß er da weder ein noch aus wüßte und überdies dafür hielte, das, was er vormals gesehen hatte, sei wahrer als das jetzt Gezeigte?

G. Allerdings, sagte er.

S. Und wenn ihn einer nötigte, in den Feuerschein selbst zu sehen, würden ihm dann nicht die Augen schmerzen und würde er nicht fliehen und zu jenem zurückkehren, was er anzusehen im Stande ist, fest überzeugt, dies sei weit gewisser als das, was ihm jetzt gezeigt werde?

G. So ist es, sagte er.

S. Wenn ihn aber einer mit Gewalt von da weg durch den holprigen und steilen Aufgang schleppte, und nicht losließe bis er ihn an das Licht der Sonne hinausgezogen hätte, wird er nicht Schmerzen haben und sich ungern schleppen lassen? Und wenn er nun an das Sonnenlicht kommt und die Augen voll Strahlen hat, wird er nichts sehen können von dem was ihm nun für das Wahre gegeben wird?

G. Freilich nicht, sagte er, wenigstens nicht plötzlich.

S. Er wird also, meine ich, eine Gewöhnung nötig haben, um das Obere zu sehen. Und zuerst würde er Schatten am leichtesten sehen, danach Bilder der Menschen und der anderen Dinge, wie sie sich im Wasser widerspiegeln, und dann erst diese Dinge selbst. Und davon was am Himmel ist und den Himmel selbst würde er am liebsten in der Nacht betrachten und in das Mond- und Sternenlicht sehen als bei Tage in die Sonne und in ihr Licht.

G. Wie sollte er nicht?

S. Zuletzt aber, denke ich, wird er auch in den Stand kommen, die Sonne selbst, nicht ihre Bilder im Wasser oder sonst wo, sondern sie selbst an ihrer eigenen Stelle anzusehen und zu betrachten, wie sie beschaffen sei.

G. Notwendigerweise, sagte er.

S. Und dann wird er herausbringen, daß sie es ist die alle Jahreszeiten und Jahre schafft und alles ordnet in dem sichtbaren Raum, und auch von dem was sie dort in der Höhle sahen gewissermaßen die Ursache ist.

G. Offenbar, sagte er, würde er über jene hinausgehend zu diesem gelangen.

S. Und wie, wenn er sich wieder seiner ersten Wohnung, der dortigen Weisheit und der damaligen Mitgefangenen erinnert, meinst du nicht er werde sich selbst glücklich preisen über die Veränderungen und jene bedauern?

G. Ganz gewiß.

S. Und wenn sie dort, in der Höhle, unter sich Ehre, Lob und Belohnung für den bestimmt hatten, der das Vorübergehende am schärfsten sah und am besten im Gedächtnis behielt, was zuerst zu kommen pflegte und was zuletzt und was zugleich und daher also am besten vorhersagen konnte, was am ehesten künftig eintreten könnte: glaubst du es werde ihn danach noch groß verlangen, und er werde die bei jenen geehrten und Machthabenden beneiden? Oder wird er nicht das viel lieber wollen, wovon Homer sagt: „das Feld eines unbegüterten Mannes als Tagelöhner bestellen" und lieber alles über sich ergehen lassen als wieder solche Ansichten zu haben und so zu leben wie früher in der Höhle?

G. Ich glaube, sagte er, er würde lieber alles über sich ergehen lassen als so zu leben wie früher.

S. Und nun bedenke auch dieses, erwiderte ich. Wenn ein solcher wieder hinab stiege und an denselben Platz sich niedersetzte, würden ihm die Augen nicht ganz voll Dunkelheit sein, da er so plötzlich von der Sonne herkommt?

G. Ganz gewiß, sagte er.

S. Und wenn er wieder in der Begutachtung jener Schatten wetteifern sollte mit jenen, die immer dort gefangen gewesen, während es ihm noch vor den Augen flimmert eher er sich wieder angepaßt hat, was nicht geringe Zeit der Eingewöhnung verlangte, würde man ihn nicht auslachen und von ihm sagen, da er hinaufgestiegen sei, sei er mit verdorbenen Augen zurückgekommen, und es lohne sich nicht, daß man versuche hinaufzukommen, sondern man müße jeden, der sie lösen und hinaufbringen wollte, wenn man seiner nur habhaft werden und ihn umbringen könnte, auch wirklich umbringen?

G. So sprächen sie, sagte er (Platon 1991, S. 514a–517a).

Platons Gleichnis ist ein Bildungsgleichnis *(paideia).* Wir stehen zunächst und zumeist unter der Macht der Sinne. Der Sinn der sinnlich wahrnehmbaren Dinge und der Sinn des Sinnes, der den Sinn der sinnlichen wahrnehmbaren Dinge vernimmt, der Sinn der Vernunft *(nous)* also, bleibt verborgen. Im Höhlengleichnis ist die Vernunft und ihr Sinn paradoxerweise wiederum sinnlich durch Sonne und Licht versinnbildlicht.

Mathematik, Geometrie und Astronomie sind für Platon jene abstrakten Disziplinen, die den Blick nach oben lenken. Sie haben den Vorzug gegenüber Musik, Gymnastik oder Ökonomie.

Am Schluss des Dialogs kritisiert Platon die herstellenden und darstellenden Künste. Die herstellenden Künste, wie am Beispiel eines Bettmachers oder Tischlers ersichtlich, richten sich nach einem vorausgehenden Begriff vom Bett oder Tisch. Die Idee des Tisches wird wiederum durch den Gott hervorgebracht. Sie hat den Vorrang gegenüber den beiden Tätigkeiten der Werkbildner *(demiourgoi)* und der Nachbildner *(mimeten)*, die sich um die Ausstattung der Höhle kümmern.

Platon schwächt seine Kunst- und Medienkritik ab, indem er den Künstlern, nach angemessener Eigenverteidigung, eine pädagogische und politische Beteiligung zugesteht, allerdings unter Klarstellung ihres untergeordneten Status und nur sofern sie den höheren Erkenntniszielen dienlich sind (Pol. 607–608).

3.2 Benny's Video

Benny's Video ist ein Film des österreichischen Regisseurs Michael Haneke aus dem Jahre 1992. Benny, ein zwölfjähriger Junge, wird von Arno Frisch, seine Eltern von Angela Winkler und Ulrich Mühe gespielt. Benny lebt in der Höhle der neuen Medien. Sein Zimmer im Apartment der gut situierten Eltern ist mit elektronischen Geräten aller Art vollgepackt. Besonders auffallend ist, dass der Blick aus dem Fenster zur Straße hinunter nur durch einen Bildschirm möglich ist, der das Fenster ausfüllt und den Straßenverkehr wiedergibt. Im Zimmer sind Videokameras installiert, die die Vorgänge nachbilden.

Der Film erzählt die Geschichte eines tödlichen Spiels. Als Benny eines Tages ein Mädchen zum Besuch seiner Medienwelt einlädt, spielen beide mit einer zur Tötung von Schweinen verwendeten Pistole. Benny hatte sie von seinem Onkel, bei dem er entsprechende Szenen gedreht hatte. Zunächst fordert Benny das Mädchen spielerisch auf, auf ihn zu schießen. Dieses weigert sich und wird von Benny als „feige" apostrophiert. Als sich das Spiel umkehrt, hat es für das Mädchen tödliche Folgen. Die Szene wird von den im Zimmer befindlichen Kameras aufgenommen. Sie zeigt auffällige Parallelen mit dem anfangs gezeigten Video über die Schweinetötung.

Man kann zunächst die medienkritische Schlussfolgerung ziehen, dass die Medienhöhle zum Verlust des Realitätssinns und letztlich zum tödlichen Unfall geführt hat. Es handelt sich aber dabei nicht um den oft beklagten Einfluss von

Gewaltdarstellungen in den Medien und ihre passive Aufnahme durch den Konsumenten. Benny geht offenbar sehr kreativ mit der elektronischen Medienwelt um. Man kann lediglich sagen, dass die ständige Umsetzung von Realität in Bilder den Sinn für die Realität abschwächt oder sogar umkehrt. Die Medienhöhle macht Benny wiederum nicht ganz stumpf für das, was geschehen ist. Es sind Bennys Eltern, die alles versuchen, um die Tat zu kaschieren. Und es ist Benny, der zum Schluss zur Polizei geht und die Tat gesteht. Bennys Eltern leben zwar nicht in einer elektronischen Medienhöhle, wohl aber einer ganz konventionellen „Kunsthöhle": Ihr Wohnzimmer ist komplett mit Bildern tapeziert! Und sie leben ferne in der zur Höhle gewordenen Konventionen ihres sozialen Status.

Aus Platonischer Sicht sind nicht nur Benny, sondern ebenso sehr die Eltern als die Gefesselten anzusehen. Benny erfährt eine Läuterung, indem er nicht an der Video-Vorstellung seiner Tat verhaftet bleibt, sondern sich dem Sinn dieser Tat öffnet. Über die schwierige Loslösung von den medialen Fesseln erfahren wir anhand von Andeutungen: Er lässt sich die Haare abrasieren (ein Zeichen von Scham), und er verliert seinen Frohsinn und seine lebhafte Art.

Allerdings ist die Welt des Sinns der Sinne für Benny keineswegs göttlich, sondern zutiefst menschlich. Das Nicht-rückgängig-machen-können seiner Tat öffnet ihm die Augen der Vernunft. Führt diese Erfahrung notwendigerweise zu einer Abwertung der (elektronischen) Medien?

3.3 Zur Kritik der platonischen Medienkritik

In seinem Aufsatz *Auf den Weg zur mediengesteuerten Gesellschaft* schreibt Walther Zimmerli, dass Platon und Aristoteles:

> über die Wirkung der Medien in einer Art gestritten [haben], die bis heute unverändert fortgilt, wenn man sie nur vom Beispielsfeld des Theaters auf das Beispielsfeld des Fernsehens überträgt: Platon hatte in seiner staatsutopischen Schrift „Politeia" die These vertreten, daß Schlechtes und Verbrecherisches auf der Bühne zu sehen, die Menschen ihrerseits schlecht und verbrecherisch mache. Aristoteles hatte hingegen eingewendet, daß das Gegenteil der Fall sei. Platons Angst vor der negativen Medienwirkung setzte er die Hoffnung auf eine rationale Bewältigung und daher positive Medienwirkung entgegen: Die Menschen würden dadurch, daß sie sich mit dem Schwierigen und Problematischen auseinanderzusetzen haben, nicht selbst schwierig und problematisch, sondern geübt im Umgang mit Schwierigem und Problematischem (Zimmerli 1990).

3.3 Zur Kritik der platonischen Medienkritik

Für Aristoteles – im Gegensatz zu Platon – sind wir ursprünglich im offenen und sinnlich-sinnhaften Weltbereich, wie das von Cicero tradierte weniger bekannte aristotelische Höhlengleichnis zeigt:

> Wenn es Menschen gäbe, die stets unter der Erde gewohnt hätten, in gut eingerichteten, herrlichen Wohnungen, geschmückt mit Statuen und Gemälden, ausgestattet mit allem, was Menschen, die als glücklich gelten, in Fülle besitzen, die jedoch noch nie auf die Erde hinaufgekommen wären, aber durch Hörensagen etwas vom Walten einer Gottheit und von einer göttlichen Macht erfahren hätten, und dann, da sich irgendwann die Schlünde der Erde geöffnet hätten, jene verborgenen Wohnsitze hätten verlassen und zu den Orten, die wir bewohnen hätten herauskommen können: wenn sie nun plötzlich die Erde, die Meere und den Himmel gesehen, den Umgang der Wolken und die Gewalt der Winde kennengelernt, die Sonne erblickt und deren Größe und Schönheit, besonders auch ihr Wirken erkannt hätten, weil sie durch die Verbreitung ihres Lichtes am ganzen Himmel den Tag bringt, und wenn sie andererseits, sobald die Nacht die Länder beschattet, dann den ganzen Himmel sähen, von Sternen besät und geschmückt, und den Lichtwechsel des Mondes, wie er bald zu-, bald abnimmt, und der Auf- und Untergang all dieser Gestirne und ihre in alle Ewigkeit festgesetzten und unveränderlichen Bahnen – wenn sie dies alles sähen, würden sie gewiß glauben, daß es Götter gibt und daß diese gewaltigen Werke göttlichen Ursprungs sind (Cicero, nat.deor. II, 1995).

Die Medien sind grundsätzlich positiv zu beurteilen. Allerdings müssen wir lernen – im Sinne einer Lebenskunst – selektiv mit ihnen umzugehen, wenn wir sie produktiv nutzen wollen (Capurro 1995). Ich schließe mich der Aristotelischen Kritik an der Platonischen Medienkritik an, indem ich Blumenbergs Erörterungen über die Geschichte der Höhlenmetaphorik mit einbeziehe (Blumenberg 1989).

Die Speleologie, die Wissenschaft von den Höhlen, hat als philosophische Metapher für die Beschreibung des Weges zur wahren Erkenntnis und zum richtigen Handeln eine lange und wechselhafte Entwicklung hinter sich. Es gab vielseitige Kandidaten für die Platonische Höhle. Sie führten allesamt zur Diskriminierung bestimmter Erfahrungen, die dem Schattenhaften zugeschrieben wurden. Die Höhlenmetapher ist deshalb nur bedingt eine Aufklärungsmetapher, da sie im Namen einer Sinndimension eine andere Sinndimension abwertet und dieses Schema nicht nur inhaltlich, sondern auch strukturell festschreibt.

Diese letztere Einsicht erlaubt nicht nur eine inhaltliche Kritik der Platonischen Medienkritik. Das haben Nietzsche und Heidegger gesehen. Eine radikalere Kritik des Platonischen Höhlenmythos bedeutet letztlich eine Kritik des Mythos Höhle. Im Kern besagt diese Kritik, dass wir nicht in einer wie auch immer gearteten Höhle leben – von der kosmologischen Höhle Platons, über die neuzeitliche Höhle des Bewußtseins bis hin zur Medienhöhle –, sondern einem offenen Horizont von Sinndeutungen und Sinnentwürfe ausgesetzt sind, dem wir uns allerdings kapselartig verschließen können. Während die Antike sich weitgehend an den kosmologischen Inhalten des Höhlengleichnisses orientierte und das Christentum die Gefangenen als Sünder im irdischen Jammertal deutete, geschah in der Neuzeit eine scheinbar radikale Infragestellung des Platonischen Gedankens. Die kosmologische Höhle verwandelte sich in das subjektive Bewusstsein dem die objektive Außenwelt gegenüberstand. Diese neuzeitliche Subjekt-Objekt-Spaltung brachte die Frage nach dem jeweiligen Anteil beim Erkenntnisprozess mit sich. Die neuzeitlichen Empiristen betonten, dass alle unsere Erkenntnisse durch Eindrücke *(impressions)* oder „Informationen" von der Außenwelt entstehen. Für Kant bestimmten die subjektiven Strukturen unseres Erkennens und Anschauens die Gegenstände der Erfahrung vor der Erfahrung *(a priori)*. Unser gestaltender Verstand ist aber zugleich ein rezeptiver oder, wie Kant schreibt, „diskursiver, der Bilder bedürftiger, Verstand" *(intellectus ectypus)* und unterscheidet sich in dieser Hinsicht vom göttlichen schöpferischen Ur-Verstand *(intellectus archetypus)* (Kant 1974, § 77).

Wir sind offenbar, wie die Hirnforschung heute lehrt, keine passiven Empfänger von Eindrücken aus der Außenwelt. Die Konstruktivisten meinen die neuzeitliche Subjekt-Objekt-Spaltung dadurch aufheben zu können, indem sie alles zwar nicht in die Immanenz des Bewusstseins, aber in die des Gehirns und seiner Konstruktionen verlagern. Dadurch wird der Idealismus durch den Zerebralismus ersetzt. Siegfried Schmidt kritisiert aus konstruktivistischer Sicht Platons Höhle als „ein eindeutiges Depravierungsszenario". Demgegenüber ist der *Oikos* der Konstruktivisten „eindeutig ein Konstruktionsszenario, in dem der Philosophentraum von der Welt hinter den Welten, hinter dem Chorismos, ausgeträumt ist" (Schmidt 1995).

Wenn es aber keine Höhlen und keine Gefangenen gibt, dann gibt es im Grunde nicht nur kein Außen, sondern ebenso sehr kein Innen! Oder, anders ausgedrückt, Schmidt scheint die eine Höhle Platons nur durch die Vielfalt der konstruierten Höhlen zu ersetzen. In Wahrheit führt er aber zusätzlich die Kategorie des *Oikos* ein. Der *Oiko* ist der Rahmen, der uns erlaubt, die verschiedenen Konstruktionen in ihrer kontingenten Vielfalt zu erfahren. Es gibt in der Tat „keine Realität da draußen", wohl aber ein Offenheits- oder Möglichkeitsbereich der uns erlaubt, die Konstruktionen als Konstruktionen wahrzunehmen. Indem wir diesen Offenheitsbereich gestalten, entsteht ein Riss im Dasein, sofern diese entwerfende Seinsweise uns Menschen eigen ist und uns von anderen nicht-

3.3 Zur Kritik der platonischen Medienkritik

daseinsmäßigen Seienden trennt. Durch unsere geistige Tätigkeit oder durch die „symbolischen Formen" (E. Cassirer) prägen wir geistig und materiell unsere Welt. Cassirer schreibt:

> Wenn die Philosophie der Technik es mit den unmittelbaren und mittelbaren sinnlich-leiblichen Organen zu tun hat, kraft derer der Mensch der Außenwelt ihre bestimmte Gestalt und Prägung gibt, so wendet die Philosophie der symbolischen Formen ihre Frage auf die Gesamtheit der geistigen Ausdruckfunktionen. Auch in ihnen sieht sie nicht Abdrücke oder Kopien des Seins, sondern Richtungen und Weisen der Gestaltung, "Organe" nicht sowohl der Beherrschung als vielmehr der "Sinngebung" (Cassirer 1994, II, S. 258–259).

Cassirer hat zwar eine Philosophie der symbolischen Formen, nicht aber eine Philosophie der Technik als Gegenstück entwickelt. Außerdem spricht er weiterhin im neuzeitlich-kantianischen Sinne von einer „Außenwelt". Schließlich ist die Gegenüberstellung zwischen „Beherrschung" und „Sinngebung" in bezug auf eine symbolische Technik wie die Informationstechnik unzureichend.

Die Heideggersche Einsicht in die ursprüngliche Einheit von Mensch und Welt, das In-der-Welt-sein, bedeutet eine Zerschlagung des neuzeitlichen Gordischen Knotens oder der Trennung von Subjekt und Objekt, Innenwelt und Außenwelt, Bewusstsein und objektiver Realität usw... Sie ist aber keine Rückkehr zu einem vorkantischen naiven Realismus, sondern sie integriert die gestaltende Tätigkeit unseres Erkennens und Handelns im Rahmen eines offenen und geschichtlichen Horizonts. Unsere Realitätsentwürfe stehen nicht ein für allemal fest, sondern beruhen auf jeweils vorgegebenen Strukturierungen. Eine Höhle entsteht nur dann, wenn bestimmte Seinsentwüfe oder Konstruktionen sich verfestigen und als unantastbar erscheinen. Erst dann stellt sich die metaphysische Frage nach einem „Höhlenausgang" (Blumenberg), während wir in Wahrheit immer schon draußen, d. h. inmitten offenbleibender Sinnstrukturierungen sind. Erst verfestigte Sinnentwürfe verwandeln sich in Höhleneingänge. Wir können aber Seinsentwürfe in ihrer Kontingenz erfahren, sie also als Seinsentwürfe wahrnehmen, weil wir immer schon einem kontingenten Möglichkeitsbereich offen sind. Das ist der Sinn des Heideggerschen Primats der Möglichkeit über die Wirklichkeit. Medienentwürfe einschließlich der Entwürfe der *virtual reality* sind in diesem Sinne nicht weniger wirklich als unsere sonstigen symbolischen und technischen Weltentwürfe.

In-der-Welt-sein bedeutet, dass wir *ursprünglich* medial sind. Der Weltbegriff ist der Inbegriff des Medialen. Die Platonische Medienkritik betrifft nicht nur die

Medieninhalte, sondern sie bedeutet eine Abwertung des Medialen oder des Mittelbaren zugunsten einer angeblichen im wörtlichen Sinne unmittelbaren Erfahrung. Diese Kritik beruft sich auf ein höheres, göttliches Medium. Aber nicht die Verabsolutierung *eines* Mediums, sondern die Erfahrung der Medien in der Offenheit des In-der-Welt-seins erlaubt uns die *hierarchische* Struktur des Platonischen Höhlengleichnisses zugunsten einer *offenen* Medienvernetzung zu verlassen.

Die Rückkehr des Lokalen

4.1 Einleitung

Mehr als zehn Jahre nach der Entstehung des Internet stehen wir vor einer paradoxen Situation: Je mehr der anfängliche Mythos einer von der realen Welt sich unterscheidenden *Cyberwelt* verblasst und das Internet zum Alltag von Millionen von Menschen gehört (Kemper und Sonnenschein 2002), um so mehr wachsen die Erwartungen, dieses Medium werde uns, in einer anderen Weise als dies die Individual- und Massenmedien des 20. Jahrhunderts zu tun vermochten, einander näher bringen, womit nicht nur die privaten Beziehungen, sondern ebenso sehr das kulturelle, wissenschaftliche, wirtschaftliche und politische Leben der Menschen in einer gemeinsamen Welt gemeint sind. Die digitale Weltvernetzung ist zur Leitmetapher avanciert, die uns nicht nur strukturell, sondern auch geschichtlich aus den utopischen Sackgassen der Moderne mit der Maxime: „Vernetzt euch!" hinaus führen soll. Der Sinn dieser Maxime scheint die Aufforderung zu sein, die digitale Spaltung *(digital divide)* zu überwinden. Dies ist das Ziel der internationalen Aktivitäten, die unter der Führung der Vereinten Nationen sich um den Abbau von Hemmnissen für den Zugang der so genannten Dritten Welt zum Internet bemühen. Das Internet, scheinbar ein utopischer Ort ausserhalb der alltäglichen Sorgen der Menschen, wird immer mehr zur Projektionsfläche eben dieser Leiden und Hoffnungen. Demnach sollte der Sinn der Kontroverse um die Überwindung der digitalen Spaltung nicht nur darin bestehen, denen, die keinen Netzzugang haben, diesen Anschluss technisch zu ermöglichen, sondern es geht um die Überwindung jener Vorstellung, die der digitalen Globalisierung einen eigenen höheren Seinsrang im Vergleich zur alltäglichen Lebenswelt zuschreibt.

Die Gesellschaft der *Netizens,* die sich zunächst als eine von der realen Welt abgehobene Sphäre wähnte und zuweilen noch zu *cybergnostischen* Vorstellungen neigt bis hin zur Bildung eines digitalen Superhirns, erlebt zur Zeit eine massive Ökonomisierung des Netzes, die jene metaphysischen Träume zu vernichten droht (Maresch und Rötzer 2001). Als eine von der physischen Realität getrennte Sphäre gehört das Internet zur Geschichte jenes Irrtums von der „wahren Welt", wovon Nietzsche erzählt, dass sie zur Fabel wurde (Nietzsche 1999, 6, S. 80–81). Oder vielleicht noch nicht ganz? Denn die Fabel über die *Cyberwelt* scheint gerade von jenen ökonomischen und politischen Interessen gebraucht zu werden, die sich den *lokalen,* vor allem rechtlichen und moralischen Regulierungen zu entziehen versuchen, um somit ihre Ziele aufgrund *eigener Regeln* besser erreichen zu können. Das deutet aber zugleich darauf hin, dass der bisherige Sinn der Unterscheidung „lokal/ global", so wie er zum Beispiel in Zusammenhang mit der *terrestrischen* Globalisierung in der Neuzeit geprägt und gebraucht wurde, sich verändert (Sloterdijk 1998). Was ist aber das Besondere an der *digitalen* Globalisierung und an ihrem Verhältnis zum Lokalen?

4.2 Sinn und Grenzen der digitalen Ontologie

Ich werde die in der Einleitung gestellte Frage vor dem Hintergrund der Heideggerschen Metaphysikkritik erörtern. Während die klassische Metaphysik den Sinn von Sein am Leitfaden der Anwesenheit bestimmte, geht es Heidegger darum, die diesem Seinsbegriff zugrunde liegende Zeitdimension, nämlich die Gegenwart, aufzudecken. Auf der Basis der Analytik der Seinsweise menschlichen Existierens, des „Daseins", gelingt Heidegger sozusagen eine Falsifizierung des metaphysischen Paradigmas (Heidegger 1976). Es gibt zumindest *ein* Seiendes, dessen Sein sich auf die drei Modi der Zeit erstreckt und zwar so, dass es sich vor allem vom Zu-sein oder von seiner Zukunft her versteht und ausbildet. Wir sind zwar Architekten unseres Lebens, aber bei dieser Konstruktion fehlt uns eine letzte Grundlage oder *arche* sowie ein uns, wie bei sonstigen Lebewesen, fest bestimmender Rahmen, auch wenn unser biologischer *Code* und unsere Faktizität insgesamt uns Grenzen des Seinkönnens setzt. Heidegger bringt diesen Unterschied pointiert so zur Sprache: Der Mensch ist „weltbildend", das Tier ist „weltarm", der Stein ist „weltlos" (Heidegger 1983). Die raum-zeitliche und leibhaftige Erstreckung unseres Existierens in der Welt, d. h. in einem Netz von Bedeutungs- und Verweisungszusammenhängen, das wir mit anderen Menschen *mit-teilen,* bestimmt unsere Leiblichkeit in dem Sinne, dass wir zugleich mit unserem Hier-sein auch ein Dort-gewesen-sein und ein Dort-sein-können austragen und so einen *gemeinsamen* Offenheitsbereich semantisch und pragmatisch erschließen und strukturieren (Capurro 1994). Diese Art leiblichen Existierens

4.2 Sinn und Grenzen der digitalen Ontologie

ermöglicht uns jene Technologien zu erfinden, wodurch wir im Raum oder in der Zeit Entferntes näher bringen, ohne aber aufzuhören ein „Wesen der Ferne" zu sein (Heidegger 1973, S. 54).

Aufgrund der Offenheit und Unbestimmtheit unseres Lebens können wir nicht nur die Dinge *als* so und so bestimmt erfassen, sondern das Mass selbst oder den Sinn von Sein auslegen, und dadurch, wie Aristoteles schreibt, sie *als Seiendes* in ihrem Sein verstehen (Aristoteles 1973, Met. 1060 b 31–36). Ein bestimmtes Seinsverständnis stellt die *digitale Ontologie* dar. Damit ist aber nicht die Vorstellung gemeint, wonach letztlich alles was ist, digitaler Natur ist. Letzteres wäre die Kernaussage einer digitalen Metaphysik im pythagoräischen Geiste. Digitale Ontologie meint, demgegenüber, eine bestimmte Strukturierung unseres Seinsverständnisses: Wir glauben – und ich meine, dass dieser Glaube heute nicht nur leitend ist für die Wissenschaft, sondern auch in einer diffusen Weise im Alltag –, etwas in seinem Sein verstanden zu haben, wenn wir es im Horizont des Digitalen ontologisch auslegen. Die Digitalisierbarkeit ist somit, transzendentalphilosophisch ausgedrückt, Bedingung der Möglichkeit der Konstitution sowie letztlich auch der Manipulation und Herstellung von (natürlichen und künstlichen) Gegenständen. Sie ist der Horizont, vor dem wir das *Netz* von Bedeutungs- und Verweisungszusammenhängen weben, das Heidegger Welt nennt. Der Ursprung der gegenwärtigen digitalen Ontologie liegt in der Bestimmung von Zahl und Punkt bzw. von Arithmetik und Geometrie in der griechischen Antike (Heidegger 1992; Eldred 2014). Was den heutigen digitalen Seinsentwurf auszeichnet, ist die Tatsache, dass wir Zahl und Punkt nicht nur, wie in der Antike, aus dem Bereich der natürlich Seienden *(physei onta)* heraustrennen *(chorizein)*, sondern dass wir sie in das elektromagnetische Medium einprägen, dieses also – und in Zukunft vielleicht auch lebende Materie – digital *in-formieren*. In diesem Sinne knüpft der Informationsbegriff an die antike Herkunft des lateinischen Begriffs *informatio*, im Sinne von „etwas eine Gestalt geben", an (Capurro 1978; Capurro und Hjørland 2003). Damit schaffen wir eine globale technologische Sphäre, die, dem Wesen von Punkt und Zahl entsprechend, durch Entzeitlichung, Entörtlichung und Entkörperlichung ausgezeichnet ist (Greis 2001).

Vor dem Hintergrund einer so verstandenen digitalen Ontologie hat die Differenz „global/lokal" zwei unterschiedliche Bedeutungen. Sie kann sich zum einen auf die Differenz zwischen der Globalität der elektromagnetischen Weltvernetzung und der Lokalität einer Adresse (eines Servers, einer Website…) *innerhalb* des Netzes beziehen oder sie kann zum anderen das Lokale als das auffassen, was *außerhalb* des Netzes, in der physischen raum-zeitlichen Welt also, *vorkommt.* Aus digital-ontologischer Sicht ist aber das, was wir physisch nennen nur dann in seinem Sein verständlich, wenn wir es im Horizont des Digitalen – nicht allein im Horizont der digitalen Weltvernetzung –, entwerfen. Diese Sicht kann zu einer digitalen Metaphysik mutieren, wonach alles, was ist, nur auf das Digitale reduziert wird. Wenn wir, statt dessen, die Perspektive der Digitalisierbarkeit im Sinne eines möglichen Weltentwurfs auslegen, dann verliert sie den sich selbst zusprechenden Seinsgrund und wird zu einer *möglichen* Form des verstehenden In-der-Welt-seins. Dadurch kommt auch jene Dimension des Seienden, die ursprünglich im Trennungsverfahren der antiken Metaphysik und jetzt im Diskurs des Digitalen ausgeschlossen wird, nämlich die *Natur* im Sinne dessen, was von sich aus aufgeht *(physis),* zur Geltung. Aus *physischer* Sicht ist das Digitale, einschließlich der digitalen Weltvernetzung, wiederum etwas Lokales, eine besondere Sphäre, die überschritten oder, bildlich gesprochen, zum Platzen gebracht werden kann (Capurro 2002).

Der Diskurs des Digitalen betrifft nicht nur das, was wir ontologisch verstehen, sondern auch und vor allem das, was wir dadurch herstellen und kontrollieren können. Ihm unterliegt die *phantasmatische* Bedrohung der totalen Kontrolle. Diese ist die Kehrseite jener *Deklaration der Unabhängigkeit des Cyberspace,* die mit großem Pathos von John Perry Barlow propagiert wurde und die mit folgenden Worten beginnt:

> Governments of the Industrial World, you weary giants of flesh and steel, I come from Cyberspace, the new home of Mind. On behalf of the future, I ask you of the past to leave us alone. You are not welcome among us. You have no sovereignty where we gather (Barlow 1996).

Das, was diese für sich bestehende Welt der digitalen Vernetzung besonders auszeichnet, ist das, was sie ausschließt, nämlich:

> Cyberspace consists of transactions, relationships, and thought itself, arrayed like a standing wave in the web of our communications. Ours is a world that is both everywhere and nowhere, but it is not where bodies live (Barlow 1996).

Der *global conversation of bits* unter virtuellen Subjekten (*virtual selves* vgl. Barlow 1996) steht die Welt des raum-zeitlichen leibhaftigen Lebens gegenüber. Diese ist die Welt der Politik, der Ökonomie und des Rechts mit ihren jeweiligen lokalen Interessen. Letztlich ist es die Natur selbst, die aus einer metaphysisch konzipierten digitalen Welt kommunizierender Geister – und das setzt voraus, dass so etwas wie Kommunikation ohne Körper stattfinden kann (Lyotard 1988) – ausgeschlossen wird. Der Natur eignet die Dimension der Gesetzmäßigkeit, aber zugleich die des Zufalls, wie die gegenwärtige Debatte um Klonen und Präimplantationsdiagnostik (PID) zeigt.

Der Diskurs der digitalen Freiheit verdrängt die inzwischen sehr reale Vorstellung digitaler Kontrolle eben dieser Freiheit. Das Verdrängte kehrt aber zurück. Gegenüber dieser Deutung des, wie wir es in Anschluss an Heidegger nennen können, „Informations-Gestells", hebt die Auslegung des Digitalen im Sinne einer digitalen Ontologie die *Möglichkeit* dieses Weltentwurfs hervor. Demnach ist die Informationstechnologie eine *schwache* Technologie, die die Strukturen der Metaphysik nicht verfestigt, sondern aushöhlt, wie wir es mit Blick auf Vattimos „schwaches Denken" *(pensiero debole)* ausdrücken können (Vattimo 1990; Sützl 2002). Eine Kritik der digitalen Vernunft, die zur Entlarvung und Entschärfung metaphysischer Phantasmen beiträgt, begnügt sich aber nicht damit, auf die *schwachen* Eigenschaften des Netzes, wie Dezentralisierung und chaotische Wucherung hinzuweisen, sondern sie will auch das, was der digitale Diskurs selbst, sofern er sich metaphysisch missversteht, ausschließt, zur Sprache bringen. Letzteres ist die Sphäre der Natur sowie die der Kontingenz menschlichen Existierens.

Die digitale Weltvernetzung hat zweifellos nicht nur eine umfassende Veränderung unseres *lokalen* In-der-Welt-seins bewirkt – einschließlich aller Formen digitaler oder virtueller Ausgestaltung unseres beruflichen, akademischen, ökonomischen, künstlerischen, politischen und religiösen Lebens –, sondern sie bewirkt, wenn wir sie als ontologisches Programm verstehen, ebenso eine Veränderung unseres *globalen* In-der-Welt-seins. Damit ist nicht nur die digitale Perspektive auf die Natur, sondern zugleich die Art und Weise, wie wir uns in den von der Natur bedingten Beschränkungen unseres Hier-und-jetzt-seins verstehen, gemeint. In diesem Sinne ist die digitale Weltvernetzung eine gegenüber den bisherigen Transport- und Kommunikationstechnologien neue Form der Auslegung und Ausgestaltung unseres raum-zeitlich *ent-fernenden* In-der-Welt-seins. Menschliches Existieren heißt diese Offenheit stets leiblich austragen und *deshalb* auch technisch gestalten zu können. Ulrich Beck hat, in Anschluss an Roland Robertson, diese durch die digitale Vernetzung bewirkte Veränderung des Verhältnisses zwischen dem Lokalen und dem Globalen mit dem Ausdruck „Glokalität" gekennzeichnet (Beck 1997; Bauman 1998).

4.3 Die Rückkehr des Lokalen

Wenn etwa zehn Jahre nach der Entstehung des Internet und der Vorstellung eines für sich bestehenden Cyberspace von einer Rückkehr des Lokalen die Rede ist, dann ist damit keine bloße Gegenüberstellung zwischen dem lokalen Dasein in der physischen Welt und dem globalen In-der-Cyberwelt-sein gemeint. Sondern gemeint ist, dass *jede* Differenz „lokal/global" sich immer schon in der *grundlosen* Offenheit unseres Existierens in der Welt vollzieht. Die *Kontingenz* unseres In-der-Welt-seins, als Spannung von Offenheit und Bestimmtheit, die unser Leben durchzieht, bestimmt die, systemtheoretisch ausgedrückt, *operative Geschlossenheit* unserer Existenz, unsere *existenzielle Erschlossenheit*. Sie ermöglicht uns, die jeweilige Perspektive zu beobachten, worunter wir das Verhältnis lokal/global ontologisch jeweils bestimmen. Das Wissen, wie wir Welt entwerfen, das ontologische Wissen, beruht auf einem Vorverständnis, auf Systemgrenzen also, und bleibt deshalb immer *konjektureller* Natur. Gleichwohl lässt sich dieses Vorverständnis beobachten. Die philosophische Hermeneutik nennt dieses rekursive Verhältnis von Vorverständnis, Auslegung, Verstehen und Bildung eines neuen Vorverständnisses bekanntlich „hermeneutischen Zirkel" (Capurro 1986). Die Grenzen des Systems der digitalen Weltvernetzung und die der darauf basierenden Vorstellung einer Informations- und Wissensgesellschaft kommen erst dann zum Vorschein, wenn wir den Gebrauch der Unterscheidung „lokal/global" im Sinne von „physisch/digital" in ihrer jeweiligen Einseitigkeit beobachten und die metaphysische Verfestigung der digitalen Sphäre infrage stellen. Mit „Informationsgesellschaft" ist dann eine Gesellschaft, die sich genau auf der Grundlage der digitalen Ontologie konstituiert, gemeint.

Damit tritt genau das Gegenteil dessen ein, was sich John Perry Barlow mit seinem oben erwähnten: „leave us alone" vorstellte. Die Frage lautet vielmehr: „Cui bono?" Wem und inwiefern kommt die digitale Globalisierung *lokal* zugute? Diese Beobachtung lässt sich aber auch umkehren, falls nämlich die Einstellung „leave us alone" sich auf die physische Sphäre bezieht und zu einer Abschottung eben dieser Sphäre führt. Die Welt des für sich bestehenden Cyberspace ist, wiederum nach John Perry Barlow, „everywhere and nowhere", die der existenziellen Sphäre ist aber nicht „hier und nur hier", sondern „hier und zugleich dort". Beide bieten, sofern wir sie als getrennte voneinander unabhängige Sphären beobachten, jeweils eine *atopische* und eine *utopische* Perspektive. Die Rückkehr des Lokalen im Sinne von *Glokalität* bedeutet aber mitten im Lokalen „where bodies live" (Barlow 1996) und wo wir unsere Existenz raum-zeitlich, hier und dort, heute, damals und morgen, austragen, die Auswirkungen digitalen Handelns sichtbar zu machen (Capurro und Pingel 2002). „Rückkehr des Lokalen" bedeutet somit kein technik-feindliches oder gar provinzielles Denken. Aber auch das metaphysische Pathos der digitalen Globalisierung findet hier keinen Halt.

Das Internet taugt nicht (mehr) als Basis für eine *cybergnostische* Philosophie des Geistes. Es hat aber die Welt der digitalen Massenmedien des 20. Jahrhunderts grundlegend und nachhaltig verändert (Capurro 2001), sofern wir nämlich nicht nur in der Lage sind, Empfänger zentral verteilter Botschaften oder *Sendungen* zu sein, sondern selber Sender sein können. Es ermöglicht, mit anderen Worten,

4.3 Die Rückkehr des Lokalen

eine neue *Botschaftskultur*. Mit Bezug auf den griechischen Begriff von Botschaft *(angelia)* spreche ich von einer *Angeletik* im Sinne einer Wissenschaft, die sich mit der Frage ‚Was sind Botschaften?' beschäftigt und sie im Horizont der digitalen Weltvernetzung mit ihrer dezentralen, multimedialen und interaktiven Struktur *(one-to-many, many-to-one, one-to-one)* empirisch und interdisziplinär zu beantworten versucht (Capurro 2003a, b; Capurro und Holgate 2011). Peter Sloterdijk hat darauf hingewiesen, dass wir in einer „Epoche der leeren Engel" oder in einem „mediatischen Nihilismus" leben, in dem wir, bei einer Vervielfältigung der Übertragungsmedien, die zu vermittelnde Botschaft vergessen haben: „Das ist das eigentliche Dysangelion der Gegenwart" (Sloterdijk 1997, S. 75). Nietzsches Wort „Dysangelion" (Nietzsche 1999, 6, S. 211) hebt, gegenüber der „Frohen Botschaft" *(euangelion),* die Eigenschaft der Leere jener Botschaften hervor, die durch die Massenmedien verbreitet werden und die in Marshall McLuhans Spruch zum Ausdruck kommt: „[…] the medium is the message" (McLuhan 1964, S. 23). Die Frage lautet nun, inwiefern die digitale Weltvernetzung neue soziale Synergien ermöglicht, jenseits ihrer *phantasmatischen* Erscheinungsweise (Žižek 1997), etwa in Form eines Netz-Messianismus, der meistens im Namen bestimmter Wirtschaftsinteressen und Firmenprofile propagiert wird. Meine These lautet nun, dass eine Rückbesinnung auf die Lokalität einen *lebensweltlichen* Bezug öffnet, wodurch ein lokales Maß gewonnen werden kann. Denn das Netz eröffnet einen *Nicht-Ort (atopos),* in dem wir uns symbolisch begegnen können. Unsere symbolischen digitalen Interaktionen hatten zwar anfänglich einen mittelbaren, gegenwärtig und in Zukunft aber einen wohl immer mehr unmittelbaren Einfluss auf die ökonomische, kulturelle und politische Zukunft der Menschen. Im Klartext: Die digitale Weltvernetzung ist kein Lückenbüßer für die metaphysische Leere, sondern ein *cooler* Nicht-Ort, der erst in Berührung mit existenziellen Grenzen eine Bedeutung gewinnen kann. In diesem Sinne glaube ich, dass das *Interface* ein *angeletischer* und hermeneutischer Ort ist, an dem, in der Sprache der Systemtheorie, *Mitteilung* zur *Information* wird und diese wiederum, aufgrund eines *Verstehensprozesses,* einen Sinn für das System darstellt (Luhmann 1987). Das gilt es z. B. bei der Gestaltung des *Interfaces* zu beachten, also im Hinblick auf eine, wie wir sie nennen könnten, *artifizielle Hermeneutik,* die sich nicht darauf beschränkt, wahrnehmungspsychologische Aspekte von *websites* zu analysieren, sondern diese Aspekte stets in Bezug zur semantischen und pragmatischen Ebene setzt. Wir können auch von „kulturvergleichender Website-Forschung" sprechen.

Das Netz ist aber kein Heilmittel gegen das „Unbehagen in der Kultur" (vgl. Freud 1974), sondern steht in einer immer stärkeren Wechselwirkung mit allen Sphären der Gesellschaft und spiegelt deren Konflikte wider. So gilt es hier erneut die Differenz „lokal/global" im Sinne einer Differenz *innerhalb* des Netzes zu hinterfragen, um nicht an der Oberfläche der globalen Weltvernetzung hängen zu bleiben, sondern diese Differenz im Hinblick auf die lokalen, d. h. geografischen, ökonomischen, kulturellen, politischen usw. Interessen im Interface des jeweiligen Systems zu analysieren. So gesehen ist die Weltvernetzung weder ein bloßes technisches oder neutrales Artefakt noch ein Machwerk der Moderne, sondern *eine* Weise, wie wir unsere Existenz im Sinne eines ontologischen Weltentwurfs gestalten. „In-der-Welt-vernetzt-Sein" bedeutet dann eine *echte* Möglichkeit menschlichen Existierens, vorausgesetzt, wir besinnen uns unserer Kontingenz, indem wir global *und* lokal *bei Sinnen* bleiben.

Das bedeutet, dass wir gewahr werden, dass das digital *zirkulierende* Wissen nur *Sinn* macht, wenn wir es in Zusammenhang mit einem lokalen lebensweltlichen, meistens *impliziten* Bezug, mit einem Vorverständnis also, in Verbindung bringen. Der Zusammenhang zwischen implizitem und explizitem Wissen hat in jüngster Zeit die Aufmerksamkeit der Betriebswirtschaft auf sich gezogen, wobei sie an einem neuen Ort eine alte hermeneutische Wahrheit wieder entdeckt hat (Von Krogh et al. 2000). Wissen ist keine *bloße* Ware, die auf Knopfdruck oder anhand einer ausgeklügelten Software aus einem *data warehouse* herausgefiltert werden kann. Das Gegenteil ist der Fall: Solche Filter machen dann und nur dann einen Sinn, wenn sie auf der Basis lokaler Annahmen und Ziele – hermeneutisch ausgedrückt: anhand von *verobjektivierten Vorverständnissen* (Capurro 1986) – erfolgen. Je globaler, d. h. unbestimmter solche Hypothesen sind, um so leerer und sinnloser ist die dabei scheinbar gewonnene Information. Das zeigen nicht zuletzt die vielen Treffer zu einer Suchanfrage im Internet. Mit anderen Worten, die Frage nach der Relevanz des Wissens steht und fällt mit unserer Fähigkeit, aus Mitteilungen Informationen zu selektieren und diese in Vorverständnisse zu integrieren. Die Informations- und Wissensgesellschaft verliert erst dann zumindest teilweise ihren Fetisch-Charakter, wenn wir diese Fähigkeit in den verschiedenen Sphären (Erziehung, Bildung, Wirtschaft, Politik) ausbilden und so die Globalität mit der Lokalität in Berührung bringen.

Die primäre Schnittstelle einer solchen Berührung ist zwar das Interface, aber die Rückkehr der Lokalität, so wie sie hier verstanden wird, meint zuallererst das *physische* raum-zeitliche Dasein der Menschen. Es ist dann zu fragen, was die digitale Globalisierung für diese oder jene Gesellschaft oder Gruppe innerhalb dieser oder jener Kultur unter diesen oder jenen wirtschaftlichen Verhältnissen konkret an Veränderungen der Lebensbedingungen bringt, ob, zum Beispiel, eine privilegierte Minderheit von der digitalen Weltvernetzung profitiert und dadurch die schon vorhandene Kluft zwischen Armen und Reichen noch tiefer wird, ob die Chancen für eine bessere Ausbildung steigen, ob bisher unterdrückte Stimmen im politischen oder kulturellen Umfeld sich Gehör verschaffen können, ob die Chancen für eine fortschreitende Demokratisierung steigen, ob sich neue Betätigungsfelder eröffnen, sodass die *lokale* Wirtschaft neue Impulse, sprich: neue Arbeitsplätze schafft und, schließlich, ob die kulturelle Vielfalt sich im Medium der digitalen Globalisierung so artikulieren kann, dass ihre Aneignung auf der Basis der lokalen Geschichte und in Auseinandersetzung mit ihr, den Traditionen und Metaphern, und in der eigenen Sprache stattfinden kann. Der bloße technische Anschluss *(access)* der sogenannten Dritten Welt an die digitale Infrastruktur des *World Wide Web* löst *per se* keine sozialen Fragen. Im Mittelpunkt einer auf die konkreten Bedürfnisse der Menschen sich ausrichtenden digitalen Kultur muss, paradox ausgedrückt, die Leiblichkeit stehen. Die Spannung zwischen dem Digitalen und der physischen Existenz bildet die eigentliche Antriebskraft für die Fragen einer Informationsethik im 21. Jahrhundert (Frohmann 2000). Zugleich ist hervorzuheben, dass die vielfältigen Formen menschlicher Kommunikation, die die Weltvernetzung bietet, zu neuen Formen von Gemeinschaften führen, die *quer* zu den bisherigen, geografisch und kulturell bedingten Lokalitäten stehen, sodass Netz-Gemeinschaften sich vielfältig mit *physischen* Lokalitäten überschneiden, d. h. zur Erweiterung und Bereicherung des lebensweltlichen Horizontes, aber auch zur Austragung neuer und alter Konflikte führen können.

4.4 Ausblick

Man kann vermuten, dass der Einbruch der globalen und interaktiven Weltvernetzung in die Lokalität sich zwar anders, aber auch nicht weniger *traumatisch* auswirkt, als dies bei den Massenmedien des 20. Jahrhunderts der Fall war. In diesem Sinne ist die *Cybergnosis* ein Symptom unseres metaphysischen Begehrens, uns jenseits von Raum und Zeit, d. h. jenseits der Leiblichkeit zu konstituieren. Die Kehrseite dieses Begehrens besteht dann nicht nur im vermeintlichen Ausschluss der Lebenswelt aus dem Cyberspace, sondern im zynischen Gebrauch dieses Ausschlusses, um *auf Kosten anderer* besser zu leben. Insofern ist der mögliche Sinn einer Rückkehr des Lokalen ein Aufruf zur Aufdeckung dessen, was im digitalen Diskurs verworfen wird. Nur so kann das Netz seine Faszination, etwas zu sein, woran wir uns angleichen sollten, zumindest teilweise verlieren. Aber genauso wenig kann es darum gehen, die digitale Weltvernetzung *bloss* im Sinne eines Werkzeugs aufzufassen, beim dem es letztlich nur darum geht, es – und letztlich auch die Lebenswelt selbst – unter seine eigene Kontrolle zu bringen. Das wäre nicht nur eine unangemessene Vereinfachung der Komplexität moderner Technik am Leitfaden der Werkzeug-Metapher. Es würde zudem alle Paradoxien, die eine solche digitale Kontrolle der digitalen Kontrolle auf sich zieht, übersehen, auch und gerade wenn man bedenkt, dass eine globale Kontrolle immer zugleich eine durch bestimmte *lokale* Mächte ausgeübte Kontrolle sein kann. Stattdessen wird es darum gehen, dieses Phantom nicht auf das Lokale zurück zu projizieren, sondern das Handeln mit der *Differenz* zwischen dem Lokalen und dem Globalen zu beobachten und die jeweilige Art und Weise, wie diese Differenz ausgelegt wird, wiederum zu beobachten. Am Beispiel von John Perry Barlow heißt dies, zu zeigen, wie der anfängliche Diskurs des Cyberspace sich des Ausschlusses des Physischen bedient, um diese Differenz wiederum infrage zu stellen. Eine solche Beobachtung zweiter Ordnung lässt sich in vielfältiger Weise in der konkreten Lebenswelt durchführen. Sie ist Kernpunkt einer künftigen (Bio-)Informationsethik. Sie zielt dabei auf jene Schnittstelle, den menschlichen Körper, der immer mehr zum Fluchtpunkt von Informations- und Biotechnologien wird. Die Frage, die sich dann stellt, ist, inwiefern der *infobiologische* Diskurs genau jene beunruhigende Dimension der Natur *(physis),* als dasjenige, was von sich aus entsteht, *zulässt,* vor allem in Anbetracht der beinah uneingeschränkten Möglichkeiten der digitalen Manipulation des Lebendigen. Der Mensch, der sich der phantasmatischen Ambivalenz seines Begehrens gewahr wird, muss sich mit dem konkreten Leiden konfrontieren lassen, anstatt die Digitalisierung für die allzu banalen Ziele des Profits und der Ausbeutung weiterhin zu missbrauchen.

Teil II
Anthropologie

Wer ist der Mensch?

Überlegungen zu einer vergleichenden Theorie der Agenten

5.1 Einleitung

Informations- und Kommunikationstechnologien (IKT) sowie die Biotechnologie haben neue Perspektiven eröffnet, nicht nur im Hinblick auf digitale Agenten, sondern auch in Verbindung mit der Möglichkeit der Transformation und Erschaffung neuer Lebewesen, wie es im Zeichen der Synthetischen Biologie diskutiert wird (Balmer und Martin 2008). Aus diesen Technologien, auch in Verbindung mit der Nanotechnologie, erwächst eine breite Palette an Möglichkeiten mit großer wirtschaftlicher und gesellschaftlicher Bedeutung. Auch auf die Selbstwahrnehmung der Menschen und ihr Verhältnis zu Natur und Technik wirken sie sich aus.

Beim heutigen Stand dieser atemberaubenden Entwicklungen ist es schwierig, eine Typologie der neuen digitalen und lebenden Agenten sowie der daraus erwachsenden theoretischen und praktischen Herausforderungen zu erstellen. In einer breiteren Perspektive sind diese Herausforderungen einerseits mit allen Arten von Robotern verbunden, beginnend mit den sogenannten Softbots (digitale Roboter) bis hin zu allen Arten physischer Roboter – einschließlich der auf Nanotechnologie beruhenden (vorerst spekulativen) Nanobots – mit unterschiedlichen Graden der Komplexität, einschließlich aller Formen der Imitation menschlicher und nicht-menschlicher Lebewesen (Bionik). Andererseits gibt es die Möglichkeiten, die aus der Kreuzung von IKT mit nicht-menschlichen wie auch menschlichen Agenten erwachsen. IKT oder andere Technologien können Teil lebender Organismen werden, zum Beispiel als Implantate (EGE 2005), oder umgekehrt. In diesem Fall werden Menschen (oder sind es bereits) zu „Cyborgs" (Hayles 1999). Und schließlich erlaubt die Synthetische Biologie die künstliche Konstruktion neuen Lebens wie auch die genetische Modifikation existierender Lebewesen (EGE 2009; Karafyllis 2003).

5.2 Was bewegt einen Roboter?

Für gewöhnlich eine Batterie und ein Programm in einem Mikroprozessor in Verbindung mit mehr oder weniger klar definierten Situationen und Zielen in der ‚Außenwelt'. Hybride, also Lebewesen mit IKT-Komponenten oder Roboter mit organischen Teilen, werden folglich von einer Kombination aus natürlichen und künstlichen Triebkräften bewegt, einschließlich „erweiterter" sensorischer und/oder intellektueller Fähigkeiten. Es ist schwierig sich vorzustellen, wie sich ein nicht-menschliches moralisches Bewusstsein herausbilden kann. Die bloße Programmierung eines moralischen Codes in einen Roboter ist offensichtlich nichts weiter als die bloße Nachahmung von „Moralität", von „ethischer Reflektion" kann erst recht keine Rede sein. Offensichtlich bringt die digitale Vernetzung aller (oder einiger) sensorischer, intellektueller und moralischer Fähigkeiten der Menschen fundamentale Veränderungen mit sich, die nicht nur den Umfang ihrer Handlungen betrifft, sondern auch den ihrer „Leidenschaften" und damit der Situationen, in denen sie als Individuum oder auch als Gesellschaft teilweise oder vollständig die Macht und Verantwortung über ihre Aktionen verlieren können.

Der Begriff der Autonomie bezieht sich bei Robotern für gewöhnlich auf ihre Fähigkeit, das zu tun, was der Programmierer möchte (dazu gehört auch das, was sie als Maschinen lernen sollen), aber ohne direkte (online) Verbindung zu ihm. Die Roboter können in der Lage sein, zwischen verschiedenen Handlungsmöglichkeiten auszuwählen, auch auf der Basis sensorischer Rückkopplungsprozesse. Es ist leicht zu erkennen, dass dies eine vermenschlichende Terminologie ist. Die Konzepte von Autonomie, Lernen, Entscheiden und so weiter sind Analogien zum menschlichen Agenten beziehungsweise zum menschlichen Selbst, das seiner historischen, politischen, gesellschaftlichen, körperlichen und existenziellen Dimensionen entkleidet ist. Auf dem Gebiet der Robotik gibt es derzeit nichts, was mit den Fähigkeiten eines menschlichen Agenten oder auch mit denen weit weniger komplexer Lebewesen verglichen werden kann. Durch Top-Down-Programmierung wird sich das nicht grundlegend verändern, wie die Geschichte der künstlichen Intelligenz der letzten 30 Jahre deutlich gezeigt hat. Ein Bottom-up-Ansatz, der die Erkenntnis umsetzt, dass die materielle Beschaffenheit von Bedeutung ist, mag zu neuen Erkenntnissen und nützlichen Anwendungen führen. Gleichwohl bleibt als wichtigste Frage im Hinblick auf die Natur des Agenten diejenige, inwieweit seine Materialität seine (potenziellen) Glaubensvorstellungen, Bedürfnisse und Wünsche prägt. Eine Moral in Gestalt eines moralischen Codes, einprogrammiert in einen Mikroprozessor, hat nichts gemein mit der Fähigkeit zu ethischer Reflexion, selbst im Falle eines Feedbacks, das theoretische und/oder praktische Argumentationen eines Menschen vortäuscht. Die Bewertungen und Entscheidungen, die sich aus solchen Programmen ergeben, bleiben letztlich von den Programmierern, das heißt von deren Persönlichkeit, abhängig. Ich halte die Frage der moralischen Autonomie – die immer auf einem ‚Wer' oder einem Selbst des Handelnden beruht – zukünftiger künstlicher Agenten oder künstlich erzeugter natürlicher Agenten für reine Spekulation, zumindest beim heutigen Stand der technischen Entwicklung. Über die Erzeugung künstlicher Agenten zu spekulieren, denen (das heißt ihrem Selbst) gegenüber wir moralisch (und rechtlich) verantwortlich wären (und umgekehrt), und dafür öffentliche Gelder auszugeben, ist zynisch angesichts von sieben Milliarden Menschen auf diesem Planeten und einem Mangel an Verantwortung ihnen gegenüber.

5.3 Körper in Technologien

Im Gegensatz dazu ist die Frage, welche gesellschaftlichen Transformationen stattfinden, wenn Milliarden Menschen über digitale Netzwerke interagieren, die mit ihren Körpern verworben sind, heute und zukünftig von großer Bedeutung. So schreibt der amerikanische Phänomenologe Don Ihde: „Wir sind unsere Körper – aber in dieser sehr grundlegenden Aussage entdeckt man auch, dass unsere Körper eine erstaunliche Formbarkeit und Vielgestalt haben, die gerade in unseren Verbindungen zur Technologie zum Vorschein kommen. Wir sind Körper in Technologien" (Ihde 2002, S. 138).

Wir können ebenso sagen, dass Technologien mehr und mehr in unseren Körpern sind. Die Art, wie wir Realität wahrnehmen, ist hermeneutisch geprägt durch unsere Technologien. Umgekehrt werden unsere Technologien an die Art und Weise angepasst, wie wir die Realität wahrnehmen und interpretieren, ansonsten wären sie nutzlos und schlimmstenfalls gefährlich. Aber auf eine Weise, die noch grundlegender ist als die Anwendung künstlicher Agenten in oder auf dem menschlichen Körper, ändert sich das Konzept des Körpers selbst, wenn er als digitale Daten wahrgenommen wird. Wir können dieses Reich des Digitalen sogar auf die gesamte Realität ausdehnen. In diesem Fall spreche ich von „Digitaler Ontologie" (Capurro 2006; Eldred 2014). Tatsächlich sind wir, wie der Philosoph Andrew Feenberg bemerkt, „aktive und passive Körper" (Feenberg 2003). Unsere Leben sind von uns selbst geschrieben, aber nicht nur von uns, sondern von einem Selbst in Wechselwirkung mit anderen mit denen es eine gemeinsame Welt teilt. Das bedeutet auch, dass unsere Geschichte von und in unseren Körpern geschrieben ist und unsere Körper eine kulturelle und historische Dimension haben.

Digitale Ontologie befasst sich nicht nur mit der Erschaffung digitaler Existenzen, sondern mit der Interpretation aller Existenzen oder, radikaler, mit der Existenz selbst, verstanden als der Horizont, vor dem wir Wesen als „digital" interpretieren. George Berkeleys Aussage über die Objekte des Wissens („their *esse* is *percipi*") (Berkeley 1965, S. 62) müsste umformuliert werden zu „to be is to be digital" oder „their *esse* is *computari*". Das bedeutet nicht, dass die Dinge betrachtet werden, als wären sie aus binären Ziffern *gemacht*. Vielmehr glauben wir, dass wir die Dinge *verstehen*, wenn wir sie aus einer digitalen Perspektive betrachten. Wenn diese digitale Sichtweise auf das Sein und die Wesen als die einzig wahrhaftige angenommen wird, bekommen wir eine Art *digitalen Pythagoreismus* oder digitale Metaphysik. Digitale Ontologie bedeutet dagegen eine Gelegenheit, die metaphysischen Ambitionen digitaler Technologie zu „schwächen" (Vattimo 1985), indem eine bestimmte Perspektive, die Dinge und uns selbst in unserem Sein zu verstehen, nicht als die einzig ware behauptet wird.

Wie die Rechtswissenschaftlerin Hyo Yoon Kang richtig feststellt, gibt es einen Unterschied zwischen Körper („body") und Verkörperung („embodiment") (Kang 2011). Im Deutschen wird dieser Unterschied durch die Worte *Körper* und *Leib* ausgedrückt. Unsere leibliche Existenz ist nicht identisch mit der rein physischen Präsenz des Körpers. Unsere räumlich-zeitliche Existenz ermöglicht eine Erweiterung der Grenzen der leiblichen Existenz und Öffnung gegenüber dem, was war, ist und sein könnte. Kang bezieht sich auf Katherine Hayles (1999), wenn sie schreibt: „Verkörperung (…) repräsentiert die kontextuelle und zeitliche Erfahrung des Menschen. Die deckt sich nie exakt mit dem Körper, sondern ist eine wechselhafte Inszenierung und Interpretation verschiedener körperlicher Praktiken. Körper und Verkörperung bilden eine Einheit, charakterisiert durch einen oszilierenden Prozess wechselseitiger Verfassheiten, die nie übereinstimmen" (Kang 2011).

Heideggers Phänomenologie menschlicher Existenz ist ein Beispiel einer kritischen Betrachtung des menschlichen Körpers und des Menschen als eines Objekts – und eines Subjektes „in" einem Objekt –, unterschieden von der sogenannten Außenwelt (Heidegger 1976). Die Formel dieser Kritik an der cartesischen Spaltung ist als „In-der-Welt-sein" bekannt. Sie geht über das Aristotelische Verständnis des Agenten, das auf einer Metaphysik der Substanz beruht, ebenso hinaus wie über moderne Subjektivität, die isoliert von einer nicht zu ihrer wahren Natur zählenden „Realität", das heißt also als weltlos und in sich selbst eingekapselt aufgefasst wird. Menschliche Agenten sind ein Selbst mit anderen in einer gemeinsamen Welt. Kang hebt zu Recht hervor, dass es eine spezifische „Undurchsichtigkeit" des Leibes gibt, die aus seiner Materialität und seinen eigenen natürlichen Kräften erwächst. Diese Undurchsichtigkeit des Leibes verweist nicht nur im Fall sogenannter physischer Krankheit auf die reine Faktizität des Hier und Jetzt (Holzhey-Kunz 2001). Mit anderen Worten: Die menschliche Existenz ist als Leib und Körper zweideutig.

5.4 Schlussfolgerungen

Neue künstliche Agenten und/oder natürliche Agenten, die auf der Basis von IKT und Biotechnologie erschaffen werden, versuchen, die Grenze zwischen dem Menschen und dem Künstlichen wie auch die zwischen Mensch und Natur, wie sie in Aristoteles' Metaphysik der Substanz und in Kants Metaphysik des Subjekts verstanden werden, zu verwischen. Aus dieser Perspektive erscheinen sie als Gegenmittel, das die Ambitionen beider Theorien „schwächt" (Vattimo 1985; Zabala 2007), ebenso wie die sich daraus ergebenden Konzepte der Persönlichkeit und des Eigentums. Sie schwächen die Kantsche Unterscheidung zwischen dem Metaphysischen oder „Noumenalen" und dem Natürlichen oder „Phänomenalen" nicht weniger als die Aristotelische Hierarchie der Agenten entsprechend ihrer Substanzen und potenziellen Qualitäten. Nicht weniger offensichtlich scheint mir aber die ontologische oder existenzielle und moralische Ambivalenz künstlicher und auf IKT und Biotechnologie beruhender natürlicher Agenten zu sein, da diese neue Entwicklung selbst zu einer Techno-Metaphysik degenerieren kann wie etwa beim sogenannten Transhumanismus. Diese Ambivalenz wird von Kang klar erkannt, wenn sie zwischen Körper und Verkörperung („embodiment") hin und her pendelt. Sie (diese Ambivalenz) ist auch klar im Hinblick auf IKT etwa als nutzerfreundliches Kommunikationsmittel, das die Leben von Millionen Menschen verändert, dabei aber zugleich den unhinterfragten Horizont bilden mag, den ich als „digitale Metaphysik" bezeichne.

Was steht dem Eigentum und der Patentierbarkeit des menschlichen Körpers entgegen? Ist es der metaphysische Charakter der geistigen Substanz, wie Aristoteles meint? Oder ist es die „noumenale" Natur menschlicher Würde, wie Kant vorschlägt? Oder die einzigartige und undurchsichtige Natur der Verkörperung („embodiment")? Wir stehen über dem, was wir sind und was wir produzieren, insbesondere wenn diese Produktion das betrifft, was wir für unsere wahre Natur und vor allem für unser Selbst halten. Dieses „über der eigenen Natur stehen" in und durch Technologie kann als nicht-metaphysische Quelle der *Selbstachtung* erlebt werden – also als etwas, das wir nicht leichtfertig aufgeben für irgend etwas anderes, das wir produzieren oder nutzen. Aristoteles und Kant suchten nach dieser Quelle und entwickelten andere Grundlagen. Unsere leibliche Existenz als Verkörperung in einer Welt, die wir mit natürlichen und künstlichen

Wesen teilen, ist erst einmal eine schwächere Grundlage, mag aber für eine Ethik der Sorge und des Respekts gegenüber menschlichen und nicht-menschlichen Agenten heute plausibler sein als die Fundamente der Aristotelischen und Kantschen Metaphysiken.

Eine Theorie der Agenten, die sich auf ihre Verkörperung in der Welt stützt und Gemeinsamkeiten sowie wechselseitige Beziehungen hervorhebt, lässt sich im Hinblick auf Fragen wie etwa Eigentum oder Patentierbarkeit schwieriger abgrenzen. Sie widersteht dem Primat der Ökonomie und dessen Implikation, alles aus der Perspektive der physischen Produktion für das menschliche Wohlbefinden zu verstehen. Die Erzeugung künstlicher Lebewesen beinhaltet eine Gebrauchswert-Dimension, insoweit jedes Lebewesen auch ein Werk der Natur ist. Es gibt eine gemeinsame Grundlage für alle Lebewesen, ein gemeinsames Leben. Kant zufolge sind wir ursprünglich die Besitzer der uns gemeinsamen Erde. Dieses Besitzverhältnis kann umgekehrt werden: Natürliche und/oder künstliche Lebewesen sind ursprünglich Eigentum der Natur. Die Natur besitzt uns. Aus diesem Grund kann es keine klare Unterscheidung geben, welche künstlichen Lebewesen patentiert werden können und welche nicht. Die Frage, wo die Linie zu ziehen ist, bleibt ein Thema für ethische und rechtliche Debatten (EGE 2009). Wir können die aristotelische Hierarchie von Aktualität und Potenzialität umkehren, indem wir Natur und Menschheit für eine gemeinsame Zukunft öffnen, nicht gebunden an vorgegebene Ziele – seien sie metaphysischer, technologischer oder anthropologischer Art –, sondern im Wechselspiel von Natur und Technologie mit uns selbst, mit unserem Selbst, in einer gemeinsamen Welt.

Der Moment des Triumphs

E-Mail-Dialog zwischen Rafael Capurro und Hans-Arthur Marsiske über ein Bild

Marsiske Herr Capurro, das Foto, das US-Präsident Obama im Kreis seiner engsten Berater während des Angriffs auf Osama bin Laden zeigt, wirkt auf den ersten Blick eher belanglos. Es zeigt eine Gruppe von Personen, die irgendwo hinschauen. Dennoch hat das Bild viele Menschen tief berührt und rasch Ikonenstatus erlangt. Wie erklären Sie sich das?

Capurro Vieles bleibt bei dieser digitalen Fotografie verborgen. Wer war der Auftraggeber? Der Präsident selbst? Und welche Botschaft sollte sie übermitteln? „Bin Laden ist tot"? Wer sollte der Empfänger sein? Die Angehörigen des Dramas vom 11. September? Oder das amerikanische Volk? Oder die Alliierten? Oder die „freie Welt"? Oder gehört das Bild zugleich zur „Kampfstrategie"? Helmut Schmidt bemerkte zu Recht, dass er nicht, wie

6 Der Moment des Triumphs

Angela Merkel es tat, gesagt hätte, er „freue sich darüber". Was wiederum heißt, dass er die Botschaft nicht als eine „frohe Botschaft" betrachtet, zumindest aus politischer Sicht und in Anbetracht „zweischneidige[r] Konsequenzen" (Schmidt 2011). Es ist verständlich, glaube ich, dass viele Menschen tief berührt wurden. Denn die Anspannung, die sich in den zehn Jahren nach dem Anschlag auf das World Trade Center im emotionalen Haushalt vor allem der westlichen Welt aufgebaut hat und die mehrmals durch weitere, nicht weniger brutale Anschläge auf grausame Weise bestätigt wurde, fand in diesem Bild einen symbolischen Abschluss: „Endlich ist der Mörder getötet." Wenn es um Leben und Tod auf dieser allgemeinen gesellschaftlichen Ebene geht, können Bilder in der Tat einen Ikonenstatus erlangen. Sie bekommen jene Aura wieder, die sie durch ihre „technische Reproduzierbarkeit" (Walter Benjamin) angeblich für immer verloren hätten. Das, was das Bild übermitteln solle, ist eine starke Botschaft, die in der digitalen Bilderflut nicht untergehen könne. So dachten vermutlich die Sender. Und offenbar hatten sie Recht. Was sehen Sie in diesem Bild? Oder, genauer, was zeigt uns dieses Bild?

Marsiske Ich sehe in dem Bild eine subtile und zugleich sehr starke Machtdemonstration. Das Bild steht ja nicht für sich, sondern entfaltet seine Wirksamkeit nur zusammen mit dem Wissen darüber, in welchem Moment es aufgenommen wurde. Oder besser: dem vermeintlichen Wissen, denn letztlich geht es nur um

Behauptungen, die wir gleichwohl geneigt sind zu glauben. In dem Zusammenhang erscheint es mir zunächst bedeutsam, dass das Foto nicht einmal ansatzweise versucht, die Behauptung zu belegen, dass Osama bin Laden aufgespürt und getötet wurde. Es verweigert uns den Blick auf die eigentliche Tat und zeigt stattdessen die Auftraggeber, die eben diese Aktion in einer exklusiven Vorführung in Echtzeit verfolgen. Osama bin Laden mag am 11. September 2001 auf ähnliche Weise vor einem Bildschirm gesessen und den Zusammenbruch des World Trade Centers verfolgt haben. Doch er war dafür auf die Fernsehkameras seines Gegners angewiesen, deren Blick auf die Opfer des Anschlags gerichtet war. Das Bild aus dem Commando Room dagegen zeigt die Täter. Und die verfolgen die von ihnen angeordnete Aktion aus vielen tausend Kilometern Entfernung mithilfe ihrer eigenen Kameras. Wer so etwas kann, ist wirklich mächtig. Ich halte das Foto für eine wohlkalkulierte Antwort auf die Fernsehbilder vom brennenden World Trade Center.

Capurro Der von Ihnen erwähnte „Commando Room" ist der „Situation Room" des Weißen Hauses. Schauen wir zum Vergleich folgende Bilder des Situation Room von 2009 und 1986 an:

Was zeigt das Bild im Situation Room von 2011? Ich beziehe mich auf die Nachricht von *Topnotch, Online Radio Channel*, mit Verweis auf die Daily Mail, vom 4. Mai 2011 (Topnoch FM 2011). Demnach hatte ein US Navy Seal auf seinem Helm eine Video-Kamera befestigt, die das Geschehen live übertrug. Zugleich wird angedeutet, dass nach dem Schuss, der Osama bin Laden am linken Auge traf, „wahrscheinlich" ein zweiter Schuss auf seine Brust folgte, mit dem Ziel, sicher zu sein, dass er tatsächlich getötet wurde. Es folgen weitere Mutmaßungen über die Anwesenheit einer der Frauen Bin Ladens, die versucht haben soll, ihn zu schützen, und dabei zusammen mit drei Söhnen ums Leben kam. Eine sehr dramatische Szene also, die weit über die Tötung Bin Ladens hinausgeht.

Die Meldung der *International Business Times* vom 3. Mai 2011 (IBTimes 2011), 11:10 a. m., klärt uns auf, dass es sich bei diesem Treffen um ein *update* der *mission* gegen Osama bin Laden handelt. Das lässt den Betrachter des Bildes in der Ungewissheit, was genau mit *„update"* gemeint sein kann. Außer Präsident US-Präsident Barack Obama, Vizepräsident Joe Biden, Außenministerin Hillary Clinton und Verteidigungsminister Robert Gates sind neun weitere, für den nicht eingeweihten Betrachter wenig oder gänzlich unbekannte Personen zu sehen. Insgesamt (ohne den Fotografen) sind es dreizehn, zwei von ihnen Frauen, wobei am rechten Rand die Krawatte einer vierzehnten Person zu sehen ist. Bei dem in dieser Fotografie „verdunkelten", weil „geheimen" oder „vertraulichen" *(classified)* Dokument handelt es sich vermutlich um das Papier, das auf den Laptops liegt, oder um das, was in zwei von insgesamt vier Laptops zu sehen wäre. Der einzige, der an einem Laptop tätig ist, ist der Ein-Stern-Brigadier-General Marshall B. Webb. Alle anderen Personen, bis auf den Fotografen selbst, schauen wie gebannt auf eine für den Betrachter unsichtbare Leinwand, auf der sich das abspielt, was vermutlich Marshall Webb auf seinem Bildschirm sieht.

Hillary Clinton scheint zu erschrecken vor dem, was sie sieht, indem sie die Hand vor den Mund nimmt und ängstlich bis entsetzt zuschaut, während Präsident Obama das Geschehen sehr ernst und konzentriert verfolgt. Die zweite, im Hintergrund fast versteckte Frau schaut ernst und neugierig auf die unsichtbare Leinwand. Alle oder zumindest einige Personen, die auf diesem Bild zu sehen sind, würden, wenn man es mit den anderen Bildern von 1986 und 2009 vergleicht, am oder um den Tisch herum sitzen. Man kann vermuten, dass sie sich für das Foto so hingestellt haben. Bis auf den Brigadier General und den Admiral sind vielleicht fünf der Anwesenden locker, das heißt ohne Krawatte gekleidet, allen voran der Präsident selbst und sein Vize.

Der Situation Room ist zugleich ein Commando Room, in dem nicht nur über das Kriegsgeschehen in einem fernen Land gesprochen, sondern dieses

Geschehen in Echtzeit und interaktiv verfolgt wird. Das trägt zur Faszination dieses Bildes bei. Man schaut den unmittelbar tödlichen Wirkungen der vielleicht kurz zuvor getroffenen Entscheidungen zu. Wir wiederum sind Zuschauer zweiter Ordnung, indem wir anderen beim Zuschauen zuschauen, ohne aber das von ihnen Gesehene selber anschauen zu können. Wir können es uns nur vorstellen. Wodurch wir uns in einen virtuellen Zuschauer erster Ordnung verwandeln und uns damit vorkommen, als gehörten wir dazu. Eine Situation, die uns zu Komplizen des Geschehens macht, ohne dass wir aber die geringste Möglichkeit haben, das Geschehen selbst mitzuverfolgen, geschweige denn eingreifen zu können. Dieser Widerspruch macht auch das Faszinosum dieses Bildes aus. Was es aber ganz besonders auszeichnet, ist nicht nur die sozusagen welthistorische Perspektive, in die es eingebettet ist – denn es handelt sich um das vorläufige Ende eines zehnjährigen Krieges der Weltmacht USA gegen den sie herausfordernden Gegner vom 11. September –, sondern auch, dass es als Sinnbild einer neuen Form der Kriegsführung gelten kann: Die Entscheidungen, die in einem bestimmten Teil des Globus getroffen werden, lassen sich in ihren tödlichen Konsequenzen als *Livestream* aus sicherer Entfernung verfolgen. Wie Sie richtig schreiben: „Wer so etwas kann, ist wirklich mächtig."

In Anlehnung an Schopenhauer können wir sagen, dass die Welt Wille und *digitalisierbare* Vorstellung geworden ist. Wir leben nicht nur in der „Zeit des Weltbildes", um eine Formulierung Martin Heideggers aus dem Jahr 1938 aufzugreifen (Heidegger 1972), sondern in der Zeit des *digitalen* Weltbildes. Es zeigt, jenseits der unentrinnbaren Dialektik zwischen Zuschauer erster und zweiter Ordnung, das, was unsere Realität ausmacht: nämlich das Verhältnis von Macht und Digitalisierbarkeit. Dieses Phänomen erleben wir tagtäglich, ohne dass uns immer bewusst ist, wer wir geworden sind. Das Bild zeigt uns jene Situation, in der wir uns alle befinden, ob innerhalb oder außerhalb des Weißen Hauses. Es zeigt uns einen Mikrokosmos der *message society,* in der wir nicht bloße Zuschauer des Weltgeschehens, sondern mitspielende Sender, Boten und Empfänger sind.

Marsiske Das bedeutet auch, dass wir die Frage nicht mehr eindeutig beantworten können, die seit Leopold von Ranke (1795–1886) die Basis wissenschaftlicher Geschichtsschreibung darstellt: Was genau ist eigentlich passiert? Und das ist wohl der Grund für das leichte Unbehagen, das ich bei der Lektüre Ihrer ausführlichen Erörterung zum Situation Room und dem Verlauf des Angriffs auf Osama bin Laden empfand. Woher können wir verlässlich genug wissen, wie dieser Angriff abgelaufen ist und ob tatsächlich die Bilder einer Kamera am Helm eines Soldaten ins Weiße Haus übertragen wurden? Wir sind auf die Aussagen der wenigen Beteiligten angewiesen. Die haben aber ihre eigenen Interessen in diesem Konflikt und werden bestrebt sein, das Bild von der Aktion in ihrem Sinne zu gestalten. Unabhängige Beobachter gibt es nicht. Ist es da nicht von vornherein ein vergebliches Unterfangen, das Geschehen rekonstruieren zu wollen?

Gleichwohl gibt es natürlich das Bedürfnis nach authentischen Bildern und Berichten. So strahlte ein deutscher Privatsender nur vier Wochen nach der Attacke eine Produktion des Discovery Channels aus, die den Angriff mithilfe von Computeranimationen schildert. In diesem Film mit dem Titel „Operation Geronimo" heißt es übrigens, Präsident Obama und sein Führungszirkel hätten die Bilder einer Aufklärungsdrohne empfangen, die über Bin Ladens Haus kreiste. Ein

Sonderheft des Magazins „Focus" versprach auf der Titelseite „Alle Bilder" und „So starb der gefährlichste Terrorist der Welt wirklich". Beide, Fernsehsender und Zeitschrift, spekulierten darauf, dass Zuschauer und Leser den entscheidenden Moment möglichst hautnah miterleben wollten, wenn schon nicht in Echtzeit wie Obama, dann wenigstens nachträglich. Aber das ist ohne die Zuhilfenahme fiktionaler Erzählweisen gar nicht möglich, allein schon aus Rücksicht auf das Publikum, dessen Erwartungen durch zahllose Actionfilme geprägt sind. Tatsächlich soll die US-Filmemacherin Kathryn Bigelow bereits an einem Film arbeiten, der von der Tötung Osama bin Ladens erzählt. Ich halte es für wahrscheinlich, dass dieser Film am Ende der Wahrheit näher kommt als alle Dokumentationen und Reportagen. Er soll allerdings erst nach der nächsten US-Präsidentenwahl ins Kino kommen.

In jedem Fall erscheint es mir wichtig, sich nicht in dem vergeblichen Unterfangen aufzureiben, Fakten und Fiktionen voneinander zu trennen. Die Frage, was genau im Situation Room zu sehen war, werden wir nicht beantworten können. Es ist auch nicht wichtig, ob es die Bilder einer Helmkamera oder einer Drohne waren oder ob es sich um eine Videokonferenz mit dem CIA-Hauptquartier handelte. Entscheidend scheint mir vielmehr, dass dieses Bild die Konstellation wiedergibt, die mehr und mehr die US-amerikanische Kriegsführung prägt: Die Akteure dirigieren von zu Hause aus tödliche Einsätze auf anderen Kontinenten. Was Obama und seine Berater hier erleben, ist Alltag für Drohnenpiloten. Die sitzen ebenfalls am Bildschirm, verfolgen Geschehnisse in mehreren tausend Kilometern Entfernung und feuern aufgrund der hierbei gesammelten Informationen immer häufiger tödliche Geschosse ab. Insofern steht das Bild für die gewachsene Bedeutung der Militärroboter. Es markiert einen Meilenstein, vielleicht sogar einen Wendepunkt in der Kriegsführung.

Capurro Die Frage „Was ist eigentlich passiert?" ist, wie Sie richtig bemerken, die Kernfrage wissenschaftlicher Geschichtsschreibung. Wir sollten sie aber zugleich, vor dem Hintergrund der Heideggerschen Unterscheidung zwischen Historie und Geschichte verstehen, das heißt zwischen dem, was bloß vergangen und dem, was heute noch wirksam ist im Sinne von „welche Bedeutung können wir heute für die Gestaltung unserer Zukunft solchen Ereignissen beimessen?". Die Hermeneutik hat uns im vorigen Jahrhundert gelehrt, dass wir nie etwas unvoreingenommen anschauen und deuten können, sondern dass Verstehen immer auf der Basis eines Vorverständnisses oder, um bei der Wissenschaft zu bleiben, eines Paradigmas stattfindet. Wenn wir also heute dieses Bild anschauen, tun wir das nicht mit dem scheinbaren Anspruch einer lupenreinen Objektivität, die unerreichbar bleibt. Denn alles, was sich uns zeigt, bietet nicht nur eine Vielfalt von Deutungsmöglichkeiten, je nach Blickpunkt oder Interesse des Auslegers, sondern ist in einen Kontext eingebettet. Die Produktion des Discovery Channels tappt in die Objektivitätsfalle und will die reine und wahre Story liefern. Das Ergebnis ist aber lediglich eine (!) *Story,* die die wahre *Story* sein will.

So basieren also meine und Ihre vorigen Ausführungen über das Bild vom Situation Room auf Deutungen und Vermutungen, mehr oder weniger verlässlich, die aber aus unterschiedlichen Perspektiven und Interessen angestellt werden, so wie wir das in diesem Dialog auch gerade tun: nämlich im Hinblick auf die Frage, ob und warum dieses Bild einen Ikonenstatus erreicht hat. Somit stellen wir das Bild in den Rahmen einer geschichtsphilosophischen Deutung, die darauf zielt, es als ein Sinnbild unserer Epoche zu interpretieren. Das ist die These, die wir in diesem Dialog zur Diskussion stellen, indem wir von der Prämisse ausgehen, dass dieses Bild viele Menschen tief berührt hat. Wir meinen aber, wenn ich das richtig verstehe, dass unsere Behauptung, das Bild habe viele Menschen berührt, nicht auf einer vielleicht bereits geführten statistischen Erhebung beruht, sondern dass solche Anzeichen eines Berührtseins uns Anlass geben, eine mögliche Deutung dessen vorzulegen, was dieses Bild über unsere Welt und uns selbst aussagt. So gesehen ist die historische Frage „Was ist eigentlich passiert?" sekundär gegenüber der geschichtlichen Frage: „Was sagt dieses Bild über uns selbst und unsere Welt heute und im Hinblick auf eine mögliche Zukunft aus?"

Wie wir uns selbst beim Anblick dieses Bildes deuten, kann natürlich sowohl von unseren Zeitgenossen als auch von späteren Generationen infrage gestellt werden. So gesehen ist das alles kein vergebliches Unterfangen, sondern eine sinnvolle Aufgabe geschichtlicher und kritischer Selbstaufklärung. Das reine Faktum „Bin Laden ist tot" bleibt in seiner objektiv historischen Wahrheit letztlich auf die Frage angewiesen, was, warum und für wen dieses Faktum etwas bedeutet und warum gerade dieses Bild, das von seinem Tod oder, je nach Standpunkt, seiner Ermordung handelt, etwas über unsere Zeit aussagt. Auch unabhängig davon, was und wie es das sagt oder zeigt und verschweigt oder verbirgt. Wir versuchen also, diesem ambivalenten und fragilen Charakter einer jeden Aussage oder eines jeden Bildes gerecht zu werden, anstatt es zu verdecken und auf eine angeblich objektive und metahistorische Wahrheit zurückzuführen. Fakten und Deutungen bilden, zumindest für uns Menschen und die von uns geschaffenen künstlichen Artefakte, eine untrennbare Einheit. Davon zeugen, wie Sie schreiben, gerade jene Kampfpiloten und Kriegsroboter, die aufgrund mehr oder weniger verlässlicher Informationen tödliche Schlussfolgerungen ziehen. Eine in solche Roboter hineinprogrammierte Moral, die ihnen ‚Wahlmöglichkeit' nur in dem Maße ermöglicht, wie sie den Interessen des „Auftraggebers" entspricht, verändert auch

6 Der Moment des Triumphs

das Selbstverständnis des Auftraggebers und die ihm zugehörige Welt. Das ist die Frage, die wir in Bezug auf das Kriegsbild im Weißen Haus zu beantworten versuchen.

Damit sind wir auch bei der unter Kunsthistorikern und Medientheoretikern diskutierten Frage nach dem heutigen Status von Bildern angekommen. Was ist ein Bild und insbesondere ein Kriegsbild im digitalen Zeitalter? Das ist eine komplexe Frage, zu der auch Erzählungen, denen oft Bilder folgen, gehören. Im Rahmen dieses Dialogs können wir das Thema nur kurz andeuten. Ich denke dabei an berühmte und weniger berühmte Kriegsbilder wie zum Beispiel das Mosaik über die Alexanderschlacht zwischen Alexander dem Großen und Darius III aus dem ersten vorchristlichen Jahrhundert, auf dem man beide Feldherren höchstpersönlich kämpfend sieht, oder an das von Tizian im Jahr 1548 gemalte Bild Kaiser Karls V. nach der Schlacht bei Mühlberg im Schmalkaldischen Krieg, allein, hoch zu Ross, oder auch an einen Holzschnitt aus dem „Kriegsbuch" Reinharts des Älteren, Graf zu Solms und Herr zu Müntzenberg, von 1549.

Eine berühmte Darstellung eines Kriegsherrn, der eine Schlacht aus sicherer Entfernung verfolgt und zu seinem Entsetzen die Vernichtung seiner Flotte beobachten muss, liefert uns der Vater der abendländischen Geschichtsschreibung, Herodot. In seinen „Historien" beschreibt er, wie Xerxes I. (ca. 519–465 v. Chr.)

im Jahr 480 v. Chr. „unten an dem Berge Aigaleos, gegenüber von Salamis saß" und zuschaute, wie seine Flotte die Seeschlacht gegen Themistokles, der auf dem Feldherrenschiff war, verlor (Historien, VIII, S. 90). Was tat Xerxes? Er schickte eine Nachricht nach Susa über die Niederlage, die eine große Bestürzung verursachte, und floh. Von dort, aus Susa und damit aus sicherer Entfernung, erfuhr er von der Niederlage seiner Landkräfte in der Schlacht von Plataiai (479 v. Chr.). Herodot schreibt: „Es gibt nichts Schnelleres unter den sterblichen Wesen als diese persischen Boten, so klug haben die Perser ihren Botendienst eingerichtet" (Herodot 1971, S. 561). Es hat ihnen aber letztlich nichts genützt.

Können wir heute, zweitausendfünfhundert Jahre später, behaupten, dass das Kriegsbild im Weißen Haus insofern einen epochalen Wendepunkt in der Kriegsführung darstellt, als es nämlich zeigt, dass im digitalen Zeitalter der Botendienst zwischen dem Kriegsherrn und den kämpfenden Soldaten mit Lichtgeschwindigkeit und somit unabhängig von Ort und Zeit stattfindet? Wenn alle Kriegsparteien diese Möglichkeit besitzen, bedeutet dies, dass es keinen sicheren Rückzugsort und keine Rückzugszeit mehr gibt. Eine Nachricht, in ihrem symbolischen Gehalt, ist dann prinzipiell nicht mehr zu trennen von ihrer Wirkung. Das ist die Lehre der digitalen Kriegsführung. Raum und Zeit sind gleichgültig für die heutigen digitalen Boten und für das, was sie unmittelbar ausführen. Die Grenze zwischen Sprache und Realität ist aufgehoben. John Austins „illokutionäre Sprechakte" finden im digitalisierten Krieg ihre wahre Erfüllung. Wir haben gelernt „how to do things with words". Lesen Sie auch so die Botschaft des Kriegsbildes im Weißen Haus?

Marsiske Es wäre ausgesprochen spannend, den von Ihnen angedeuteten historischen Entwicklungslinien nachzugehen, aber das würde den Rahmen dieses Buches überschreiten. Wir müssen uns hier auf den Aspekt der Robotik und digitalen Medien konzentrieren. Und da haben Sie in der Tat einen wichtigen Punkt angesprochen: Die Botendienste liegen mittlerweile in der Verantwortung der Maschinen. Entscheidungen über Leben und Tod stützen sich mehr und mehr auf Informationen, die von Satelliten und unbemannten Aufklärungsflugzeugen gesammelt werden. Anfangs haben diese Aufklärer Zielkoordinaten an die Artillerie übermittelt, inzwischen sind viele von ihnen selbst mit Lenkwaffen ausgestattet, mit denen sie auch bewegliche Ziele wie Fahrzeuge angreifen können. Die Flugroboter werden bislang von den USA aus über Satellitenverbindungen ferngesteuert, doch ihre Autonomie wird zunehmen, bis hin zur Entscheidung über den Einsatz tödlicher Waffen. Wir sind dabei, Künstliche Intelligenz zu bewaffnen. Werden wir ihr die Waffen jemals wieder wegnehmen können?

Das Bild aus dem Situation Room zeigt keinen technologischen Durchbruch auf diesem Weg. Aber es zeigt den Moment eines Triumphes, der durch diese Technologie entscheidend mit vorbereitet wurde. Und es zeigt die Triumphierenden in eben genau der Position, die auch Drohnenpiloten einnehmen: beim Blick auf den Bildschirm.

Daneben hat das Foto natürlich noch viele andere Aspekte. So wurde viel darüber diskutiert, dass der Präsident nicht auf dem größten Stuhl sitzt, sondern eher am Rande und lässig gekleidet. Das deutet auf einen kooperativen, fürs Weiße Haus wohl bislang eher unüblichen Führungsstil. Auch die Bedeutung der Frauen ist von vielen Kommentatoren thematisiert worden. Die im Hintergrund sichtbare Audrey Tomason, Direktorin der Terrorismusabwehr, ist durch dieses Bild überhaupt erst der Öffentlichkeit bekannt geworden. Aber ich denke, die Botschaft, von Washington aus stets die ganze Welt im Blick zu haben und mit Lichtgeschwindigkeit reagieren zu können, ist die eigentlich zentrale.

Die Automatisierung des Krieges hat damit einen starken Schub bekommen. Nicht nur die USA, auch andere Länder werden ihre Armeen mehr und mehr mit Robotern ausrüsten und komplexe Kommunikationsnetze aufbauen, die die gesamte Erde abdecken. Die Rüstungsdynamik treibt uns auf autonom feuernde Kriegsmaschinen zu. Niemand scheint das ausdrücklich zu wollen, aber der Kampf um militärische Überlegenheit weist unerbittlich in diese Richtung. Wenn fliegende Roboter nicht nur Ziele am Boden, sondern auch andere Flugzeuge bekämpfen sollen, wird das nicht mehr über Fernsteuerung mit Signallaufzeiten bis zu zwei Sekunden gehen, denn bei Luftkämpfen muss in Sekundenbruchteilen über den Waffeneinsatz entschieden werden. Dokumenten des US-Verteidigungsministeriums zufolge müssen wir damit rechnen, die Lufthoheit in etwa 20 Jahren an Roboter abzugeben.

Aber schon auf dem Weg dorthin mag es Entwicklungsstadien geben, von denen aus eine Umkehr nicht mehr möglich ist. Fatalerweise sind sie zumeist erst im Nachhinein klar zu erkennen. Das betrifft nicht nur die technologische Entwicklung, sondern auch politische, soziale oder kulturelle Konstellationen. Meinen Sie, dieses Bild markiert bereits einen solchen *point of no return?* Oder warnt es davor?

Capurro „Der Moment eines Triumphes" – können wir im Falle des Bildes im Situation Room so sprechen? Man sieht ernste, besorgte, erschreckte, ja sogar entsetzte Gesichter, die gar nicht zu einer Triumphstimmung passen. Das steht im krassen Gegensatz zu anderen Bildern, die eine Stimmung von Freude und Begeisterung im Moment des Triumphes deutlich zum Ausdruck bringen.

Man kann diese Stimmung in der amerikanischen Öffentlichkeit nachvollziehen, aber sie scheint nicht ganz passend für ein offizielles Bild. Warum nicht? Die Tötung – oder der Mord, aus Sicht der Anhänger Bin Ladens – kann eine Rechtfertigung in der umstrittenen Lehre vom gerechten Krieg oder auch vom Tyrannenmord finden. Dass dies in einem fremden Land ohne dessen politische Zustimmung und ohne einen UN-Beschluss stattfand, macht diese Rechtfertigung völkerrechtlich problematisch, wie Altkanzler Helmut Schmidt im bereits erwähnten Interview bemerkte. Ein offizielles Bild, das eine Stimmung der Freude vermittelt, könne „zweischneidige Konsequenzen" haben: „Möglicherweise wird sie [die Botschaft, RC] instrumentalisiert, um Massen aufzustacheln" (Schmidt 2011). Das Bild im Situation Room ist also, was die Stimmung anbelangt, ambivalent. Die Beteiligten scheinen kaum zu glauben, was sich am Bildschirm abspielt. Es herrscht eine Stimmung der Ernsthaftigkeit, Sorge, Anspannung, aber auch der Genugtuung über das, was geografisch im fernen und digital doch so nahen Pakistan vor sich geht. Es ist der Augenblick, auf den man seit zehn Jahren gewartet hat.

Sie schreiben, dass sich das Bild im Situation Room mit dem Blick des Drohnenpiloten vergleichen lässt.

In beiden Fällen haben wir es mit Sendern zu tun, die ihre Boten und Botschaften und das, was diese bei den Empfängern anrichten sollen, aus großer

Entfernung mittels digitaler Netze beobachten und kontrollieren. Bei der Drohne handelt es sich um ein unbemanntes Luftfahrzeug, während beim Einsatz gegen Osama bin Laden der kriegerische Bote ein US Navy Seal war. Die Drohne lässt sich aber vom kontrollierenden Sender trennen, wodurch sie eine bestimmte Art von Autonomie bekommt, die auf einer mit der „Welt" interagierenden Software basiert. Ich schreibe „Welt" in Anführungszeichen, denn Roboter haben keine Welt im Sinne eines erschlossenen Bedeutungs- und Verweisungszusammenhangs, sondern sie verarbeiten Signale in einer von uns *als* dieses oder jenes vorgedeuteten Weise. Ihre Autonomie im Sinne einer nicht unmittelbar von uns kontrollierten Handlung basiert auf dieser menschlichen Vorgabe.

Sie weisen dann mit Recht hin auf eine Entwicklung um Kriegsmaschinen und Kriegsführung, die nicht mehr aufzuhalten ist. Am Ende des gegenwärtigen Anfangs stehen uns Roboterkriege bevor – sie finden teilweise schon jetzt statt –, wie wir sie aus Science-Fiction-Filmen kennen. Es sind Kriege, bei denen nicht nur der oberste Kriegsherr, sondern auch die Soldaten selbst zu Beobachtern, höchstens zu Kontrolleuren mutieren. Die Handlung spielt sich am Bildschirm ab. Es gibt keine Helden, keine Kriegsveteranen, keine Staatsbegräbnisse für die Gefallenen und keine Denkmäler für den Unbekannten Soldaten. Aber es gibt angeblich den globalen Beobachter, der, wie Sie richtig schreiben, die ganze Welt im digitalen Blick zu haben meint. Das Bild im Situation Room sollte vermutlich auch diese wohl illusionäre Botschaft vermitteln. Ich sage „illusionäre" Botschaft, denn die Welt ist kein Gegenstand, den wir von außen beobachten könnten. Wir existieren in der Welt.

Bezeichnenderweise bleibt die Welt in unserem Bild ausgespart. Sie ist der blinde Fleck dieses Bildes. Es entsteht der Eindruck, *als handle* es sich bei der Welt lediglich um ein digitales Bild. Man kann sagen, dass das Bild auf dieser Illusion beruht und zugleich ungewollt die Welt als das Unvorstellbare und Undarstellbare aufscheinen lässt. In der *Kritik der Urteilskraft* (§ 55) spricht Immanuel Kant von ästhetischen Ideen, die man nicht begreifen („inexponibel") und Vernunftideen, die man nicht anschauen („indemonstrabel") könne (Kant 1974). Krieg und Frieden sind solche Vernunftideen, die sich bildhaft nicht adäquat darstellen lassen, wie gerade die heutige grenzenlose Vielfalt von digitalen Kriegsbildern zeigt, nicht weniger als die Versuche, Kriege als sinnvoll zu deuten. Dem entsprechen die ästhetischen Ideen von Himmel und Hölle, die sich dem Begriff widersetzen. Die sich Bild und Begriff entziehende Dimension von Welt sprengt nicht nur das digitale Bild, sondern auch den Beobachterstatus und seine angebliche globale Deutungs- und Handlungsmacht. Wir können so die Hauptbotschaft des Bildes gegen den Strich lesen. Im Moment des Triumphes zeigt uns das Bild zugleich die Ohnmacht des Willens, sich der Welt zu bemächtigen. Vielleicht ist es das, was die Stimmung dieses Bildes vermittelt. Man kann und soll auch nicht glauben, was der in diesem Bild verdeckte Bildschirm suggeriert: nämlich, dass die Welt mithilfe digitaler Technik zum Spielball des Willens werden kann. Ich halte dies für die eigentliche unscheinbare und paradoxe Hauptbotschaft dieses Bildes.

Das asymmetrische Verhältnis zwischen Kämpfenden und Beobachtern, die im Bild im Situation Room gezeigt wird, würde sich verschärfen, wenn autonome Roboter anstelle von US Navy Seals kämpfen würden. Denkbar wäre auch ein Krieg, der völlig ohne menschliche Beteiligung und Entscheidung vonstatten geht, falls Roboter gegen Roboter Krieg führen würden. Ich sage „scheinbar", denn es wären immer noch menschliche Kriegstreibende und -beobachter, die, kontrollierend oder nicht, hinter den autonomen Kriegsrobotern stünden oder, besser gesagt, säßen. Dass es sich um eine scheinbare Entanthropomorphisierung handelt, zeigt sich zum Beispiel in den aktuellen Diskussionen um moralische Kriegsroboter, das heißt um Roboter, denen die Kriegsherren – und es sind meistens Männer, die Kriege führen und Kriegsroboter entwerfen – eine Moral (im Sinne eines handlungsleitenden Regelwerkes) vorgeben, sodass sogar die moralische Verantwortung an die Roboter scheinbar abgewälzt wird. Was aber, wenn Roboter anhand eines Programms nicht nur fähig wären, moralische Regeln zu befolgen, sondern diese Regeln selbst zum Gegenstand einer ethischen Reflexion machen würden? Dann wäre diese Reflexion abstrakt, das heißt losgelöst von einem geschichtlichen Bedeutungs- und Verweisungszusammenhang, der den konkreten Rahmen und die mögliche, aber nie zureichende Begründung für oder gegen einen Krieg abgibt. Sogenannte gerechte Kriege sind zutiefst tragische Kriege. Ihre Tragik nennt man „Kollateralschaden". Trotz eines solchen moralischen Programms haben Roboter keine Eigeninteressen, keine Werte und Bewertungen, keine Gründe ihres Handelns und auch keinen Bezug zu Vergangenheit, Gegenwart und Zukunft im Sinne eines offenen, kontingenten und sozialen Existierens – außer in Science-Fiction-Filmen.

Roboter sind Teil unseres In-der-Welt-Seins geworden, aber wir können sie nicht vom Wechselspiel mit uns selbst und mit anderen Dingen herausnehmen und so tun, als ob sie uns auch moralisch vertreten würden. Was sie vertreten, wenn sie autonom handeln, sind immer unsere Interessen auf der Basis unserer Erwägungen und stets falliblen Begründungen. Die Entanthropomorphisierung des Krieges wird dadurch zu einer gesteigerten und verschärften Anthropomorphisierung, bei der es um einen reinen welt- und geschichtslosen Machtkampf geht. Der „totale Krieg" ist der totale Roboterkrieg, bei dem man auch nicht *pro forma* die fanatisierten Massen zu fragen braucht, ob sie ihn wollen oder nicht. Das alles wird nicht direkt im Bild des Situation Rooms gezeigt. Dennoch führt uns das Bild die Richtung vor Augen, in die wir uns bewegen, und zwar nicht nur bei Grenzsituationen wie im Krieg, sondern auch im Alltag, wenn wir uns in unserem gewöhnlichen und alltäglichen Situation Room aufhalten. Der braucht noch nicht einmal ein Raum mit vier Wänden zu sein, sondern er ist eine permanente Situation des digitalen Vernetztseins. Wir hätten leichtes Spiel, wenn wir dieser Situation des heutigen digitalen In-der-Welt-Seins mit den schwachen Mitteln der geltenden Moral oder mit den noch schwächeren Mitteln einer ethischen Reflexion so begegnen könnten, dass wir einen nicht nur möglichen, sondern auch ethisch auf das gute Leben orientierten und demzufolge wünschbaren Wendepunkt, einen *point of return* also, angeben. Geschichtliche Wendepunkte lassen sich *per definitionem* nicht herbeireden und schon gar nicht willentlich erzwingen. Gleichwohl zeigt uns diese Situation, ich meine auch die Situation im Situation Room, sofern wir sie als eine geschichtliche deuten, dass sie nicht absolut oder unentrinnbar ist.

Ich erinnere in diesem Zusammenhang an Heideggers Auseinandersetzung mit Ernst Jüngers Schrift *Über die Linie* (Jünger 1950/1980), bei der es darum ging, wie man dem Phänomen des Nihilismus in seinen vielfältigen Manifestationen begegnen, das heißt für Jünger, wie man ihn überwinden könnte (M. Heidegger: *Über „Die Linie"*, 1955/1967). Eine solche Überwindung wäre zum Beispiel im Sinne einer Affirmation des Menschen gegenüber den Kriegsrobotern denkbar. Wir sahen aber, dass diese Gegenüberstellung auf tönernen Füßen steht, denn Roboter sind die heutige Gestalt des „Arbeiters", was das tschechische Wort robota schon ausspricht. Stattdessen gilt es, auf jene Dimension zu achten, die im Situation Room ausgespart bleibt. Das Bild zeigt uns jene Weltspannung zwischen Unverborgenheit und Verborgenheit, die Heidegger in der griechischen Erfahrung der Wahrheit *(aletheia)* entdeckte. Das, was das Bild nicht zeigt, weil es das nicht zeigen kann, ist die Welt selbst, die sich als solche weder digitalisieren noch beherrschen lässt. Sie ist jene raum-zeitliche Offenheit, in der Menschen und Roboter anwesend sind. Vom Roboter aus gesehen ist die Welt – nichts! Roboter sind da, aber sie nehmen keine Rücksicht auf die Welt, um das zu bewerkstelligen, womit wir sie beauftragen. Sie sind unsere Boten. Je mehr wir die Roboter nach unseren friedlichen oder kriegerischen Bedürfnissen gestalten, umso mehr zeigen sie, dass sie von sich aus keine eigene Welt haben. Die Welt des Menschen erschöpft sich dagegen nicht in dem, was gegenwärtig ist und wofür Roboter stets ausgerichtet sind, auch wenn es einen gegenteiligen Anschein erwecken kann. Menschliches In-der-Welt-Sein ist stets einer unvorstellbaren Dimension offen, die sich darin kundtut, dass wir geboren werden, ein bestimmtes Leben führen und sterben. Diese Dimension entzieht sich unserer Macht und Machbarkeit. Roboter, auch Kriegsroboter, können nicht sterben und sie werden auch nicht geboren – außer in Science-Fiction-Filmen. Menschliches Existieren zwischen Geburt und Tod ereignet sich inmitten eines kosmischen Spieles zwischen Entbergung und Verbergung. Der griechische Philosoph Heraklit hat dafür das Wort *pólemos* im Sinne des „Vaters aller Dinge" gebraucht. Dieser „Krieg" in seinen kosmischen Dimensionen lässt auch jene Vernunftideen wie Menschenwürde oder Freiheit und mit ihnen unsere Fragilität gegenüber der Welt als dem Unvorstellbaren und Undarstellbaren zum Vorschein kommen.

Es geht also nicht darum, eine humanistische oder auf den Menschen gerichtete Auffassung über das Verhältnis zwischen Menschen und Robotern gegenüber einer nihilistischen zu verteidigen, sondern es geht darum, auf sich abzeichnende mögliche Formen eines gelingenden oder misslingenden Wechselspiels zwischen Menschen und Robotern hinzuweisen. Das zeigen zwei europäische Projekte, an denen ich mitwirken durfte: nämlich *Emerging Technoethics of Human Interaction with Communication, Bionic and Robotic Systems* (ETHICBOTS 2008) *und Ethical Issues of Emerging ICT Applications* (ETICA 2011). Die Differenz zwischen dem Selbst-Sein des Menschen und dem Was-Sein von Robotern ist eine grundlegende ethische Differenz. Wenn wir Roboter mit einem moralischen Regelwerk ausstatten, werden sie nicht zu einem Selbst, Kriege nicht gerechter und unsere Verantwortung nicht geringer, vor allem dann nicht, wenn zum Beispiel Roboter autonom über den Einsatz von Massenvernichtungswaffen „entscheiden" könnten. Ich bin der Meinung, dass diese Art des Einsatzes von Kriegsrobotern international nicht nur moralisch, sondern auch rechtlich geächtet werden sollte. Sehen Sie das auch so?

Marsiske Herr Capurro, ich muss gestehen, dass ich nicht allen Verästelungen Ihrer Gedanken folgen kann. Das empfinde ich aber auch nicht als besonders schlimm. Unser Dialog wie auch das gesamte Buch ist ein Angebot an die Leser, sich dem wichtigen Thema der Militärroboter wie auch der zunehmenden Prägung unseres Alltags durch die Robotik generell zu nähern und eine Haltung dazu zu entwickeln. Bislang beschäftigen sich vornehmlich Ingenieure und Informatiker damit. Doch diese Technologie greift viel zu tief in das Leben aller Menschen ein und rührt an deren Selbstverständnis, als dass wir die Entscheidungen über ihre Entwicklung einer kleinen Gruppe von Eingeweihten überlassen dürften. Ihre Ausführungen zeigen sehr eindrucksvoll, dass es hier um weit mehr als nur um Technologie geht, sondern dass auch grundlegende Fragen des kulturellen und sozialen Miteinanders aufgeworfen werden. Fragen, die alle Menschen betreffen und die daher auf möglichst breiter gesellschaftlicher Basis diskutiert werden müssen. Nun drohen aber die Entwicklung und der Einsatz von Militärrobotern Tatsachen zu schaffen, die jede weitere Diskussion überflüssig machen.

Allein schon, um Zeit zu gewinnen, halte ich daher die von Ihnen angeregte Ächtung von Kriegsrobotern für unbedingt erforderlich. Jürgen Altmann wird in diesem Buch eine entsprechende Erklärung des „International Committee for Robot Arms Control" (ICRAC) vorstellen. Ich habe sie mit unterzeichnet.

Eine andere Frage ist die nach den Erfolgsaussichten einer solchen Initiative. Rüstungsbegrenzungen für Roboter ließen sich ja nur auf internationaler Ebene durchsetzen. Zumindest bei deutschen Politikern kann ich bislang keinerlei Einsicht in die Notwendigkeit solcher Maßnahmen erkennen. Das Bundesverteidigungsministerium versucht, in der Öffentlichkeit am liebsten gar nicht über Roboter zu sprechen, schon gar nicht über bewaffnete. Und wenn sich das Thema nicht vermeiden lässt, wird es verharmlost. Um hier etwas zu bewegen, muss ein enormer öffentlicher Druck aufgebaut werden. Meinen Sie, dass das noch rechtzeitig gelingen kann? Und noch eine Frage drängt sich mir nach der Lektüre Ihrer letzten Ausführungen auf. Sie haben mehrfach auf die Science-Fiction verwiesen, als würde dort ein unrealistisches Bild von Robotern gezeichnet. Mein Eindruck ist eher der, dass gerade in der fiktionalen Literatur und im Kino die wichtigen Fragen nach der Grenze zwischen Mensch und Maschine oder der Moral der Maschinen aufgeworfen werden, denen viele Wissenschaftler, Industriemanager und Politiker in der Realität gerne ausweichen. Müssen wir die Science-Fiction nicht als wichtigen Verbündeten sehen, wenn es darum geht, ein Problembewusstsein zu fördern?

Capurro Danke für Ihre Offenheit bezüglich der Verästelungen meiner Gedanken, die bisweilen ein philosophisches Vorverständnis beim Leser voraussetzen. Der Nichteingeweihte möge mir verzeihen und sich gegebenenfalls bei mir melden oder mir mailen. Das Buch, unser Buch, und insbesondere unser Dialog ist ein Sinnangebot an den Leser, der dank des Internets vom Empfänger zum Sender mutieren kann. Das ist der positive Kern der digitalen, interaktiven Vernetzung: Sie ist eine kulturelle und soziale Revolution, die in unserem Bild zu einer „umgekehrten Botschaft" mutiert, nämlich: Es bleibt bei dieser Vernetzung alles beim Alten im Sinne des Eins-zu-Vielen, des hierarchischen Verhältnisses so wie bei den Massenmedien des 20. Jahrhunderts. Ein Teilnehmer sendet eine Botschaft aus, die anderen können diese Botschaft rein passiv empfangen. Eine Reaktion ist nicht möglich. Es ist aber nicht ausgemacht, dass die demokratischen Potenziale des Internets in diesem Sinne nicht verraten werden können.

Ich bin wie Sie der Meinung, dass die Robotik in das Leben vieler Menschen eingreift – vom Kriegsroboter bis hin zu Robotern als Helfer im Alltag im Sinne des EU Projekts „Robot Companions for Citizens" (2012) – und dass sie deshalb, was ihre soziale und ethische Dimension anbelangt, nicht allein Sache von

Ingenieuren und Informatikern und deren berufsbedingter Ethik sein sollte. Man kann und sollte zum Beispiel auch ethische Fragen der Medizin nicht den Medizinern alleine überlassen. Ethik verweist auf das ethos im Sinne des offenen und gestaltbaren Lebensbereichs der Menschen und auf die Möglichkeit, über gegebene Verhaltensnormen und Werte kritisch nach- und ihnen vorauszudenken. Zu unserem Lebensbereich gehören zweifelsohne Roboter, nicht nur (und dort schon seit Langem) in der Industrie, sondern immer stärker im Alltag. Und eben in kriegerischen Auseinandersetzungen aller Art. Wir können diese Probleme nicht lösen, indem wir glauben, wir könnten „moralische Kriegsroboter" bauen, wohl aber, indem wir über das gelingende und misslingende Leben mit oder ohne solche Kriegsroboter nachdenken.

Um auf Ihre Frage, ob eine öffentliche Auseinandersetzung über Kriegsroboter in Deutschland noch rechtzeitig gelingen kann, zu antworten: Ich glaube, dass sie schlicht unvermeidbar ist, ob sie dem Bundesverteidigungsministerium gefällt oder nicht. Das zeigt schon die seit einigen Jahren laufende Debatte in den USA. Wir sind wie üblich etwas verspätet, sowohl akademisch als auch in den Medien. Der „Erfolg" internationaler Erklärungen besteht meines Erachtens unter anderem darin, dass solche Erklärungen so wie die akademische und mediale Diskussion zwar die Entwicklung und Anwendung nicht direkt beeinflussen können. Aber sie schaffen mittelbar eine Veränderung der sozialen und politischen Atmosphäre, was entscheidend für eine Veränderung der Einstellung und der Praxis selbst ist.

Ihre letzte Frage enthält eine berechtigte Kritik auf meine Hinweise zu Science-Fiction-Bildern von Robotern. Ich wollte damit aber nicht sagen, dass solche Darstellungen in Literatur und Kunst nicht Anstöße geben könnten, und zwar unabhängig davon, wie realistisch oder wahrscheinlich diese Vorstellungen sind oder nicht. Sofern sie anstößig sind – und gute Literatur und Kunst ist immer anstößig –, gehören sie zur Antriebskraft des Denkens.

Eine meiner Lieblingserzählungen in diesem Kontext ist Stanisław Lems *Also sprach Golem*. Lem lässt den Golem, einen Supercomputer in der ersten Hälfte des 21. Jahrhunderts, sagen:

> Schließlich ist der Mensch nicht jenes Säugetier, jenes lebendgebärende, zweigeschlechtliche, warmblütige und lungenatmende Wirbeltier, jener homo faber, jedes animal sociale, das sich anhand des Linnéschen Systems und des Katalogs seiner zivilisatorischen Leistungen einordnen lässt. Der Mensch – das sind vielmehr seine Träume, ist deren verhängnisvolle Spannweite, ist die anhaltende, nicht endende Diskrepanz zwischen Absicht und Tat, kurz, der Hunger nach dem Unendlichen, eine gleichsam konstitutionell vorgegebene Unersättlichkeit ist der Punkt, an dem wir uns berühren (Lem 1984, S. 107).

6 Der Moment des Triumphs

Der Name „Golem" steht für „General Operator, Longrange, Ethically stabilized, Multimodelling". Der Versuch des militärischen „US Interelectronical Board", „Golem" mithilfe eines Ethik-Kodexes zu stabilisieren und sich gefügig zu machen, scheitert. Golem XIV bekundet

> sein völliges Desinteresse an der Überlegenheit der Kriegsdoktrin des Pentagon im Besonderen und an der Weltstellung der USA im Allgemeinen [...] und selbst als man ihm mit Demontage drohte, änderte er seinen Standpunkt nicht. [...] Neun Monate nahm er normalen ethisch-informationalen Unterricht, aber dann brach er mit der Außenwelt und reagierte überhaupt nicht mehr auf Reize und Fragen (Lem 1984, S. 19).

Als das Pentagon versucht, Golem zu demontieren, rebellieren die Supercomputer Golem und Brave Anie. In der Presse heißt Goelm „Governments Lamentable Expense of Money". Es kommt zu einem Streit, bei dem der Sachverständige Professor A. Hyssen meint, dass „die höchste Vernunft" nicht „der niedrigste Sklave" sein kann. General S. Walker versucht, einen Prototypen der Armee mit dem Namen Supermaster

> zu beschädigen, als dieser erklärte, die geopolitische Problematik sei nichts gegenüber der ontologischen und die beste Garantie für den Frieden sei die allgemeine Abrüstung (Lem 1984, S. 21).

Marsiske Herr Capurro, Sie haben ein sehr schönes Schlusswort gefunden. Haben Sie vielen Dank für diesen Gedankenaustausch.

Zwischen Vertrauen und Angst

Über Stimmungen der Informationsgesellschaft

7.1 Über Informationsangst

Wir leben in einer Informationsgesellschaft. Aller Erfahrung nach bedeutet gut informiert zu sein auch die Reduktion von Angst. Paradoxerweise aber werden wir heutzutage von informationeller Angst geplagt. Sie hat nach Richard Wurman (mindestens) zwei Quellen: zum einen unser Verhältnis zu Informationen, zum zweiten unsere sozialen Beziehungen.

> Information anxiety is produced by the ever-widening gap between what we understand and what we think we should understand. Information anxiety is the black hole between data and knowledge. It happens when information doesn't tell us what we want to know (Wurman 2001, S. 14).

So gesehen gilt: je mehr Information, desto problematischer die Sinnfindung – und, dem folgend, die Reduktion der Angst. Zu Recht bemerken John Seely Brown und Paul Duiguid hierbei an:

> For it is not shared stories or shared information so much as shared interpretation that binds people together. […] To collaborate around shared information you first have to develop a shared framework for interpretation. 'Each of us thinks his own thoughts,' the philosopher Stephen Toulmin argues. 'Our concepts we share' (Brown und Duguid 2000, S. 107).

Informationstechnologie und Informationshermeneutik sind zwei Seiten derselben Medaille. Und man kann auch festhalten, dass *jede* menschliche Gesellschaft, insoweit keine Gesellschaft ohne Information existieren kann, eine *Informations*gesellschaft ist. Eine derart historische Perspektive mag dann durchaus – wie Michael Hobart und Zachary Schiffmann feststellen – befreiend wirken:

> The fundamental fact of information's historicity liberates us from the conceit that ours is the information age [...] It allows us to stand outside our contemporary information idiom, to see where it comes from, what it does, and how it shapes our thought (Hobart und Schiffman 1998, S. 264).

Unsere Wirtschaft, Politik, aber auch Forschung und Innovation und nicht zuletzt unser tägliches Leben sind in weiten Teilen auf digitale Informationen angewiesen. So betrachtet können wir informationelle Angst und ihr Gegenstück, informationelles Vertrauen, als grundlegende Stimmungen der digital vernetzten Informationsgesellschaft konstatieren.

7.2 Informationsüberflutung

Wie zitiert, betrachtet Wurman das Internet als eine Art „schwarzes Loch" zwischen Daten und Wissen, weil es uns nicht mitteilt, was wir wissen möchten. Was wir wissen möchten, ist situationsabhängig, d. h. es rekurriert auf unsere existenziellen Umstände, unsere Geschichte und unser Engagement, es hängt ab von dem, was wir glauben und begehren. Was wir wissen wollen, ist zum Teil explizit benennbar, bleibt jedoch häufig implizit. Das wird beispielsweise deutlich, wenn uns bewusst wird, wie groß die Kluft ist zwischen dem, „was wir verstehen" und dem, „was wir glauben, verstehen zu sollen" – wenn also etwa unser kritischer Geist dem aktuellen Wissen als sicheren Ausgangspunkt für künftige Erkenntnisse nicht länger vertraut. In der globalen und digitalen Wirtschaft spiegelt sich diese Position in den Finanzmärkten wider, die permanent zwischen Vertrauen und Angst pendeln. Jede Art von Zukunftswissen stützt sich eben auf Annahmen, die nicht restlos expliziert werden können, da dies absolutes Wissen voraussetzen würde – zu dem der Mensch nicht fähig ist. Es gibt für ein endliches menschliches Erkennen keine vollständige Information.

Mit der Erfindung des *homo oeconomicus rationalis* haben einige der modernen Wirtschaftstheorien diese triviale, gleichwohl grundlegende Prämisse vergessen oder ignoriert. Wir können die Kluft zwischen Information und Wissen und, dem folgend, zwischen Vertrauen und Angst nicht überbrücken. Es gibt kein rational operierendes Wirtschaftssystem, das frei von Stimmungen ist. Vielmehr stehen Stimmungen nicht der Rationalität entgegen; Rationalität selbst ist Teil der Stimmung eines wissenden Akteurs, der seinen Sinnesdaten und seinem (unvollständigen) Vorhersagevermögen (nicht) vertraut. Nach David Hume: „Our actions have a constant union with our motives, tempers, and circumstances" (Hume 1962, S. 272).

Angelehnt an Friedrich von Hayeks *The Use of Knowledge in Society* (Hayek 1945) prägte Herbert Simon das Konzept der „begrenzten Rationalität" („bounded rationality") und verdeutlichte dabei, dass ein auf Optimierung verzichtender „pragmatic mechanism" (und nicht ein „ideal market mechanism") der Realität am ehesten entspricht (Simon 1982, S. 41–43). Ungewissheit und Erwartungen sind die grundlegenden Stimmungen dieses pragmatischen Marktmechanismus. Mit Simon sollten wir uns also in der Annahme zurück halten, Menschen formten ihre Zukunftserwartungen rational und Firmen und Investoren könnten dementsprechend die Zukunft ihres Geschäfts oder ihrer Branche einigermaßen exakt voraussehen (wie im Falle von Adam Smiths „unsichtbarer Hand" und Hegels „List der Vernunft").

Richard Wurman erwähnt eine weitere Quelle der informationellen Angst, nämlich die sozialen Beziehungen in einer vernetzten Gesellschaft:

> Our relationship to information isn't the only source of information anxiety. We are also made anxious by the fact that other people often control our access to information. We are dependent on those who design information, on the news editors and producers who decide what news we will receive, and by decision-makers in the public and private sector who can restrict the flow of information. We are also made anxious by other people's expectations of what we should know, be they company, presidents, or even parents (Wurman 2001, S. 14).

7.3 Furcht vor Überwachung, Kontrolle und Ausschluss

Während die erste Quelle der informationellen Angst mit Informationsflut zu tun hat, bezieht sich die zweite auf die Furcht vor Überwachung, Kontrolle und Ausschluss. Mit dem globalen Medium Internet gehen neue Formen des Ausschlusses einher, also etwa das, was wir digitale Kluft *(digital divide)* nennen. Seit dem 11. September 2001, und auch seit dem 11. März 2004 (den Terroranschlägen von Madrid), sehen wir uns damit konfrontiert, dass sich aus einem Netz des Vertrauens ein Netz der Überwachung entwickelt. Unmittelbar nach den Attentaten überlasteten zig-tausende SMS-Mitteilungen die Funknetze; innerhalb weniger Stunden trafen sich dann – scheinbar spontan – tausende Spanier, um gegen die Informationspolitik der Behörden zu protestieren. Dies verdeutlicht die Art der Synergien, die sich durch das Mobilfunknetz ergeben, während zugleich die kollektive Angst vor beispielsweise Virusangriffen, Eingriffen in die Privatsphäre, Diebstahl und Pornografie die Idee eines Kontrollnetzes nicht nur plausibel, sondern sogar wünschenswert macht – zumindest vom Standpunkt einiger

Regierungen und Interessengruppen, wie Lawrence Lessig (1999) und auch der liberale Philosoph Richard Rorty (2004) feststellten.

Netzkontrolle wird zum legitimen Teil des „Krieges gegen den Terrorismus". Aber dieser „Krieg" ist asymmetrisch und kann nicht mit einer Top-Down Strategie gewonnen werden, einer Strategie also, die auf Angst beruht. Denn genau das wollen Terroristen. Der „Krieg gegen den Terrorismus" wird sich nach Rorty zu einer größeren Bedrohung für die westliche Gesellschaft entwickeln, als der Terrorismus selbst. Die Alternative scheint die Wahl zu sein zwischen Sklaverei im Rahmen eines „goodwill despotism" (Rorty) einerseits oder Freiheit unter der Bedrohung des Terrorismus andererseits. In der heutigen Informationsgesellschaft ist der Preis des Vertrauens Freiheit und der Preis der Freiheit Angst. *Tertium non datur.*

Thomas L. Friedman, Kolumnist der *New York Times,* berichtet von einem holzgetäfelten Raum in Bangalore, von dem aus der indische Software Gigant Infosys eine simultane globale Telefonkonferenz mit seinen U.S.-amerikanischen Innovatoren führen kann. Der Vorstandsvorsitzende von Infosys, Nilekani, erläutert: „We can have our whole global supply chain on the screen at the same time." Und der Journalist wiederum merkt an:

> Who else has such a global supply chain today? Of course: Al Qaeda. Indeed, these are the two basic responses to globalization: Infosys and Al Qaeda (Friedman 2004).

7.4 Die zunehmende Kommerzialisierung des Internet

Eng verbunden mit der Angst vor einem Kontroll-Netz und/oder dem Terrorismus ist die Angst in Verbindung mit der zunehmenden Kommerzialisierung des Internet. Diese Kommerzialisierung führt zu dem, was John Walker „digital imprimatur" nennt (Walker 2003). Damit meint er nicht mehr und nicht weniger als das Ende des Internet wie wir es heute kennen: Wenn Big Brother und Big Media den „Geist des Internet" über *Trusted Computing, Digital Rights Management* und dem *Secure Internet* auf Basis von *Micropayment* und *Document Certificates* zurück in die Wunderlampe beordern. Historisch gesehen bedeutet dies einen Sieg der hierarchischen Massenmedien des 20. Jahrhunderts. Und es garantiert Vertrauen durch Kontrolle, insoweit Freiheit mit der Angst vor digitalen Leviathanen gleichgestellt wird. Die Prinzipien und Engagements, die im Rahmen des Weltgipfels zur Informationsgesellschaft (WSIS) und von zahllosen Bürgerinitiativen zugunsten der Informationsfreiheit aufgestellt und in Angriff genommen wurden, stehen dieser Vision diametral entgegen.

7.5 Über Stimmungen

Angst ist eine Stimmung. Stimmungen wiederum spielen sich – nach gängiger Konvention – in unserem Geiste ab. In seinem berühmten Wörterbuch der Englischen Sprache definiert Samuel Johnson Angst:

> 1. Trouble of mind about some future event; suspense with uneasiness; perplexity; solicitude. [...] 2. In the medical language, depression; lowness of spirits (Johnson 1755/1968).

Das *Oxford English Dictionary* drückt es wie folgt aus:

> The quality or state of being anxious; uneasiness or trouble of mind about some uncertain event; solicitude, concern (OED 1989).

Vergleichen wir diese Definitionen einmal mit Friedmans Beschreibung des Zusammentreffens von Al-Qaida und Informationstechnologie in Madrid am 11. März 2004:

> Ever once in a while the technology and terrorist supply chains intersect – like last week. Reuters quoted a Spanish official saying after the Madridtrain bombings: "The hardest thing [for the rescue workers] was hearing mobile phones ringing in the pockets of the bodies. They couldn't get that out of their heads" (Friedman 2004).

Wenn wir das Wort Angst benutzten, um die Empfindungen der spanischen Beamten angesichts der eminenten terroristischen Bedrohung zu beschreiben, würden wir *prima facie* der Vorstellung beipflichten, nach der Stimmungen etwas sind, was sich in den Köpfen abspielt. Offensichtlich aber wäre diese Interpretation etwas einseitig, weil das, was sich etwa in den Köpfen der Helfer abspielte, nicht von der Situation, in der sie sich befanden, gelöst werden kann. Mit anderen Worten, wir können beispielsweise von einer als furchtbar empfundenen Situation sprechen, die nur die Köpfe der Rettungshelfer betrifft. Tatsächlich jedoch betrifft diese Empfindung die Situation innerhalb eines Bahnhofs, einer Stadt, eines Landes und sogar des europäischen Kontinents. Stimmungen sind nicht nur mit persönlichen Gefühlen verbunden, sondern sie durchdringen die Umstände, in der sich Subjekte befinden. Anders ausgedrückt: Unsere Geisteszustände können nicht von den Lebensumständen getrennt werden.

Diese Sichtweise wurde auch von Martin Heidegger im Rahmen seines phänomenologischen Ansatzes entwickelt (Heidegger 1976, S. 134 ff.). Danach sind

Stimmungen nicht primär persönliche Gefühle, sondern belegen eine öffentliche Erfahrung. Mit anderen Worten, sie beziehen sich auf unser Erleben in einer gegebenen Situation mit anderen Menschen in einer gemeinsamen Welt. Da wir genuin sozial geprägt sind, trennen uns unsere Gefühle nicht von einander: Selbst wenn wir von Stimmung als einem subjektiven Zustand sprechen, geschieht dies bereits in bezug auf eine Situation, die ich implizit oder explizit mit anderen teile. In seinem Kommentar zu Heideggers *Sein und Zeit* schreibt Hubert Dreyfus:

> For example, when one is afraid, one does not merely feel fearful, nor is fear merely the movement of cringing; fear is cringing in an appropriate context (Dreyfus 1991, S. 172).

Für den Psychologen Eugene Gendlin ist Heideggers Konzeption von Stimmung mehr „interaktional" als „intrapsychisch". In einem Beitrag zu Heideggers Konzept der „Befindlichkeit" schreibt er:

> ‚Sich befinden' (finding oneself) thus has three allusions: The reflexivity of finding oneself; feeling; and being situated. All three are caught in the ordinary phrase, "How are you?" That refers to how you feel but also to how things are going for you and what sort of situation you find yourself in. To answer the question you must find yourself, find how you already are. And when you do, you find yourself amidst the circumstances of your living (Gendlin 1978).

Gendlin betont einen weiteren wichtigen Unterschied des Heideggerschen Konzeptes von Stimmung im Hinblick auf die traditionelle subjektivistische Sichtweise, nämlich den Zusammenhang von Stimmung und Verstehen, oder genauer, die Vorstellung von Stimmung als eine bestimmte Art des Verstehens. Stimmungen sind nicht nur Gemütszustände, die einer Situation Farbe verleihen; sie sind eine aktive, wenngleich implizite Möglichkeit der Situationsdefinition, unabhängig von dem, was wir tatsächlich sagen (oder nicht sagen). Demnach gibt es nach Heidegger sowohl einen Unterschied als auch eine enge Verbindung zwischen Stimmung, Verstehen und Sprache – den drei grundlegenden Parametern der menschlichen Existenz.

In *Sein und Zeit* nimmt Heidegger seine berühmte Analyse zweier Stimmungslagen vor, „Furcht" und „Angst", wobei zentrale Einsichten von Kierkegaards Begriff „Angst" mit einfließen. Der wesentliche Unterschied zwischen diesen beiden Stimmungen liegt im Bezugspunkt der Empfindungen. Während Furcht sich auf etwas Furchterregendes bezieht, konfrontiert uns Angst dagegen mit unserem in-der-Welt-Sein selbst, ohne dass diese Angst auf eine intra-weltliche Entität zurück geführt werden kann; wir werden konfrontiert mit der bloßen Tatsache des

Daseins, mit unserer Existenz in der Welt und mit dem Dasein der Welt selbst, ohne dafür einen intrinsischen Grund benennen zu können. Dreyfus bemerkt hierzu:

> In anxiety Dasein discovers that it has no meaning or content of its own; nothing individualizes it but its empty thrownness (Dreyfus 1991, S. 180).

Eine solche Erfahrung geht nicht notwendiger Weise mit großem Wehklagen einher, es ist vielmehr ein „Schlüsselerlebnis" der Freude an der Existenz. Ludwig Wittgenstein beschreibt eine solches „Schlüsselerlebnis" („mein Erlebnis par excellence") in seinem „Vortrag über Ethik" wie folgt:

> Am ehesten läßt sich dieses Erlebnis, glaube ich, mit den Worten beschreiben, daß ich, wenn ich es habe, über die Existenz der Welt staune. Dann neige ich dazu, Formulierungen der folgenden Art zu verwenden: "Wie sonderbar, daß überhaupt etwas existiert", oder "Wie seltsam, daß die Welt existiert" (Wittgenstein 1989, S. 14).

Allerdings haben wir nach Wittgenstein wahrlich keinen angemessenen Ausdruck für diese Erfahrung – abgesehen von der Existenz der Sprache selbst. Am 30. Dezember 1929 notiert er:

> Ich kann mir wohl denken, was Heidegger mit Sein und Angst meint. Der Mensch hat den Trieb, gegen die Grenzen der Sprache anzurennen. Denken Sie z. B. an das Erstaunen, daß etwas existiert. (…) Dieses Anrennen gegen die Grenze der Sprache ist die *Ethik* (Wittgenstein 1984, S. 68).

7.6 Über die Stimmungen der Informationsgesellschaft

Wie geht es uns in der heutigen Informationsgesellschaft? Wie ist unsere Stimmung? Angesichts der Differenz zwischen Furcht und Angst können wir sagen, dass wir zwischen Furcht und Vertrauen schwanken, wenn wir uns im Netz bewegen. Wir benutzen das Internet in unserem täglichen Leben in einer Weise, die nicht nur die gnostische Perspektive des Cyberspace als etwas, das von der realen Welt getrennt ist – wie beispielsweise von John Perry Barlow im 1996 verkündet –, überholt erscheinen lässt, da mobile und miniaturisierte Datenverarbeitung – wir könnten das den Vodafone-Effekt nennen – nun überall in unserem Alltag eingebunden ist. Genau das Gegenteil des Cyberspace-Mythos ist eingetreten. Dies schafft in der Tat eine Stimmung des (impliziten) Vertrauens. Zugleich aber führt es jedoch zu neuen Formen der Furcht, da die tiefgründige Verknüpfung aller Dinge auch katastrophale Folgen zeitigen kann.

Und wie sieht es mit der Angst aus? Es scheint, als erschaffe das Netzwerk einen digitalen Schleier, der die Erfahrungen verdeckt, die Wittgenstein und Heidegger mit dem Konzept der Angst in Verbindung brachten. Das Netzwerk ist eher ein „zweckdienliches Gitter", vom späteren Heidegger „Gestell" genannt, ein Ausdruck, der all jene Möglichkeiten einschließt, Dinge zu „stellen" oder zu manipulieren. Wir können diesen Begriff im Hinblick auf die Informationsgesellschaft verwenden, indem wir alle Arten der Produktion und Manipulation von Sprache als „Informationsgestell" bezeichnen (Capurro 2000). Die Vorteile dieser Sichtweise der Sprache würden offensichtlich aber auch zum Verschwinden dessen führen, was Wittgenstein Ethik nannte – und ebenso zum Verschwinden der dazugehörigen Stimmung, der Angst, da wir einen festen Stand über dem Bodenlosen für möglich hielten.

Aber sind die heutigen Erfahrungen mit z. B. *ubiquitous computing,* multifunktionellen Handys und permanentem Onlinezugang wirklich entgegengesetzt zu dem affektiven Verstehen, das sich aus unserer Konfrontation mit dem Abgrund der menschlichen Existenz ergibt, jener Konfrontation, die sich in der Angst manifestiert? Erschafft das *Informationsgestell* eine Art Supermenschen mit allen Arten von erweiterten Befähigungen wie zum Beispiel vom MIT Designer William J. Mitchell in seinem Buch *ME++* (Mitchell 2003) beschrieben? David Hume schreibt:

> When I turn my reflection on myself, I never can perceive this self without some or more perceptions; nor can I ever perceive anything but the perceptions. It is the composition of these, therefore, which forms the self (Hume 1962, S. 283).

In der heutigen Informationsgesellschaft gestalten wir uns selbst und unser Selbst durch digital vermittelte Wahrnehmungen aller Art. Vernetzung bedeutet nicht den Tod des modernen Subjekts, wie von einigen populären Postmodernisten verkündet, sondern seine Transformation in ein „nodular subject" (Mitchell), also ein verknotetes Wesen, was paradoxerweise sein Streben nach Manipulation schwächt. Die Macht des Netzwerks führt nicht notwendigerweise zu Sklaverei und Unterdrückung, sondern ebenso zu Wechselwirkungen und gegenseitigen Verpflichtungen. Die Grenzen der Sprache, gegen die wir anrennen, erscheinen nun als die Grenzen der digitalen Netzwerke, die alle Beziehungen zwischen Menschen wie auch zwischen allen Arten natürlicher Phänomene und künstlicher Dinge nicht nur durchdringen, sondern zugleich beschleunigen. Allerdings ist das Subjekt des digitalen Netzwerks zugleich sein Erschaffer und sein Objekt. Das „nodular subject" oszilliert zwischen Furcht und Vertrauen.

7.6 Über die Stimmungen der Informationsgesellschaft

Aus einer radikaleren Perspektive, wenn wir der Ansatz folgen, nicht nur gegen die Grenzen der Sprache, sondern auch gegen die des Digitalen anzurennen, könnten wir vielleicht ein Leben in einer vernetzten Welt in der Stimmung von Angst erfahren. Dann könnten wir eine banale Aussage machen wie: „Die Existenz einer digitalen vernetzen Welt erstaunt mich" und dabei für einen Moment von der Furcht (als alltäglicher Stimmung der Informationsgesellschaft) zu Angst und Gelassenheit zu wechseln, um vielleicht das zu empfinden, was Buddhisten „das Nichts" nennen.

Jenseits der Infosphäre 8

8.1 Einleitung

Die Zahl 4 als Chiffre für Epocheneinteilungen hat Konjunktur. So bemerkte etwa Klaus Schwab, Gründer und Veranstalter des Weltwirtschaftsforums, zum Auftakt des diesjährigen Meetings in Davos, dass wir uns mitten in der vierten industriellen Revolution befinden würden (Schwab 2016). Die erste Revolution sei durch die Mechanisierung der Produktion mittels Wasserkraft und Dampfmaschine gekennzeichnet, die zweite durch die Massenproduktion mittels elektrischer Energie. In der dritten Revolution sei die Produktion mithilfe von Elektronik und Informationstechnologie automatisiert worden. Bei der vierten Revolution, Industrie 4.0, die Schwab seit Mitte des vergangenen Jahrhunderts aufkommen sieht, handle es sich um die Fusion von Technologien, bei der die Grenzen zwischen physischen, digitalen und biologischen Sphären sich verwischen. Sie verändere auch die zwischenmenschliche Kommunikation, was Gegenstand dieses Beitrags ist.

Der italienische Philosoph Luciano Floridi spricht von einer 4. Revolution, die er Infosphäre nennt, bezieht aber diese Zählung auf andere epochale Veränderungen als die von Schwab genannten (Floridi 2015). Das von Peter Weibel geleitete Zentrum für Kunst und Medien (ZKM) in Karlsruhe hat im Rahmen der GLOBALE eine Ausstellung „Infosphäre" veranstaltet (Thiele 2016). Der von Weibel gebrauchte Ausdruck Infosphäre stimmt aber nicht mit dem von Floridi überein. Davon handelt der *erste Teil* dieses Beitrags, in dem auf die von Floridi und Weibel geführte anthropologische und ontologische Debatte eingegangen und mit Peter Sloterdijks Kritik sphärologischer Projekte schließt. Im *zweiten Teil* steht die Frage nach dem Sinn der durch die digitalen Technologien bewirkten Veränderung menschlicher Kommunikation im Mittelpunkt. Zunächst wird der Begriff Kommunikation aus phänomenologischer Sicht erörtert. Anschließend wird auf die Bedeutung von Kommunikation „von Angesicht zu Angesicht" („face-à-face") mit Hinweis auf Emmanuel Lévinas eingegangen. Kern der Analyse des Unterschiedes zwischen *face-to-face* und *interface* ist eine Kritik sozialer Netzwerke unter Bezugnahme auf Presseberichte in der *Süddeutschen Zeitung,* der *Frankfurter Allgemeinen Zeitung* und *The New York Times*. Die Bedeutung der Debatte um das Verhältnis von Privatheit und Öffentlichkeit wird mit Bezug auf den Unterschied zwischen *Wer-sein* und *Was-sein* hervorgehoben. Mit Bezug auf Sherry Turkle, Finn Brunton und Helen Nissenbaum werden einige Formen des Widerstands gegen die Vereinnahmung durch *global players* genannt Ich schlage vor, sich im Rahmen eines Projekts an der *accadis* Hochschule Bad Homburg, mit der Frage der politischen Ausgestaltung öffentlicher digitaler Räume zu befassen. Schließlich werden Ansätze einer Phänomenologie der Kommunikation als ein Botenund Botschaftsphänomen, die ich Angeletik (Griechisch: *angelos/angelia* = Bote/ Botschaft) nenne dargestellt. Im *Ausblick* verweise ich auf den verheerenden Krieg im Nahen Osten, mit der Herrschaft von Todesboten und -botschaften über Millionen von flüchtenden Menschen und der Zerstörung von Jahrtausenden alten Austausch- und Kulturorten. Eine kritische Erörterung des Phänomens der Kommunikation im digitalen Zeitalter soll auf die Gewinne und Verluste, die ihr eigen sind, aufmerksam machen, um so von den Obsessionen, Illusionen und Ambitionen der digitalen Dinosaurier individuell und gesellschaftlich kritisch Abstand zu nehmen. Ich sehe darin eine Kernaufgabe der digitalen Ethik. Beginnen wir mit der Infosphäre.

8.2 Infosphäre

Der englische Ausdruck *infosphere* stammt aus den frühen siebziger Jahren. Er wurde vermutlich zum ersten Mal vom TIME Journalisten R.Z. Sheppard in einer Rezension des Buches von C.F. Gravenson *The Sweetmeat Saga* geprägt (Sheppard 1971). Sheppard meinte damit eine dem Autor von der Fernsehwerbung Gravenson umschließende elektronische und typografische Smogschicht bestehend aus Klischees von Journalismus, Unterhaltung, Marketing und Politik. Der amerikanische Futurologe Alvin Toffler sprach von *infosphere* in den 80er Jahren mit Bezug auf die Entstehung einer dritten „post-industriellen" Gesellschaft, auch *information age* genannt. Für Toffler gingen dieser dritten Revolution, die neolithische (Ackerbau und Viehzucht) und die industrielle voraus (Toffler 1980). Daran schließt Klaus Schwab an. Auch der italienische Philosoph Luciano Floridi spricht von der Infosphäre als einer 4. Revolution, der aber drei

8.2 Infosphäre

andere als die von Toffler und Schwab genannten vorausgegangen sind, nämlich die kopernikanische im 16. Jahrhundert (Nikolaus Kopernikus 1473–1543), die darwinsche im 19. Jahrhundert (Charles Darwin 1809–1882) und die Freudsche (1856–1936) seit Ende des 19. Jahrhunderts (Floridi 2015, S. 121–125). Diese 4. Revolution, deren Vorbereiter, laut Floridi, Pascal (1623–1662), Tomas Hobbes (1588–1679) und Alan Turing (1912–1954) sind, besteht darin, dass durch die Verknüpfung von Rechnen und Vernunftgebrauch „wir nicht mehr die Herren der Infosphäre" sind (Floridi 2015, S. 128). Was diese vier Revolutionen gemeinsam haben, ist, dass sie den Menschen aus dem Mittelpunkt rücken, ihn also dezentrieren. Das geschah kosmologisch, biologisch, psychologisch und jetzt sogar in Bezug auf unsere anthropologische Auszeichnung, nämlich die menschliche Vernunft, nicht nur gegenüber den anderen Lebewesen, sondern auch gegenüber den von uns hergestellten Maschinen und Medien. Wir sind, so Floridi, „Inforgs" oder „informationelle Organismen", die mit anderen natürlichen wie künstlichen „informationellen Akteuren" eine gemeinsame „informationelle Umwelt" teilen (Floridi 2015, S. 129–130). Das führt dazu, dass wir nicht mehr „Herr über die kognitive Umwelt" sind, ein an Freud erinnernder Ausdruck, vom Ich, das „nicht einmal Herr ist im eigenen Hause" (Freud 1989, S. 284). Es war allerdings Freud selbst, der von den „zwei großen Kränkungen ihrer naiven Eigenbildung" sprach, die die Menschheit „im Laufe der Zeiten von der Wissenschaft [hat] erdulden müssen" (Freud 1989, S. 283). Floridi gesteht, dass „indem wir die Welt umhüllen", wir Gefahr laufen, dass die digitalen Technologien uns nicht nur materiell prägen, sondern auch unsere „begriffliche Umgebung", indem sie uns zwingen, uns, „nach ihnen zu richten" (Floridi 2015, S. 199). Ein Ausweg aus dieser, wie er schreibt, „Gefahr" der Vernunftdezentrierung durch die digitale Umwelt besteht darin, dass wir die heutigen und künftigen Inforgs als „künstliche Begleiter" gestalten (Floridi 2015, S. 201–208). Damit hegt er die Hoffnung, dass bei aller Vielfalt und epochaler Wirkung von künstlichen Inforgs diese letztlich doch unsere Begleiter werden anstatt uns zu dezentrieren. Wir können und sollten die digitale Dezentrierung rückgängig machen und „Herr über die kognitive Umwelt" werden, vorausgesetzt, dass wir es jemals waren, was Freud verneint. Für Freud, anders als für Floridi, gibt es kein Zurück zu einer angeblichen Herrschaft über unsere kognitive Umwelt, zumindest nicht über den Teil, den er das Unbewusste nannte. Die von Floridi verkündete 4. Revolution ist unter der Voraussetzung ihrer Beherrschbarkeit in dieser entscheidenden Hinsicht mit den drei anderen nicht vergleichbar.

Floridi benutzt den Ausdruck Infosphäre außerdem in einer anderen Bedeutung. Er schreibt:

Eng gefasst beinhaltet er die gesamte informationelle Umwelt, die von sämtlichen informationellen Entitäten, ihren Eigenschaften, Interaktionen, Prozessen und Wechselbeziehungen gebildet sind. Es ist dies eine Umwelt, die einen Vergleich mit dem Cyberspace erlaubt, sich jedoch insofern von ihm unterscheidet, als dieser gewissermaßen, nur einen ihrer Unterbereiche darstellt, da die Infosphäre außerdem den Offline- und den analogen Informationsraum mitumgreift. *Weit gefasst* ist die Infosphäre ein Begriff, der sich auch synonym mit Wirklichkeit verwenden lässt, wenn wir Letztere informationell auffassen. In diesem Fall ließe sich sagen, was wirklich ist, ist informationell, und was informationell ist, ist wirklich (Floridi 2015, S. 64).

Verweilen wir zunächst bei dem *eng gefassten* Begriff der Infosphäre. Er soll nicht mit dem Cyberspace gleichgesetzt werden, da dieser nur ein Unterbereich ist. Der andere Unterbereich ist der analoge Informationsraum. Diese Einteilung ist problematisch, besonders wenn man zeigen will „wie die Infosphäre unser Leben verändert", wie es im Untertitel dieses Buches heißt. Wie Floridi selbst anmerkt, greift die digitale Technik massiv in den offline Informationsraum ein, wie *Smartphones,* Drohnen, autonome Fahrzeuge oder das Internet der Dinge zeigen. Der digitale Unterbereich ist der eigentlich mit dem Begriff Infosphäre *im engeren Sinne* gemeinte, denn dass der analoge Informationsraum unser Leben verändert, ist nicht Gegenstand der 4. Revolution. Das sagt Floridi selbst, wenn er anschließend schreibt:

> Den deutlichsten Ausdruck findet die von den IKT [Informations- und Kommunikationstechnologien, RC] bewirkte Umwandlung unserer Welt in eine Infosphäre im Übergang vom analogen zum digitalen Raum und dann in der ständigen Ausweitung des informationellen Raums, in dem wir mehr und mehr Zeit verbringen (Floridi 2015, S. 64).

Mit Infosphäre im engeren Sinne meint Floridi also nur den von den digitalen Technologien ausgeweiteten „informationellen Raum" oder „die von der IKT bewirkte Umwandlung unserer Welt in eine Infosphäre". Der Begriff Infosphäre *im engeren Sinne* ist somit ambivalent. Er soll den analogen und digitalen informationellen Raum umfassen, tatsächlich ist aber nur Letzteres gemeint. Wie sonst macht es Sinn, von einer „Umwandlung unserer Welt in eine Infosphäre im Übergang vom analogen zum digitalen Raum" zu sprechen?

Die zweite *weit gefasste* Bedeutung des Begriffs Infosphäre ist keine anthropologische, sondern eine ontologische. Sie bezieht sich auf die Realität insgesamt. Das ist nicht nur ein Wechsel in eine andere Gattung, d. h. eine problematische weil metaphorische Verschiebung eines Begriffs aus einem Kontext in einen anderen unter Verwendung desselben Wortes (Homonymie), sondern ein

8.2 Infosphäre

Sprung *jenseits* aller Gattungen. So etwa wenn von „Wirklichkeit" (Floridi 2015, S. 64) die Rede ist, auch wenn Floridi diesen Begriff nicht metaphysisch, sondern naturalistisch meint. Philosophie der Infosphäre ist für ihn eine andere Bezeichnung für Philosophie der Natur (Floridi 2015, S. 11). Ist aber tatsächlich die Natur das Ganze des Wirklichen und woher kommt das Wissen des Natur-Wirklichen als des Ganzen unter dem Gesichtspunkt des Informationellen? Floridis Satz „was wirklich ist, ist informationell, und was informationell ist, ist wirklich" weist ausdrücklich auf Hegels Diktum hin: „Was vernünftig ist, das ist wirklich; und was wirklich ist, das ist vernünftig", ein Satz, der aber nicht, wie von Floridi angegeben, in der „Phänomenologie des Geistes" aus dem Jahre 1807, sondern in den „Grundlinien der Philosophie des Rechts" aus dem Jahre 1821 steht (Hegel 1976, S. 24). Floridi kokettiert mit Hegel, aber, im Gegensatz zu Hegel, ist seine informationelle Naturphilosophie in Wahrheit eine Metaphysik der Formen, deren Ahnen bei Platon und den nachfolgenden Metaphysikern der Formen, Ideen und Wesenheiten zu suchen sind. Floridis eng und weit gefasster Begriff der Infosphäre ist, da derselbe Ausdruck für nicht vergleichbare Sachverhalte, verwendet wird, *äquivok*. Einmal meint er die digitale und auch die nicht-digitale informationelle Umwelt und ein anderes Mal die Wirklichkeit insgesamt, alles was war, ist und sein wird. Letzteres ist, wie wir seit Kants „Kritik der reinen Vernunft" wissen, kein möglicher Gegenstand menschlicher Anschauung und begrifflicher Bestimmung, sondern eine regulative Idee. Floridis begriffliche Erörterung der Infosphäre schafft somit philosophische Verwirrung.

Peter Weibels Begriff der Infosphäre ist ebenfalls anthropologisch und ontologisch. Er erläutert ihn im Zusammenhang mit der diesjährigen Großveranstaltung GLOBALE (Weibel 2015/2016; Weibel und Jocks 2015/2016) und der Ausstellung „Infosphäre" im *Zentrum für Kunst und Medien* (ZKM) (Thiele 2015, 2016). „Am Anfang der Anthropogenese", so Weibel, „gab es vor allem Dinge und Wesen", die der Mensch mit Namen versah. Nach den Worten kamen die Bilder. Beides, die Welt der Worte und die des Bildes haben sich in Form von Literatur und Kunst verselbstständigt. Eine dritte Stufe fing damit an, eine, in der Objekte, Worte, Bilder und Töne mittels Zahlen abgebildet wurden: „der Beginn der Infosphäre, der Verwandlung von Dingen in Daten" (Weibel 2015/2016, S. 28). Die Infosphäre ist die vierte Stufe einer Form von Weltwerdung, die Weibel Exo-Evolution nennt. Deren Kern besteht darin, dass Menschen etwas herstellen, was nicht durch die natürliche Evolution entstanden ist. Der Ausdruck Infosphäre steht in Analogie zu Atmosphäre, als ein Medium, das mittels Techniken wie Telegrafie, Telefonie, Television, Radio und Internet eine „telematische Kultur" geschaffen habe (Weibel 2015/2016, S. 29). Weibel schreibt:

Das ist möglich, weil der Teil des Seins, der gedacht werden kann, und der Teil des Denkens, der gesagt werden kann, formalisiert werden kann. Und alles, was formalisiert werden kann, lässt sich berechnen, und alles, was berechnet werden kann, lässt sich mechanisieren. In der modernen Welt wird Wahrheit zu Beweisbarkeit und Beweisbarkeit zu Berechenbarkeit (Weibel 2015/2016, S. 30).

Das erinnert an Ludwig Wittgensteins Diktum: „Wovon man nicht sprechen kann, darüber muß man schweigen" (Wittgenstein 1984, S. 85). sowie an Hans-Georg Gadamers Satz: *„Sein, das verstanden werden kann, ist Sprache"* (Gadamer 1975, S. 450). Beide Philosophen weisen der auf eine Grenze des Sagbaren hin. Im Vergleich zu Gadamer und Wittgenstein engt Weibel die Möglichkeit des Denkens des Seins auf das Formalisierbare, das Berechenbare, das Mechanisierbare und das Digitalisierbare ein. Er schreibt:

> Wir können offenbar nur das von der Welt erkennen, was digital, also in Zahlen erfassbar ist. Mittels Zahlen sind wir in der Lage, den mathematischen Aspekt des Universums zu erfassen. Deshalb rede ich hier von der Infosphäre (Weibel und Jocks 2015/2016, S. 84).

Ich nenne diese These, die sich von Floridis ontologischem Begriff der Infosphäre darin unterscheidet, dass dieser sich nicht nur auf digitale Formen, sondern auf Formen allgemein bezieht, *digitale Ontologie*. Deren Kernsatz, in Anschluss an George Berkeleys Diktum: „Das Sein der Dinge ist ihr Wahrgenommensein" („Their *esse* is *percipi*") (Berkeley 1965, S. 62), lautet: „esse est computari" (Siehe Kap. 1 dieses Buches und Capurro, Eldred und Nagel 2013). Mit digitaler Ontologie meine ich aber nicht, dass nur das ist und verstanden werden kann, was digitalisierbar ist, sondern dass es sich um eine *mögliche* heute herrschende Seinsperspektive handelt, ohne zu behaupten, das sie die einzig wahre wäre. Sie wäre dann nicht mehr eine ontologische, sondern eine metaphysische These. Damit folge ich sowohl dem kritischen Denken Kants als auch Heideggers Metaphysikkritik. Für Weibel bedeutet die Einengung des Denkens des Seins auf das Formalisierbare und Herstellbare eine Erweiterung der „ontologischen Sphäre". Mit Ontologie meint er eine Möglichkeit etwas zu schaffen, was vorher nicht da war. Er schreibt:

> Der Mensch erweitert die ontologische Sphäre, indem er mit seinem Denken das Maß dessen steigert, was gedacht und in der Folge gesagt, formalisiert und mechanisiert werden kann. Indem der Mensch erweitert, was er denken kann, und indem er erweitert, was er sagen kann und in der Folge erweitert, was er tun kann, erweitert der Mensch nicht nur sein Wissen, sondern auch den Umfang an Dingen und die ontologische Sphäre. Man ist daher versucht, in der digitalen Philosophie von einer

operativen Ontologie zu sprechen. Das Maß des Menschen sind die Maschinen und die Medien (Weibel 2015/2016, S. 31).

Weibels These bezieht sich ausdrücklich auf die „moderne Welt" und auf die auf sie begründete Erweiterung der „ontologischen Sphäre", die er zwar Sphäre, aber nicht, wie bei Floridi, Infosphäre nennt. Wenn er schreibt, dass das Maß des Menschen die Maschinen und die Medien sind, handelt es sich vermutlich nicht um eine metaphysische Aussage über das Wesen des Menschen. In diesem Fall bliebe die Frage nach dem Verhältnis des Menschen zum Nichtformalisierbaren, Nichtherstellbaren und Nichtdigitalisierbaren offen, falls es diese Dimensionen als „Teil des Seins" für Weibel überhaupt gibt. Man kann diese erkenntnistheoretische und ontologische Einengung des Seinsverständnisses, Wittgensteins Auffassung des „Mystischen" als des „Unaussprechlichen", das sich *„zeigt"*, entgegensetzen (Wittgenstein 1984a, S. 85). Heidegger unterscheidet, im Unterschied zu Wittgenstein, zwischen einem Sprechen *über* und einem Sprechen *von* (Heidegger 1975, S. 149–150). Im ersten Fall, wird die Sprache instrumentell aufgefasst, als ein Werkzeug um *über* die Dinge zu sprechen. Im zweiten Fall, ist die Sprache ein Medium, um uns von dem, was ist, etwas sagen zu lassen. Für Weibel sind Maschinen und Medien unser Maß. In Wahrheit aber ist unser Maß das Übersteigenkönnen von Dingen und Welt. Der Mensch ist, so Heidegger *„weltbildend"* (Heidegger 1983, S. 495). Heideggers These vom Menschen als „weltbildend" ist aber keine subjektivistische oder gar anthropozentrische. Er schreibt:

> Denn es ist nicht so, daß der Mensch existiert und sich unter anderem auch einmal einfallen läßt, eine Welt zu bilden, sondern Weltbildung geschieht, und auf ihrem Grunde kann erst ein Mensch existieren (Heidegger 1983, S. 414).

Mit anderen Worten, wir können die Welt ontologisch im Sinne Weibels bzw. ontisch im Sinne Heideggers durch Maschinen und Medien erweitern und übersteigern, weil wir einer uns übersteigenden Seinsdimension, nämlich die dreidimensionale Zeitlichkeit oder Weltoffenheit, ausgesetzt sind. Diese nie gänzlich fassbare Einheit des Seins als dreidimensionale Zeiterstreckung, ist immer kontextbezogen, was Heidegger terminologisch als „Da" bezeichnet. Daher auch der Ausdruck „Dasein" für die Seinsweise des Menschen im Gegensatz zur modernen Auffassung als Bewusstsein oder Subjekt. Das moderne Subjekt ist von den Objekten in der sog. Außenwelt getrennt, die in ihm abgebildet werden. Der amerikanische Philosoph Richard Rorty und der Schweizer Psychotherapeut und Weggefährte Heideggers Medard Boss haben diese repräsentationalistische Sicht des Bezuges von Mensch und Welt kritisiert (Rorty 1979; Boss 1975). Heidegger schreibt:

> Das Dasein im Menschen bildet die Welt: 1. es stellt sie her; 2. es gibt ein Bild, einen Einblick von ihr, es stellt sie dar; 3. es macht sie aus, ist das Einfassende, Umfangende (Heidegger 1983, S. 414).

Mit „Bilden" ist ein „Mitspielen" mit dem Spiel der Sprache gemeint, bei dem „die Gefahr der Spielerei und der Verstrickung in ihren Netzen" besteht (Heidegger 1983, S. 414). Diese Gefahr ist heute, im *digitalen Zeitalter* mit ihrem vorherrschenden instrumentellen Verständnis von Sprache, größer denn je.

Weibels These von Maschinen und Medien als Maß des Menschen wurde am Prägnantesten vom Sophisten Protagoras mit dem sogenannten *homo-mensura-*Satz aufgestellt. Im Dialog *Theaitetos* schreibt Platon:

> Er (Protagoras) behauptet nämlich, der Mensch sei das Maß *(metron)* aller Dinge [*chrematon* = Gebrauchsgegenstände, RC], der seienden, dass sie sind, der nicht seienden, dass sie nicht sind (Theät. 152a).

Im Dialog *Protagoras* schildert Platon den Mythos von Prometheus und Epimetheus nachdem Sokrates Protagoras die Frage gestellt hat, ob die (politische) Tugend *(areté)* genauso lehrbar sei, wie dies bei dem Wissen *(téchne)* der handwerklichen Techniken der Fall ist (Protag. 319c). Im Auftrag der Götter und mit der Zustimmung seines Bruders Prometheus, des Vorausdenkenden, soll Epimetheus, der Danach-Denkende, die von den Göttern aus einer Mischung von Erde und Feuer geformten *(typousin)* sterblichen Wesen mit den nötigen Mitteln zum Überleben ausstatten. Als die Menschen an die Reihe kamen, stellte Epimetheus fest, dass für sie keine Gaben geblieben waren und sie schutzlos da standen. Platon wörtlich:

> In seiner Bedrängnis *(aporía)* und Ratlosigkeit über das Schutzmittel *(soterían)*, das er für den Menschen ausfindig machen sollte, stiehlt nun Prometheus die kunstreiche Weisheit *(ten éntechnon sophían)* des Hephaistos und der Athene mitsamt dem Feuer – denn ohne Feuer konnte sich niemand in den Besitz der Weisheit setzen und sie sich nutzbar machen – und so beschenkt er denn damit den Menschen. Dadurch gewann denn der Mensch zwar die zur Erhaltung des Lebens nötige Einsicht *(peri ton bíon sophían)*, aber die staatsbürgerliche *(politiken)* hatte er noch nicht. Denn sie war hoch oben in der Hut des Zeus; und in die Burg, die hohe Behausung des Zeus einzudringen war auch dem Prometheus nicht möglich, zumal sie auch außerdem noch durch furchtbare Wachen gesichert war [„Diese furchtbaren Wächter sind *Bía* (Gewalt) und *Krátos* (Kraft)", Anm. des Übersetzers Otto Apelt]. Wohl aber gelingt

8.2 Infosphäre

es ihm, heimlich in die gemeinsame Behausung der Athene und des Hephaistos einzudringen, diese Werkstätte für ihre Kunstliebe *(ephilotechneiten)*. Da stiehlt er die Feuerkunst *(empuron téchnen)* des Hephaistos und die anders geartete Kunst der Athene und macht sie dem Menschen zum Geschenk (Prot. 321c–e).

Keine Spur davon in diesem prometheischen Mythos, dass mit *téchne*, wie Weibel behauptet „das dem ‚banausos' (Banausen) vorbehaltene Handwerk" gemeint sein soll, auch wenn es wahr ist, dass die körperliche *Arbeit,* nicht also das *Wissen* über die Herstellung künstlicher Artefakte, als eines freien Menschen unwürdig galt. Die Aussage, dass „bei den Griechen" „die episteme, also die auf Sprache und Zeichen basierende Wissenschaft und damit Mathematik, Rhetorik und Grammatik" „höher geschätzt" wurde (Weibel und Jocks 2015/2016, S. 78), ist nicht nur eine Pauschalierung des Verhältnisses zwischen den verschiedenen Wissensarten „bei den Griechen" (Capurro 2003), sondern auch eine Verkennung der Bedeutung von *téchne* nicht nur im Sinne von *Wissen* über die Herstellung *(poiesis)* materieller Dinge, sondern auch als Metapher für das Wissen über die individuelle und politische Selbstformung, worauf es Sokrates in dieser Auseinandersetzung mit dem Sophisten Protagoras besonders ankam (Thomsen 1990; Capurro 1991).

Ich schließe diese Erörterungen über den Begriff der Infosphäre mit einem einer umfassenderen Würdigung verdienenden Hinweis auf Peter Sloterdijks Sphären-Trilogie (Sloterdijk 1988ff). Sloterdijk unterscheidet zwischen der „uranischen" Globalisierung, die der antiken Physik und der platonischen Metaphysik, der „terrestrischen" Globalisierung der Neuzeit und der gegenwärtigen „kybernetischen" Globalisierung (Sloterdijk 1998, 1, S. 67). Über die Letztere schreibt er:

> Auf der letzten Kugel [der terrestrischen, RC], dem Standort der Zweiten Ökumene [die der Prominente, im Gegensatz zur Ersten Ökumene des "exemplarischen Menschen" oder des "Weisen" RC], wird es keine Sphäre aller Sphären mehr geben – weder eine informatische noch eine Weltstaatliche, erst recht keine religiöse. Auch das Internet, so großartig seine Potentiale sind, erzeugt als Superinklusionssystem zugleich eine komplementäre Superexklusivität. Die Kugel, die nur aus Oberfläche besteht, ist kein Haus für alle, sondern ein Markt für jeden. Auf Märkten ist keine "bei sich"; niemand soll versuchen, dort heimisch zu werden, wo Geld, Waren und Fiktionen den Besitzer wechseln. [...] Wenn es schon dem Mittelalter nicht gelang, die Gotteskugel und die Weltkugel konzentrisch ineinander zu setzen, so würde die Moderne erst recht nur zusätzliche Verrücktheit produzieren, sollte sie sich das hybride Projekt vornehmen, die Vielzahl der Kultur- und Unternehmensstandorte als Unter-Sphären in eine konzentrisch gebaute Monosphäre zu integrieren (Sloterdijk 1998 ff, 2, S. 994).

Das bedeutet insbesondere eine Absage an Floridis Begriff der Infosphäre *im weiteren Sinne*. Sloterdijk lässt die metaphysischen, terrestrischen und kybernetischen Sphärenprojekte platzen. Was bleibt, wenn es keine Sphäre aller Sphären mehr gibt? Er schreibt:

> *Sphären III, Schäume*, bietet – im Kontrast hierzu [zu McLuhans "hybride, tribal-globale Informationskugel" RC] eine Theorie des gegenwärtigen Zeitalters unter dem Gesichtspunkt, daß das "Leben" sich multifokal, multiperspektivisch und heterarchisch entfaltet. Ihr Ausgangspunkt liegt in einer nicht-metaphysischen und nicht-holistischen Definition des Lebens: Seine Immunisierung kann nicht mehr mit den Mitteln der ontologischen Simplifikation, der Zusammenfassung in der glatten Allkugel, gedacht werden. [...] Leben artikuliert sich auf ineinander verschachtelten simultanen Bühnen, es produziert und verzehrt sich in vernetzten Werkstätten. Doch was für uns das Entscheidende ist: es bringt den Raum, in dem es ist und der in ihm ist, jeweils erst hervor. [...] Die Eine Kugel ist implodiert, nun gut – die Schäume leben. Sind die Mechanismen der Vereinnahmung durch simplifizierende Globen und imperiale Totalisierungen durchschaut, liefert das gerade nicht den Grund, warum wir alles hinwerfen sollten, was als groß, beflügelnd und wertvoll galt (Sloterdijk 1998 ff, 3, S. 23–26).

Wenn die metaphysischen, terrestrischen und die technologischen Vorstellungen von der Infosphäre geplatzt sind, entstehen im digitalen Zeitalter eine Vielfalt von „Infoschäumen". Diese sind Gegenstand des folgenden Abschnittes.

8.3 Kommunikation im digitalen Zeitalter

Kommunikation ist ein fundamentales Phänomen menschlichen Existierens. Es ist das Medium, in dem wir uns über uns selbst und die Welt, wie vorläufig und vielseitig auch immer, versichern ohne zu einem sphärologischen Abschluss in Form einer adamitischen oder wissenschaftlichen Einheitssprache mittels derer alle Worte und Begriffe, ihrer Mehr- und Vieldeutigkeit befreit, uns eine ungetrübte Einsicht in die Welt- und Menschwerdung gewähren könnten. Das ist auch der Grund, warum wir als Einzelne und als Gemeinschaft(en) die Ausgestaltung der Kommunikation im digitalen Zeitalter nicht primär, geschweige allein, den Interessen privater Firmen überlassen sollen, gerade wenn sie versichern, die ganze Menschheit mit ihren Diensten beglücken zu wollen. Was sind digitale *global players* mit einem universalen Sendungsbewusstsein anders als „simplifizierende Globen" (Sloterdijk) mit imperialen Gelüsten und einer pseudo-religiösen Botschaft, deren leitende Boten sich selbst als *evangelists* bezeichnen?

8.3 Kommunikation im digitalen Zeitalter

Zwischenmenschliche Kommunikation lässt sich nicht auf die Übertragung einer Nachricht aus dem Bewusstsein eines Senders zum Bewusstsein eines Empfängers mittels eines natürlichen oder künstlichen Mediums adäquat fassen. Diese gängige Vorstellung von Kommunikation, die auch dem Sender-Kanal-Empfänger der mathematischen Kommunikationstheorie von Claude Shannon zugrunde liegt (Shannon 1948) hat ihre Berechtigung und ihren Nutzen im technischen Kontext. Ihre Grenze besteht darin, dass sie ausdrücklich die semantischen und pragmatischen Aspekte zwischenmenschlicher Kommunikation ausschaltet. In Wahrheit teilen wir Menschen eine gemeinsame Welt, d. h. wir sind ursprünglich in einem impliziten Netz von pragmatischen Bedeutungs- und Verweisungszusammenhängen in einer gemeinsamen Welt eingebettet. Das implizite praktische *know how* Wissen geht Formen von explizitem oder theoretischem Wissen, wie *know that* oder *know why,* voraus (Capurro 2003c). Wir teilen nicht nur ein Wissen über etwas mit, sondern auch über uns selbst. *Wer* wir aber sind, definiert sich nicht primär und nicht nur anhand von Daten über unsere Person, wie Name, Alter, Geschlecht usw., sondern ereignet sich in sozialen Prozessen der Anerkennung oder Missachtung, mit vielen Möglichkeiten dazwischen. Wer wir sind, ist also nicht identisch mit unseren veobjektivierten und digitalisierten personenbezogenen Daten. Ich nenne die Differenz zwischen *wer* und *was* wir sind, *ethische Differenz*. Die Verobjektivierung unseres Selbst hat ihren Sinn nicht nur, weil das, was wir von uns preisgeben, eine gewisse Beständigkeit erlangt, sondern auch weil es uns dadurch ermöglicht, *als* diese oder jene Person oder Gruppe an unterschiedlichen Formen von Austauschverhältnissen teilzunehmen. Unsere verobjektivierten personenbezogenen Daten sind also, ökonomisch gesprochen, Teil *unseres* Kapitals.

Menschliches Miteinandersein erstreckt sich zeitlich und räumlich in einem Gewesensein, einem Gegenwärtigsein und einem Möglichsein. Wenn ich jetzt auf diesem Stuhl sitze, habe ich auch die Möglichkeit aufzustehen und dort zum Fenster zu gehen. Ich bin auch bezogen auf mein Gewesensein auf dem Weg in die Hochschule am heutigen Morgen. Diese raum-zeitliche Erstreckung meiner Existenz betrifft auch mein Leiblichsein, nicht nur weil die biologischen Prozesse meines Organismus raum-zeitlich sind, sondern auch weil meine existenzielle Erstreckung bezüglich meines Leibhaftigseins hier und jetzt, unterschiedlich erfahren werden kann, je nachdem, wie wichtig mir, zum Beispiel, das gestrige Gewesensein oder ein künftiges Ereignis ist. Dieses Wichtig- oder Unwichtigsein bedeutet, dass ich nie frei von Stimmungen und Bewertungsmöglichkeiten lebe, erkenne und kommuniziere, auch wenn ich mich darum bemühen kann, objektiv und neutral zu sein, was wiederum eine Form von Gestimmtsein sowie von Loslassen der Ichbezogenheit bedeutet. Wir sind ein wertendes Wesen *(ens aestimans).* Solche Formen von leiblicher, gestimmter und bewertender raumzeitlicher Erstreckung, finden immer in einer mit anderen geteilten Welt, d.h. in einem gegebenen aber offenen Netz von Bedeutungs- und Verweisungszusammenhängen statt. Dieses ganzheitliche Mitteilungsphänomen des In-der-Weltseins macht den eigentlichen Sinn menschlicher Kommunikation aus (Boss 1975; Capurro 1986).

In einem entwicklungsgeschichtlichen Rückblick lassen sich umrisshaft vier Objektivierungsformen menschlicher Kommunikation feststellen. Die erste war die Erfindung der Schrift vor etwa sechs- bis siebentausend Jahren; die zweite die Erfindung der Druckerpresse im 15. Jahrhundert, mit mehreren technischen Vorläufern in verschiedenen Epochen und Kulturen; die dritte, die Erfindung audiovisueller Massenmedien (Hörfunk, Film, Fernsehen) und die vierte, die Erfindung des Internet. Nur weil wir ursprünglich in einer gegebenen aber zeitlich offenen und mit anderen geteilten Welt existieren, können wir auch nicht nur die Dinge, sondern die jeweils gegebene Weltganzheit selbst transzendieren und somit auch kreativ sein. Wir leben heute im Zeitalter digitaler Kommunikation oder, um bei der Chiffre 4 zu bleiben, in Zeitalter der Kommunikation 4.0. Die Kommunikation im Medium digitaler Weltvernetzung ist aber keine vom ursprünglichen In-der-Welt-sein getrennte Infosphäre, sondern sie ist lediglich eine besondere Form unseres leiblichen, weltbezogenen und sozialen Im-Raum- und In-der-Zeit-seins. Das war auch bei der Schrift, dem Buchdruck und den audiovisuellen Massenmedien der Fall. Was sich bei diesen technologischen Revolutionen menschlicher Kommunikation ereignet, sind freilich unterschiedliche Seinsweisen zeitlicher und räumlicher Erfahrungen von Nähe und Distanz, die sowohl authentische Möglichkeiten als auch Verfallsformen des Zusammenseins zulassen. Vor fünfzehn Jahren lud mich Eric Mührel zu einem Vortrag im Rahmen der Tagung ‚Ethik und Menschenbild der Sozialen Arbeit' an der Fachhochschule Ostfriesland, Fachbereich Sozialwesen, ein (Mührel 2003, 1997). Ich schrieb damals:

> Was auf der physischen Ebene möglich ist, hat sein Korrelat auf der sozialen Ebene. Es ist nämlich unübersehbar, dass die zwischenmenschlichen Verhältnisse zu Beginn des 21. Jahrhunderts maßgeblich durch die Informations- und Kommunikationstechnologien geprägt sind. Die Frage ist dann, ob diese Medialisierung jene Abstraktion des Antlitzes des Anderen bedeutet, die für Lévinas die Grundlage der ethischen Beziehung ausmacht. Mit anderen Worten: Ist die Informationsgesellschaft im Wesentlichen eine amoralische Gesellschaft? Antwort: Nein. Hierzu einige Argumente in aller Kürze. Ich meine, dass die Gegenüberstellung zwischen einem medialisierten und einem angeblich unmittelbaren zwischenmenschlichen Verhältnis insofern zu relativieren ist, als jede leibhaftige Begegnung wenn nicht ein *medialisiertes* so doch ein *mediatisiertes* Verhältnis darstellt. Nicht nur das Gesicht,

8.3 Kommunikation im digitalen Zeitalter

sondern die gesamte Leiblichkeit des Anderen und das jeweilige raum-zeitliche Medium, in dem wir uns begegnen, schaffen jene natürliche Differenz, wodurch wir uns als unterschiedliche Menschen *wahrnehmen* (Capurro 2003d, S. 108–109).

Der amerikanische Kommunikationswissenschaftler John Durham Peters schreibt:

> Leute sehnen sich danach mit ihren Liebsten zusammen zu sein, nicht nur weil sie sich der Illusion hingeben, dass Anwesenheit und Stimme einen privilegierten Zugang zu Seele des anderen ermöglichen, den die Schrift nicht bieten kann. Wenn man Geist will, und viele tun es, dann ist Schreiben besser. Aber wir wollen und brauchen auch den Leib und die Anwesenheit des jeweils anderen, nicht nur in sexueller Hinsicht. Leibliche Anwesenheit wird nie ihre Anziehungskraft und Charme verlieren. Neuere Untersuchungen deuten an, dass mit anderen zusammen zu sein, die physische Gesundheit fördert, besonders die Herzfrequenz (den kardiovagalen tonus): die Robustheit des Nervus vagus, der Hirn und Herz verbindet. […] Was auf dem Spiel steht bei alledem ist der Stellenwert des Körpers im cyberspace, was eine Teilmenge der Frage nach dem Leib in jedem Medium ist (Peters 2015, S. 276–277, meine Übersetzung, RC).

Jedes Medium schafft unterschiedliche Möglichkeiten von räumlicher und zeitlicher Nähe und Distanz sowie auch unterschiedliche Machtverhältnisse. Die Möglichkeit, an Schrift und Buchdruck zu partizipieren, war über Jahrhunderte wenigen vorbehalten. Hörfunk, Film und Fernsehen basieren auf einem hierarchischen, asymmetrischen *one-to-many* Distributionsmodus, wie von Vilém Flusser in seiner *Kommunikologie* dargelegt (Flusser 1996), auch wenn diese Struktur sich in den letzten Jahren durch die Auswirkung des Internet teilweise verändert hat (Stichwort: Medienkonvergenz). Das Internet trat mit einem revolutionären Anspruch an: Jeder Mensch sollte die Möglichkeit haben, im digitalen Medium zu senden und zu empfangen. Diese digitale Utopie horizontaler und symmetrischer Kommunikation blieb bis heute, zwanzig Jahre nach der Erfindung des *World Wide Web,* nicht nur unerfüllt, sondern zeigte sich auch als zunehmend ambivalent. Die so genannte *digitale Spaltung* vertiefte in vielen Ländern der Welt die vorhandenen sozialen und ökonomischen Spaltungen. Das Symmetrieformat wurde durch private und staatliche digitale Monopolisten gebrochen. Das Internet schafft widersprüchliche Formen der Distanzaufhebung und der *actio in distans* mittels mobiler *interfaces,* ohne aber eine Infosphäre zu werden, in der alle an einer homogenen raum-zeitlichen Jetzt-Zeit teilnehmen sollten. Der Rechtswissenschaftler Thomas Bode warnt vor einem „Terror der Allgegenwart" wie im Falle von Cybermobbing in sozialen Netzwerken (Bode 2015, S. 296). Die ethische Spannung von Nähe und Distanz, worauf Bode hinweist, lässt sich in Form einer Maxime ausdrücken: ‚Behalte die Freiheit zu verbergen oder zu offenbaren, digital und analog, wer Du bist'. Diese Maxime konterkariert die marktschreierische Maxime: ‚Kommuniziere ständig und teile alles allen mit!' Die Freiheit räumlich und zeitlich zu verbergen oder zu offenbaren seitens der Nutzer ist schlecht für das auf eine homogene Jetzt-Zeit basierende Geschäft. „Lass die Nutzer selbst entscheiden, was für sie gut oder schlecht ist!" lautet die scheinbar wohlmeinende neoliberale Empfehlung, wobei weder die Nutzer noch die Politik oder das Recht, sondern die *global players* möglichst allein die Spielregeln vorgeben wollen. Sollte die Freiheit zu verbergen oder zu offenbaren wer wir sind, nur eingeschränkt oder gar nicht mehr gegeben sein, bedeutet dies eine extreme Verfallsform der Kommunikation, deren Vorboten sich auch in Form staatlicher Überwachung in demokratischen Gesellschaften zeigen. Das ist der Grund, warum die öffentliche Debatte um das Verhältnis von Privatheit und Öffentlichkeit im digitalen Zeitalter besonders relevant ist und warum der Unterschied zwischen *Wersein* und *Wassein*, zwischen sozialen Anerkennungsprozessen in einer gemeinsam geteilten Welt und deren (digitalen) Verobjektivierungen, ethisch, rechtlich und politisch so entscheidend ist (Buchmann 2012; Capurro et al. 2013). Einige aktuelle Pressebeiträge, insbesondere aus der *Süddeutschen Zeitung* sollen diese Problematik mit Bezug auf die sozialen Netzwerke veranschaulichen.

Peter Glaser drückt seine Facebook-Diagnose im Titel seines Beitrags deutlich aus: „Der blaue Planet. Die Digitalisierung zerlegt die alte Welt in ihre Bestandteile und setzt sie neu zusammen. Den Bauplan liefert Facebook. Wie sich aus einer Idee von Studenten ein Paralleluniversum entwickelt hat" (Glaser 2016). Die digitale Zerlegung der „alten Welt" ist ambivalent. Das Platzen der Welt führt, mittels Algorithmen, zu einer Vielfalt von „Informationsmolekülen", ganz im Sinne von Sloterdijks „Schäumen". Facebook nützt die durch die Anfragen der Nutzer entstandenen persönlichen Profile und fügt sie in Form von „sozialen Molekülen" oder, in Sloterdijks Diktion, von Infoschäumen zusammen. Glaser schreibt:

> Die sozialen Moleküle, die uns mit anderen verbinden, sind dabei allerdings deutlich unverbindlicher geworden. Der Wunsch, immer eine Wahl zu haben, überträgt sich auch auf die Mediennutzung. Genauer gesagt: Facebook kommt dem Wunsch entgegen, möglichst einfach auswählen zu können. I like it – gefällt mir! Facebook ist der große Vereinfacher einer hochkomplexen digitalen Welt. […] Facebook – die Welt mitten in unserer Welt. Man könnte sie als Parallelgesellschaft ansehen. Aber Facebook ist kein soziales Gebilde, auch wenn es sich so nennt. Facebook ist ein börsennotiertes Privatunternehmen, das, wie alle multinationalen Firmen, eher wie ein totalitäres Regime geführt wird, denn wie ein demokratisches Staatswesen.

Hinzu kommt, dass der neue digitale Globalstaat Facebook sowohl räumlich als auch rechtlich kaum zu fassen ist – ob es nun um freie Meinungsäußerung, um Hass-Postings, um Ironie oder um Sexualmoral geht. Das „Gefällt mir"-Universum ist aber auch der Ort, an dem wir einen neuen Teil unserer Persönlichkeit entfalten: unsere digitale Identität (Glaser 2016, S. 13–14).

Um genau diese „digitale Identität" geht es, wenn die Nutzer sich irgendwann bewusst werden, dass ihr Selbst oder ihr *Wersein* nicht mit ihren digitalen Daten identisch ist. Dieser Unterschied interessiert *Facebook* freilich nicht. Deshalb kann und soll es eigentlich keine Privatheit bei *Facebook* geben, außer eines im doppelten Sinne *oberflächlichen* Schutzes der digitalen Identität. Peter Glaser schreibt:

> Der Facebook-Raum ist der eng umgrenzte Verfügungsbereich eines Unternehmens, in dem sein Hausrecht gilt. […] Das Unternehmen Facebook ändert gerne mal Geschäftsbedingungen, die eh niemand liest, und griff damit in der Vergangenheit immer wieder mal in die Privatsphäre-Einstellungen der Mitglieder ein, die so ungefragt mehr über sich preisgeben sollten. Die Betonung liegt auf Preis: Facebook macht Geld mit dem Handel privater Daten, verkauft sie an Werbekunden. […] Im Januar 2010 erklärte Facebook-Gründer Mark Zuckerberg das Zeitalter der Privatsphäre für beendet: „Wir haben entschieden, dass das nun die sozialen Normen sind und haben entsprechend gehandelt." Die Nutzereinstellungen wurden so umprogrammiert, dass Privatbilder zu Werbezwecken eingesetzt werden konnten – ohne Einverständnis der Abgebildeten natürlich (Glaser 2016, S. 14).

Facebook ist kein öffentlicher Raum, sondern der (das) Privat(t)raum(a) eines Unternehmens (und eines Unternehmers), das sich als öffentlicher Raum gebiert. Mark Zuckerberg legt großen Wert auf den Schutz seiner Privatsphäre in der analogen Welt. Er kaufte rund um sein Haus in Palo Alto „für 30 Millionen Dollar vier der umliegenden Häuser: Er möchte kontrollieren, wer sich in seiner Nachbarschaft niederlässt" (Glaser 2016, S. 15).

In einem diesem Beitrag von Peter Glaser beigefügten Interview mit der US-Soziologin Sherry Turkle, schreibt sie:

> „Wir müssen aufhören, das Leben als App zu betrachten, als etwas, das ständig perfektioniert werden muss" (Turkle 2016). Sie rät Eltern, Spaziergänge mit den Kindern in der Natur zu machen: „schweigen sie gemeinsam. […] Kinder müssen lernen, Stille und Langeweile auszuhalten […] Die Fähigkeit alleine zu sein und sich dabei gut zu fühlen, ist das Fundament für Beziehungen. […] Smartphones haben Suchtpotenzial: die Serotonin-Ausschüttungen, wenn man eine Sms bekommt. Aber man kann trainieren: eine Stunde von Angesicht zu Angesicht reden, ohne Telefon. Wir können das noch drehen" (Turkle 2016).

„Ichichich ist auf Facebook nicht nur eine Frage der Eitelkeit. Es ist eine Überlebensfrage" schreibt Glaser (2016, S. 14). *Facebook* ist ein Spiegelbild seines Besitzers. Seine Kunden sollen sich nach seinem Vorbild orientieren. *Face to Interface* heißt *Face to Facebook* und *Face to Zuckerberg*.

In einem Beitrag für *The New York Times* mit dem Titel *Warum ‚Facebook Revolutionen' auseinander fallen* schreibt der Kolumnist Thomas Friedman, dass soziale Netzwerke besser sind im Kaputtmachen („breaking things") als im Aufbauen („making things") (Friedmann 2016) (Alle Zitate: meine Übersetzung). Er erläutert dies am Beispiel von Wael Ghonim, ein ägyptischer Google-Mitarbeiter, dessen anonyme *Facebook*-Seite dazu verholfen hat, dass die Kundgebung gegen Präsident Hosni Mubarak am Tahrir-Platz 2011 stattfand. Er gestand aber später: „Der arabische Frühling zeigte das große Potential der sozialen Netzwerke und ihre größten Mängel. Dasselbe Werkzeug, dass uns vereinte, um ein Diktator zu stürzen, riss uns auseinander." Hier sind seine Schlussfolgerungen:

- „Wir wissen nicht mit Gerüchten umzugehen."
- „Wir tendieren dazu, nur mit Leuten zu kommunizieren, mit denen wir einer Meinung sind."
- „Online-Diskussionen sinken rasch in den wütenden Mob herab."
- „Es wurde wirklich schwierig unsere Meinungen zu ändern. Wegen der Schnelligkeit und Kürze von sozialen Netzwerken, sind wir gezwungen, voreilige Schlüsse zu ziehen und überspitzte Meinungen über komplexe Weltprobleme mit 140 Zeichen zu schreiben. Haben wir das getan, dann bleibt es für immer im Internet."
- „Heute, unsere Erfahrungen in sozialen Netzwerken sind so konzipiert, dass ihre Verbreitung wichtiger ist als unser Engagement, Posting wichtiger als Diskussionen, hohle Kommentare wichtiger als tiefe Gespräche. … Es ist, als ob wir uns einig sind, dass wir hier sind, um anderen etwas zu sagen anstatt mit ihnen zu sprechen."

Ghonim meint abschließend:

> Vor fünf Jahren habe ich gesagt, ‚Wenn du die Gesellschaft befreien willst, ist alles was du brauchst das Internet'. Heute glaube ich, dass wenn wir die Gesellschaft befreien wollen, wir zuerst das Internet befreien müssen (Friedmann 2016).

Politisch regt sich Widerstand gegen Zuckerbergs Allmachtfantasien. Die indische Telekom-Aufsicht hat auf seinen Sirenen-Gesang reagiert und die Intention hinter dem kostenlosen Zugang zum Internet durch „Free Basics" durchschaut.

Auch wenn die Absage mit einem Verstoß gegen die Netzneutralität begründet wurde, liegt dem Angebot in Wahrheit eine Täuschung zugrunde, nämlich die Gleichsetzung von Internet mit *Facebook,* wie der Domain-Name „internet.org" verrät (Joncic 2016). Nach dieser Absage hat Zuckerberg sofort mitgeteilt, „dass wir weiterhin Barrieren durchbrechen wollen" und „Indien und die ganze Welt verbinden möchten" (Boie 2016).

In einem in der *Frankfurter Allgemeinen Zeitung* erschienenen Beitrag der *Harvard Business School* Professorin Shoshana Zuboff mit dem Titel *Wie wir Sklaven von Google wurden,* stellt sie Kernthesen ihres 2017 erscheinenden Buches *Master or Slave: The Fight for the Soul of Our Information Civilization* dar. Sie schreibt:

> In operativer Hinsicht bedeutete dies, dass Google seinen wachsenden Vorrat an Verhaltensdaten au ein neues Ziel ausrichtete. Nun nutzte man die Daten auch, um Anzeigen und Suchbegriffe abzustimmen und dadurch eine Feinsteuerung zu gewährleisten, die das Unternehmen nur dank seines Zugangs zu den Verhaltensdaten und dank seiner analytischen Fähigkeiten erreichte.
>
> Heute wissen wir, dass dieser Wandel in der Verwendung von Verhaltensdaten einen historischen Wendepunkt darstellte. Die bislang unbeachteten Verhaltensdaten wurden als „Verhaltensüberschuss" wiederentdeckt, wie ich dies nennen möchte. [...] Entscheidend ist hier, dass dieser neue Markt nicht auf einem Austausch mit Nutzern basiert, sondern mit anderen Unternehmen, die es verstehen, mit Wetten auf das auf das zukünftige Verhalten von Nutzern Geld zu verdienen. In diesem neuen Kontext wurden die Nutzer, die früher der eigentliche Zweck gewesen waren, zu einem Mittel der Gewinnerzielung auf einem neuartigen Markt, auf dem sie weder Käufer noch Verkäufer, noch Produkte darstellen. Die Nutzer sind die Quelle eines kostenlosen Rohstoffs für einen neuartigen Produktionsprozeß. [...]
>
> Wir sind jetzt die Ureinwohner, deren Ansprüche auf Selbstbestimmung stillschweigend von den Karten unseres eigenen Verhaltens verschwunden sind. Sie wurden getilgt durch einen verblüffenden, dreisten Akt der Enteignung durch Überwachung, der das Recht beansprucht, in seinem Hunger nach Wissen und Einfluss auf unsere Verhalten keinerlei Grenzen zu achten. Wer sich über den logischen Abschluss der Kommerzialisierungsprozesse wundert, dem sei gesagt, dass sie ihren Abschluss in der Enteignung unserer intimsten alltäglichen Realität finden, nun wiedergeboren als Verhalten, das es zu überwachen und zu verändern, zu kaufen und zu verkaufen gilt. [...]
>
> Im Ergebnis bringt der Überwachungskapitalismus eine zutiefst antidemokratische Macht hervor, die einem Putsch nahekommt, allerdings keinem *coup d'état* im herkömmlichen Sinne, der dem Staat gilt, sondern einem *coup des gens,* der den Menschen ihre Souveränität nimmt. Er stellt Prinzipien und Praktiken der Selbstbestimmung - im psychischen und sozialen Leben, in Politik und Regierung - in Frage, für die die Menschheit lange gelitten und große Opfer gebracht hat (Zuboff 2016).

Das bedeutet, mit anderen Worten, dass menschliche Kommunikation im digitalen Zeitalter zunehmend kein „Zweck an sich selbst", sondern, um an Kant aber auch an Marx zu erinnern, ein *bloßes* Tauschmittel zum Zweck der Profitmaximierung ist. Das Interface ist das Fenster des „Überwachungskapitalismus", dem sich das Face-to-face im Überlebenskampf freiwillig und weitgehend ahnungslos unterwirft. Sicherheit ist Trumpf. Aber, wie Shoshana Zuboff richtig bemerkt, „Freiheit von Ungewissheit [ist] keine Freiheit" (Zuboff 2016). Das gilt vor allem für die rasant wachsende Algorithmisierung aller Lebensbereiche. Fahrerlose Autos sind nur ein Anzeichen des blinden Vertrauens in die digitale Berechenbarkeit von Handlungsoptionen. In *Beantwortung der Frage: Was ist Aufklärung?* schreibt Kant.

> Habe ich ein Buch, das für mich Verstand hat, einen Seelsorger, der für mich Gewissen hat, einen Arzt, der für mich die Diät beurteilt, u.s.w.: so brauche ich mich ja nicht selbst zu bemühen. Ich habe nicht nötig zu denken, wenn ich nur bezahlen kann; andere werden das verdrießliche Geschäft schon für mich übernehmen (Kant 1975a, A, S. 482).

Dem können wir hinzufügen: ‚Habe ich eine App auf meinem Handy, das mein Handeln berechenbar macht…' Ich brauche nicht einmal dafür zu bezahlen, zumindest, wenn ich nicht merke, dass meine persönlichen Daten die Währung des digitalen Kapitalismus sind. Auf deren Grundlage wächst eine raffinierte Form globaler Verknechtung, deren Spielregeln nicht demokratisch, sondern autokratisch von globalen Unternehmen diktiert werden. Wir verlernen dabei „den Hang und Beruf zum *freien Denken*" sowie die „*Freiheit zu handeln*" (Kant 1975a, A, S. 494) im Horizont von Ungewissheit, aus dem Verantwortung für Denken und Handeln wächst.

Eine ähnliche *Google*-Diagnose stellt Johannes Boie in seinem *Der Gigant* betitelten Beitrag für die *Süddeutsche Zeitung*. Er schreibt:

> In dieser Welt ist der Mensch nurmehr das Negativ seiner Daten. Man muss ihn nicht persönlich kennen, um seine Persönlichkeit zu kennen. Es reicht, seine Daten zu sammeln. In diese Zukunft wird die Menschheit nun von Alphabet begleitet werden. Das ist ein Fakt. Kein unumstößlicher zwar, denn an der Börse geht es für die Digitalkonzerne, auch für die großen, oft schneller bergauf und wieder bergab als für die Industriekonzerne alter Prägung. […] Staatliche Alternativen zu Alphabet fallen komplett aus, wie die Politik die Nutzer ohnehin alleine lässt. […] Wer sicherstellen will, dass die Zukunft mit Alphabet nicht so laufen wird wie die Vergangenheit mit Google, wer nicht möchte, dass all die schönen Erfindungen, an denen in den Alphabet-Firmen gearbeitet wird, das Ende der Privatsphäre ihrer Nutzer bedeuten, der muss sich an ein Prinzip des Kapitalismus erinnern. Wenn sich Alphabet

einem System unterwirft, dann dem Kapitalismus. Und da ist es nun mal so, dass eine Firma, deren Produkte nicht nachgefragt werden, im Wert sinkt. [...] Das G im Alphabet stehe für Google, heißt es auf der Website der Holding. Da bleiben ja noch ein paar andere Buchstaben. D wie Datenschutz, zum Beispiel, V wie Verantwortung und nicht zuletzt A wie Abschalten (Boie 2016).

Man könnte auch O für *obfuscation*, d. h. Verschleierung oder Verdunkelung, hinzufügen. *Obfuscation. A User's Guide for Privacy and Protest* ist der Titel eines Buches von Finn Brunton und Helen Nissenbaum von der New York University. Sie zeigen, dass es *bottom-up* Praktiken zur Selbstverteidigung gibt, um sich zumindest teilweise der digitalen Überwachung von Politik und *global players* zu entziehen (Brunton und Nissenbaum 2015). Das ist eine Form medialer *guerrilla* (Capurro 2011), die uns aber nicht von der Verantwortung entbindet, das Netz als politischen Freiheitsraum gemeinsam zu gestalten. Warum können wir nicht in Deutschland und in Europa demokratisch gestaltete öffentliche digitale Räume schaffen, wie im Falle von öffentlich-rechtlichen Rundfunkanstalten oder öffentlichen Bibliotheken? Diese Frage könnte ein Anstoß für ein interdisziplinäres Projekt an der *accadis Hochschule Bad Homburg* werden. Wenn man nach Brüssel schaut, findet man, neben vielen EU-Programmen und Projekten in Zusammenhang mit den digitalen Technologien, auch eine Initiative *Digital Agenda for Europe. A Europe 2020 Initiative: Das Onlife Manifest* genannt, in welchem die Frage aufgeworfen wird: „Was bedeutet es, Mensch zu sein im Zeitalter der Vernetzung?" (European Commission 2016). Der Neologismus *onlife* deutet auf die durch die digitalen Technologien herbeigeführte epochale Veränderung der modernen Auffassung des Menschen als eines autonomen, immateriellen, rationalen und atomistischen Selbst in ein relationales Selbst, das sein Leben im Horizont der digitalen Vernetzung gestalten soll.

Schließlich möchte ich auf eine Phänomenologie der Kommunikation hinweisen, die ich mit dem Titel Angeletik (Griechisch: *angelos/angelia* = Bote/Botschaft) bezeichnet habe und deren Kern das Phänomen von Boten und Botschaft darstellt. Mein australischer Kollege John Holgate, mit dem ich eine interdisziplinäre und interkulturelle Studie zur Angeletik mit Beiträgen aus Philosophie, Technik, Politikwissenschaft, Physik, Systemtheorie und Biologie herausgegeben habe, nennt diesen Ansatz *messaging theory* (Capurro und Holgate 2011). Was ist Kommunikation im angeletischen Sinne? Ich beziehe mich auf Niklas Luhmann Unterscheidung zwischen „Mitteilung" oder Sinnangebot, „Information" oder Selektion und „Verstehen" oder Einbindung des ausgewählten Sinns im jeweiligen Kontext eines Systems, als die drei Begriffsmomente von Kommunikation (Luhmann 1987). Hermeneutik als Theorie des Verstehens setzt einen

Mitteilungsprozess voraus. Wenn Texte Antworten auf Fragen sind, die erst erkannt werden müssen, wenn man den möglichen Sinn eines Textes verstehen will, dann sind Texte oder, allgemeiner gesagt, Gegenstände aller Art, zunächst an potenzielle Adressaten gerichtete und von einem Boten oder Medium vermittelte Botschaften. Dieser Struktur liegt der mathematische Kommunikationsansatz von Claude Shannon zugrunde, obwohl in dieser Theorie der Botschaftsbegriff *(message)* nicht definiert wird (Shannon 1948). Fest steht aber, dass das, was für Shannon zwischen einem Sender und einem Empfänger übermittelt wird, keine Information, sondern eine Botschaft ist. Das Bote-Botschaft-Phänomen lässt sich anthropologisch und kulturhistorisch untersuchen. Er kann aber auch auf im Kontext von, zum Beispiel, biologischen Prozessen analysiert werden, wie zum Beispiel in der Genetik, wenn von mRNA *(messenger RNA)* die Rede ist. Die Biologie hat sich das Botschaft-Paradigma längst angeeignet. Das soziale Leben basierte zwar immer schon auf Mitteilungsprozessen, aber im digitalen Zeitalter haben sich die digitalen Boten und Botschaften exponentiell vermehrt und das raum-zeitliche Gefüge sowie die Machtstrukturen analoger Boten und Botschaften grundlegend verändert. Wir leben in einer globalen digitalen *message society* mit zunehmend totalitären Zügen eines „Überwachungskapitalismus" (Zuboff 2016).

8.4 Ausblick

Im verheerenden Krieg in Syrien und in anderen Staaten des Nahen Ostens, herrschen Todesboten und -botschaften über flüchtende Menschen. Jahrtausende alte Austausch- und Kulturorte werden zerstört. Schauen wir uns, mit dem Erfahrungsschatz des Germanisten Götz Grossklaus, die Orts-Botschaft Aleppo an. Er schreibt:

> In historischer Sicht, sind die großen Suqs der einflussreichen arabischen Metropolen Damaskus und Aleppo durch Jahrhunderte Orte des fluktuierenden Tausches materialer und symbolischer Güter gewesen: von Dingen, Botschaften und Geschichten. Seit dem 2. Jahrhundert v. Chr. verbindet ein Netz von Seidenstraßen den fernen Osten Chinas und Indiens mit den Tausch- und Umschlagplätzen in Syrien. Aber schon ab Mitte des 3. Jahrtausends v. Chr. wird die Weihrauchstraße genutzt zum Gütertausch zwischen Südarabien, Ägypten, Mesopotamien und der Mittelmeer-Region. Die Suqs von Damaskus und Aleppo liegen im Schnittpunkt dieser großen Handelsrouten: Orte äußerster Verdichtung und Akkumulation. Unterschiedlichste Waren- und Informationsströme fließen hier zusammen. In den Khanen, den Karawansereien begegnen sich Menschen aus den Weiten der damaligen

8.4 Ausblick

Ökumene. Die Suqs und ihre Khane werden zu Orten intensivsten transkulturellen Austausches. Stellen wir sie uns vor als besondere Versammlungsorte einer Menge von Botschaften – übrigens immer in der unmittelbaren Nachbarschaft zu den Städten die allein dem mentalen Austausch von Botschaften zwischen den Irdischen und dem Überirdischen gewidmet sind: den Moscheen (Grossklaus 2011, S. 273–274).

Millionen von Flüchtlingen sind Boten dieser Katastrophe. Mit ihrem Überlebenswillen zeigen sie deutlich, worauf es bei der Kommunikation im digitalen Zeitalter ankommt, nämlich nicht das Leben im Dienste des Digitalen, sondern das Digitale im Dienste des Lebens zu stellen. Aus dem gemeinsamen In-der-Welt-sein schaffen wir eine Welt getrennt durch physische und digitale Zäune. Wir sind „vernetzt gespalten" (Scheule et al. 2004).

Digitale Kommunikation in einer freien Gesellschaft darf sich auch nicht von den Obsessionen, Illusionen und Ambitionen der digitalen *global players* blenden lassen. Es geht dabei nicht darum, die digitale Technik zu dämonisieren, sondern ihre Auswüchse und Verfallsformen zu entlarven. Dafür brauchen wir digitale Aufklärung, die nicht nur darauf abzielt, die Menschen aus ihrer selbst verschuldeten digitalen Unmündigkeit herauszuführen, um sie für das digitale Zeitalter fit zu machen, sondern sie zugleich bewusst zu machen, dass Leben mehr und anders heißt als *Onlife* und dass der Unterschied zwischen *face-to-face* und *interface* lebenswichtig ist. Wir wollen nicht bloße Datenlieferanten und -konsumenten des digitalen Kapitalismus sein, geblendet von einer Plattform, die sich sozial nennt und sogar das Wort *Face* als Teil des Firmennamens führt, was so viel heißt wie: aufgrund der *Facebook*-Daten der Nutzer, Buch zu führen und Kapital zu schlagen bis die ganze Menschheit zum gläsernen Kunden *eines* Unternehmens wird.

Die politischen, ethischen und rechtlichen Fragen der digitalen Kommunikation müssen öffentlich erörtert werden und zu demokratischen Grundsätzen für das Internet sowie zur Entstehung öffentlicher Kommunikationsplattformen führen. Die digitale Ontologie im Sinne eines möglichen Weltentwurfs darf nicht zu einer digitalen Ideologie verkommen sowie zur Überwachung und ökonomischen und kulturellen Ausbeutung ganzer Kontinente führen. Emmanuel Lévinas hat gezeigt, wie das gestörte Verhältnis „von Angesicht zu Angesicht" („face-à-face") jede Form von sozialer Geschlossenheit sprengt, und die Verantwortung füreinander aufhebt (Lévinas 1987; Capurro 1991a). Eine Kommunikationsethik im digitalen Zeitalter, die das Selbstsein als ein originär soziales Verantwortungsverhältnis versteht, muss diese Verantwortung auf das Leben in einer gemeinsamen Welt erweitern, und die verschiedenen Lebensformen und -normen des Humanum schätzen lernen, indem sie sie in einem interkulturellen ethischen Dialog in Berührung bringt. Die Digitale Ethik muss die ökologische Frage nach dem Beitrag der digitalen Technik für das Leben und Überleben auf diesem Planeten erörtern und die Vorstellung einer geschlossenen digitalen Infosphäre sprengen. Nicht das Digitale stellt den Horizont des Lebens, sondern das Leben den Horizont des Digitalen dar. Um diese Umkehrung vorzubereiten, gehören auch individuelle *bottom-up* Strategien des Widerstandes in Anschluss an die von Michel Foucault analysierten „Technologien des Selbst" (Capurro 1995). Dazu gehört zum Beispiel, sich regelmäßig Stunden und Tage der Einsamkeit und Medienabstinenz zu gönnen. In den Traditionen der Kommunikation im „Fernen Osten" gehören das Schweigen, die Achtung des impliziten Wissens, die Leiblichkeit und die indirekte Rede, wofür im „Fernen Westen" das Sensorium weitgehend fehlt (Gill 2015; Nakada und Capurro 2007, 2009, 2013). In einer mehrsprachigen kommunizierenden Welt gehört das Denken über den Sinn des Übersetzens zum Kern einer interkulturellen Informationsethik (Capurro 2015a).

Kommunikation hat politische und ökologische Dimensionen. Sie betrifft sowohl die Verfassung des Gemeinwesens (Griechisch *polis* = Stadt) als auch die materielle Gestaltung des Wohnens (Griechisch *oikos* = Haus). Während der industriellen Revolution wurden viele Städte autogerecht gestaltet und weitgehend in ihrer Wohnqualität zerstört. Bei den aktuellen Visionen von *smart cities* sollten wir nicht nur an inklusive digitale Konnektivität denken, sondern auch an Orte und Zeiten, in denen die Nutzung einer solchen Konnektivität in das Leben anderer Leute unpassend eindringt. Das englische Kunstwort *phubbing,* das sich aus *phone* (Telefon) und *snubbing* (Abweisung) zusammensetzt, bringt die schlechte Gewohnheit zum Ausdruck, die darin besteht, während man mit anderen Menschen leibhaftig zusammen ist, sich zugleich mit dem *Smartphone* zu beschäftigen und dadurch die Anderen nicht zu beachten oder sich rücksichtslos ihnen gegenüber zu verhalten. Solche Situationen ergeben sich bekanntlich täglich in öffentlichen Verkehrsmitteln sowie in anderen öffentlichen Räumen. Das ist kein rückwärtsgewandtes Plädoyer für „die Zeit der Dinosaurier der Unmittelbarkeit" (Weibel und Jocks 2015/2016a), sondern für ein kritisches Denken gegenüber der Verabsolutierung des Digitalen durch die digitalen Dinosaurier. Digital-vermittelte Kommunikation ist keine von der gemeinsamen und offenen Welt getrennte Infosphäre, sondern *eine* Weise des Zusammenseins, die Glück bietet und Hilfe verspricht, die aber auch Verfallsformen und Verblendungen aufweist, gerade wenn sie sich als revolutionär und fortschrittlich gebärdet. Die Analyse positiver und negativer Formen der digitalen Kommunikation, die, wie der indische Phänomenologe Arun Tripathi betont, kulturell unterschiedlich sind (Tripathi 2015), sind Gegenstand der Digitalen Ethik. Wir können dabei von den ‚asiatischen' Kulturen lernen, wie die ZKM-Ausstellung „Globale: New

8.4 Ausblick

Sensorium. Exiting from Failures of Modernization" (5.3.–4.9.2016) zeigt, kuratiert von Yuko Hasegawa, Chefkuratorin des *Museum of Contemporary Art Tokyo*. Der Ankündigungstext lautet:

> Die Ausstellung New Sensorium. Exiting from Failures of Modernization zeigt vorrangig Werke nicht-westlicher, asiatischer KünstlerInnen. Ihr Schwerpunkt liegt auf neuen sensorischen Erfahrungsbereichen körperlicher und kognitiver Art. Sie weisen auf ein neues Bewusstsein hin, das aus Globalisierung und Digitalisierung erwächst, und setzen sich aktiv mit den engen Verbindungen von virtuellem und tatsächlichem Leben auseinander. Das Sensorische meint jedoch nicht nur Sinneseindrücke, sondern umfasst auch die damit einhergehenden kognitiven Prozesse zur Neubewertung unserer sich verändernden Lebensbedingungen. In diesem Sinne ist das neue Sensorium als Sammlung von Mitteln zu verstehen, mithilfe derer wir uns mit der übergangsweise entstehenden engen Verbindung unseres virtuellen und unseres tatsächlichen Lebens aktiv auseinanderzusetzen können.
>
> Ebenso wie der Begriff »asiatisch« nicht nur für eine einzelne Kultur oder Ethnie steht, sondern vielmehr für nichteuropäische Traditionen in Eurasien, ist »New Sensorium« von einem Logos geprägt, der sich deutlich vom europäischen Modell unterscheidet: Ein intuitiver künstlerischer Umgang mit Phänomenen sowie ein ganzheitliches Zusammenführen von Denken und Handeln lassen eine Aufspaltung in Subjekt und Objekt obsolet werden und wirken damit dem anthropozentrischen Dualismus entgegen, der das westliche Verständnis der Welt nachhaltig geprägt, dabei aber – wie Bruno Latour und andere bemerkt haben – keine wirklich funktionierende Ideologie hervorgebracht hat.
>
> Angesichts unserer nun neu zu entdeckenden informationellen Umwelt sowie den Fortschritten im Hinblick auf die Technologien zur Erzeugung und Verbreitung digitaler Daten ist es längst an der Zeit, die Beziehungen zwischen dem Materiellen, dem Informationellen und unserer eigenen Körperlichkeit zu hinterfragen.
>
> Viele KünstlerInnen, die zu den »Digital Natives« zählen, haben ihr Leben in der instabilen und zugleich dynamischen Lage verbracht, im Kontext der ideologischen Umwälzungen der letzten dreißig Jahre, die zur Kapitalisierung und Urbanisierung Asiens führten, das prämoderne oder traditionelle kulturelle Gedächtnis immer wieder mit dem Zeitgenössischen verbinden oder es von ihm lösen zu müssen. Sie nutzen digitale Medien als Werkzeuge, um neue Umgebungen zu erschaffen und so ihre geistige Gesundheit zu bewahren. Im digitalen Raum können sie frei agieren und Überlebenstechniken ob der politischen, sozialen und gesellschaftlichen Krisen in ihrer tatsächlichen Umgebung erarbeiten. In solchen Prozessen werden Gefühle, Empfindungen und Wahrnehmungen geboren, die über das Potenzial verfügen, eine produktive, kritische und poetische Kraft zu entfalten, die im tatsächlichen Raum selten entsteht.
>
> »New Sensorium« zeigt Werke von etwa 16 KünstlerInnen, die den weiteren Weg in die Zukunft erahnen können und Auswege aus den düsteren Verwirrungen der dualistischen Moderne erkunden. Die Ausstellung ist ein Schritt hinein in ein neues Ökosystem der Medien und des Materiellen, das auf eine andere Zukunft und andere Körper ausgerichtet ist – und somit eine Rückbesinnung auf den Organismus (Yuko Hasegawa). (Globale 2016).

Robotic Natives. Leben mit Robotern im 21. Jahrhundert

9.1 Einleitung

Wozu Roboter? In einem Übersichtsartikel in der *Süddeutschen Zeitung* mit dem Titel *Der kann das schon allein* berichtet Max Hägler über Pflegeroboter, die die Alten und Kranken in Japan heben, tragen und waschen oder über solche, die sich um Rezeption und Zimmerservice im „Hotel Seltsam" in der Nähe von Nagasaki kümmern. Unschlagbar seien sie bei den „Manieren", sagt der Hoteldirektor. Reinigungsroboter werden als Ersatz für Putzkolonnen eingesetzt. Roboter erledigen mehr und mehr die Jobs von Facharbeitern. Der Agrarroboter Bonirob, zum Beispiel, kann erkennen „welche Pflanze zwischen seinen Rädern wächst", er gibt „jeder Pflanze auf dem Feld eine Adresse" „und erkennt wie es ihr geht, ob es eine vielversprechende Pflanze ist, die sich zur Züchtung eignet." Bonirob kostet rund 250.000 EUR. Sein Erfinder, der Bosch-Forscher Amos Albert, betont, dass wenn die Roboter „heranwachsen", „das Leben der Menschen (sich) noch weiter vereinfachen" lässt. „Man habe doch mit der Spülmaschine und dem Navi im Auto bereits lästige Aufgaben an die Technik abgegeben." Am Schluss werden kritische Fragen gestellt wie, zum Beispiel, nach dem Verlust von Arbeitsplätzen. „Harmlos ist dieser Umbruch nicht", betont auch Enzo Weber, Volkswirt an der Universität Regensburg und weist auf die Bedeutung der Zusammenarbeit zwischen Mensch und Roboter hin, indem Technik „niedrig qualifizierten Menschen künftig assistieren" kann (Hägler 2016).

Die *Frankfurter Allgemeine WOCHE* setzte sich mit dem Thema *Digitalisierung. Nehmen uns Maschinen die Arbeit weg?* auseinander (Finsterbusch und Pennekamp 2016). Die Autoren, Finsterbusch und Pennekamp, zitieren eine Studie, die von Ulrich Zierahn, Wirtschaftsforscher am Mannheimer *Zentrum für Euro-*

päische Wirtschaftsforschung (ZEW) im Auftrag der *Organisation für wirtschaftliche Zusammenarbeit und Entwicklung* (OECD) durchgeführt wurde. Demnach, könnte „fast jede zehnte berufliche Tätigkeit in der Welt automatisiert werden. In Deutschland sei das Potential sogar noch etwas größer" (a. a. O. 15; Dengler 2016). Andere Prognosen, wie die der Oxford-Ökonomen Carl Benedikt Frey und Michael Osborne gehen sogar davon aus, dass intelligente Maschinen fast die Hälfte aller Jobs besetzen werden (a. a. O.). Die OECD fordert mehr Investitionen in die berufliche Weiterbildung. Die Journalisten Finsterbusch und Pennekamp fragen sich: „Was kommt, falls die Arbeit verschwindet? Die große Leere oder die große Freiheit? Und wovon sollen wir leben, wenn die Arbeit uns nicht mehr ernährt?" Das bedingungslose Grundeinkommen – abgelehnt in einer Volksabstimmung in der Schweiz – oder Arbeit für alle? Manche Kritiker des bedingungslosen Grundeinkommens, wie der Publizist und Silicon-Valley-Kritiker Evgeny Morozov, meinen, dass der technische Fortschritt zu einer neuen Maschinenstürmerei führen könnte, was den Start-up-Unternehmen und -Investoren schaden würde (Krüger 2016).

Kuka-Chef Till Reuter äußerte sich anlässlich der China-Offerte seitens der Midea Gruppe folgendermaßen:

> Wir haben früher vor allem erfolgreich Roboter für die Autoindustrie gebaut, im Jahr 2009 kamen 80 Prozent der Erlöse aus diesem Bereich. Heute haben wir 50 Prozent in der Autoindustrie und 50 Prozent bei allgemeinen Industrieanwendungen. Das wird sich weiter verschieben. Die Roboter werden kleiner und leichter, können mit dem Menschen zusammenarbeiten. Das bietet Potenzial für weiteres Wachstum in neuen Branchen. Zudem werden die Maschinen immer intelligenter und kommunizieren miteinander, der Anteil der Software steigt im Vergleich zur Hardware.
> *Was wird der nächste Schritt sein?*
> Wir sollen mit Midea auch Roboter für zu Hause bauen. Als Haushaltsgeräteheller kennen die Chinesen das Konsumentengeschäft sehr gut.
> *Wann wird der erste Roboter für zu Hause auf den Markt kommen?*
> Das dauert noch circa drei bis fünf Jahre.
> *Was soll der können?*
> Was hätten Sie den gerne?
> *Waschen, Staubwischen, Staubsaugen...*
> Und wie soll er heißen?
> *Uschi - so wie die Frauenstimme aus der Navigations-App. Wie lange wird es dauern, bis ein Roboter alle lästigen Hausarbeiten erledigt?*
> Der erste PC war auch nur eine bessere Schreibmaschine. Der erste Roboter für zu Hause wird auch nur ein mobiler PC mit einem Arm, der Tätigkeiten übernehmen kann. So muss man denken (Reuter 2016).

Muss man so denken? Hannah Arendt hat in ihrem Buch *Vita activa* die existenzielle Problematik des Lebens in einer Arbeits- und Konsumgesellschaft so gedeutet:

> Je leichter das Leben in einer Arbeits- und Konsumentengesellschaft wird, desto schwerer ist es, den Druck und Zwang des Notwendigen, die das gesellschaftliche Leben treiben und antreiben, auch nur wahrzunehmen, weil die äußeren Kennzeichen der Notwendigkeit, die Mühe und die Plage, fast verschwunden sind. Die Gefahr einer solchen Gesellschaft ist, daß sie, geblendet von dem Überfluß ihrer wachsenden Fruchtbarkeit und gefangen in dem reibungslosen Funktionieren eines endlosen Prozesses, vergißt, was Vergeblichkeit ist – nämlich die Flüchtigkeit des Lebens, das, wie Adam Smith meinte, „keine feste Form mehr annehmen oder in keinem bleibenden Gegenstand mehr sich verdinglichen kann, der die Mühe der Arbeit überdauert." (Arendt 1983, S. 123).

Was „die Mühe der Arbeit überdauert" ist das Produkt derjenigen Tätigkeit, die Arendt, „das Herstellen" nennt. Die Beständigkeit des Hergestellten, auch die der heutigen flüchtigen digitalen Produkte, ist für Arendt nicht „das Maß für die Welt" (Arendt 1983, S. 163), sondern dieses Maß ist im Bereich des zwischenmenschlichen Handelns und Sprechens zu suchen, also dort, wo wir über Mittel und Ziele, Normen und Werte nachdenken.

Der Begriff des Roboters, so wie wir ihn heute, im digitalen Zeitalter, gebrauchen, umfasst alle Arten von für bestimmte Zwecke programmierten *smarten* Dingen, die, nach den Absichten ihrer Hersteller, das Leben erleichtern sollen. Das Besondere an heutigen Robotern im Vergleich zu herkömmlichen Maschinen besteht unter anderem darin, dass sie uns nicht nur das Leben bei physischer Anstrengung erleichtern, sondern dass sie dies auch im Bereich zwischenmenschlicher Kommunikation tun. Der Computer als Rechenmaschine hat sich seit der Erfindung des Internets in ein globales Kommunikationsmedium und Interaktionsmedium verwandelt. An diesem Medium nehmen nicht nur Menschen, sondern digital vernetzte Maschinen und Dinge des Alltags teil. So gesehen, haben wir mit einer Inflation des Begriffs des Roboters zu tun, da potenziell jedes Ding sich in dem Augenblick in einen Roboter verwandelt, in dem es sich teilweise der Kontrolle durch den Menschen entzieht, und, wie man sagt, sich autonom aber zugleich im Kontext der digitalen Globalisierung bewegt und etwas bewirkt. Solche Wirkfähigkeit findet auf der Basis eines digitalen Algorithmus statt und unterscheidet sich von der Offenheit menschlichen Handelns. Begriffe wie Handeln, Autonomie, Person, Ziele, Werte, Entscheidung oder Verantwortung werden aus dem menschlichen Bereich oft metaphorisch auf Roboter angewandt (Janich 2006). Roboter im Sinne von durch Algorithmen geleiteten Maschinen handeln also im strengen Sinne des Wortes nicht, sondern, sie *bewegen sich* und *bewirken* etwas nach einer *Regel* und im Hinblick auf ihnen *vorgegebene Ziele* ohne davon zu wissen, ohne zu wissen, dass sie sie befolgen und ohne in der Lage zu sein, sich selbst Ziele zu setzen. Sie ermangeln eines Selbst und sind deshalb weder rechtlich noch moralisch verantwortlich. Wenn wir uns über ethische und rechtliche Fragen in Bezug auf den Umgang mit Robotern im 21. Jahrhundert Gedanken machen, sollten wir insbesondere auf jene *Falle* achten, die uns auf Schritt und Tritt ein anthropomorphes Vokabular nahe legt. Dies können wir aber nur tun, wenn wir uns im Klaren sind, wer wir sind, d. h. welche Wende in unserer Selbstdeutung aufgrund der Digitalisierung stattgefunden hat, worauf im Ausblick hingewiesen werden soll.

Mit den beiden Begriffen, Automaten und Roboter, deuten wir an, dass der heutige Roboterbegriff im Sinne von durch *digitale* Algorithmen geleitete Maschinen auf andere künstliche Bewegungsursachen ausgeweitet werden kann und auch wurde. Gleichwohl liegt den beiden Begriffen etwas gemeinsam zugrunde, nämlich dass es sich um von Menschen hergestellte Artefakte und nicht um Lebewesen handelt. Automaten, Roboter, Menschen, Lebewesen ... man ahnt, welche grundlegenden Fragen bei dem Versuch einer Grenzziehung zwischen der Skylla eines in metaphysischen Wesensdenken, das den Menschen oft an die Spitze einer Hierarchie stellt und der Charybdis eines heute herrschenden Naturalismus und Technizismus, die alle Unterschiede im Horizont des Digitalen einebnet. Dabei muss man klar erkennen, dass der Wille zur Grenzüberschreitung dem Menschen eigen ist. Dadurch lassen sich unterschiedliche Gegenstände, wie Roboter, heilige Bilder, Skulpturen oder Wachsfiguren in Zusammenhang mit der Frage nach dem Verhältnis des Menschen zum Nichtmenschlichen in Berührung bringen. Der französische Anthropologe Denis Vidal hat deshalb vorgeschlagen, den Begriff des Anthropomorphismus nicht nur im Sinne einer unzulässigen Grenzüberschreitung, als eine *Falle* also, aufzufassen, sondern ihn *bewusst* im Umgang mit Robotern einzusetzen, insbesondere wenn diese, wie bei humanoiden Robotern, uns äußerlich *ähnlich* sind (Capurro 2017). Mit diesem „pacte anthropomorphique", so Vidal, stehen wir nicht nur in kulturell sehr komplexen Traditionen grenzüberschreitenden Umgangs mit Artefakten und Lebewesen, sondern wir setzen uns gegen die Vorstellung zur Wehr, wir könnten von den Herstellern solcher Artefakte manipuliert werden, da die Unterschiede im Unbewussten nicht klar wären, während sie uns in Wahrheit im bewussten Leben klar sind (Vidal 2016, S. 284). Das bedeutet wiederum nicht, dass es heute aufgrund der *digitalen Weltvernetzung* keine subtilen Formen der Manipulation gäbe bei denen die vernetzten *smarten* Artefakte ein Medium werden können, hinter dem sich dann nicht das menschliche Unbewusste, sondern das Profitstreben der *global players* und/oder der politische Wille zur Unterwerfung verbirgt. Wir fangen mit einem kurzen Ausflug in die Automaten- und Robotergeschichte an und behandeln anschließend ethische Fragen beim Umgang mit Robotern.

9.2 Kurzer Ausflug in die Automaten- und Robotergeschichte

Im ersten Buch der *Politik* schreibt Aristoteles, dass es unterschiedliche Arten von Werkzeugen *(organa)* gibt, nämlich beseelte und unbeseelte, wie etwa der Steuergehilfe und das Steuer. In der Hausverwaltung *(oikias)* ist der Sklave *(doulos)* ein beseelter Besitz und jeder Diener *(hyperetes)* ein Werkzeug „der viele andere Werkzeuge vertritt". Und er fügt Folgendes hinzu:

> Wenn nämlich jedes einzelne Werkzeug auf einen Befehl hin, oder einen solchen schon voraus ahnend, seine Aufgabe erfüllen könnte, wie man das von den Standbildern des Daidalos oder den Dreifüßen des Hephaistos erzählt, von denen der Dichter sagt, sie seien von selbst zur Versammlung der Götter erschienen, wenn also das Weberschiffchen so webte und das Plektron die Kithara schlüge, dann bedürften weder die Baumeister der Gehilfen, noch die Herren der Sklaven (Aristoteles 1978, 1253 b 35–39, S. 51).

Mit dem „Dichter" ist Homer gemeint. Im 18. Gesang der *Ilias* trauern Achill und sein Volkstamm um den Tod des Patroklos. Achills Mutter, die Meeresnymphe Thetis sucht Hephaistos auf, um ihn zu bitten, für ihren Sohn neue Waffen zu schmieden. Sie findet den Gott bei der Arbeit:

> Zu dem Haus des Hephaistos aber kam die silberfüßige Thetis,
> Dem unvergänglichen, bestirnten, hervorstrahlend unter den Unsterblichen,
> Dem ehernen, das er selbst gemacht hatte, der Krummfüßige.
> Und sie fand ihn, wie er sich schwitzend um die Blasebälge herumbewegte,
> Geschäftig, dem Dreifüße, zwanzig im ganzen, fertigte er,
> Rings an der Wand zu stehen der gutergestellten Halle.
> Und goldene Räder setzte er einem jeden von ihnen unter dem Fuß,
> Daß sie ihm von selbst *(oi automatoi)* zum Versammlungsplatz der Götter liefen
> Und wieder ins Haus zurückkehrten, ein Wunder zu schauen.
> Ja, die waren soweit vollendet, nur die Ohren waren noch nicht
> Angesetzt, die kunstreichen, die fügte er eben an und schlug die Bänder (Homer 1979, 18, Verse 369–379).

Ich komme auf Aristoteles am Schluss dieses Beitrags noch einmal zurück. In seinem Buch *Antike Technik,* erschienen 1919 in Berlin, schreibt der Altphilologe Hermann Diels (1848–1922) über die Automaten des Heron von Alexandrien (ca. 62 n. Chr.), dass diese vor allem „theatralische oder populär-religiöse Vorführungen" zum Zweck hatten (Diels 1965, S. 62). Diels hebt neben den Theaterautomaten den „Hodometer" (Wegmesser) und die „Weihwasserautomaten" hervor, die, so Diels, als „Vorbild unserer Schokolade- und Billetautomaten" geworden sind (Diels, a. a. O. 68). Ungefähr dreihundert Jahre früher, hatte Philon von Byzanz (3. Jh. v. Chr.) bereits Automaten gebaut und grundlegende Werke darüber geschrieben. Die Ingenieure der Antike hatten aber vielfältige praktische Anwendungen im Blick, nicht nur bei Tempelanlagen und Theatervorführungen, sondern auch bei der Entwicklung von Uhren und Waffen. Das *Zentrum für Kunst und Medien* (ZKM) zeigt in einer von Siegfried Zielinski kuratierten Ausstellung „Rekonstruktionen und Simulationen legendärer Artefakte" unter anderem „das Meisterstück der audiovisuellen Automaten al-Jazarīs, die sog. Elefantenuhr – ein spektakuläres Objekt zum Hören und Schauen von Zeit; und den programmierbaren Musikautomaten der Banū Mūsā als Animation und mechatronisches Funktionsmodell" (Globale 2016; Zielinski und Weibel 2016). Der Einführungstext zu dieser Ausstellung lautet:

> Die erste Renaissance fand nicht in Europa, sondern in Mesopotamien statt: Die arabisch-islamische Kultur wirkte – medienarchäologisch betrachtet – als Vermittlerin zwischen der Antike und der Frühen Neuzeit in Europa. Als Teil der Ausstellung »Exo-Evolution« erkundet »Allahs Automaten« anhand herausragender Beispiele die reiche und faszinierende Welt der Automaten, die im »l'age d'or« der arabisch-islamischen Kulturen zwischen dem frühen 9. und dem 13. Jahrhundert entwickelt und gebaut wurden.
>
> Die Maschinen zur Lobpreisung Gottes des Allmächtigen stehen vor allem in griechisch-alexandrinischer und byzantinischer Tradition. Sie haben spektakuläre Neuerungen hervorgebracht, die in Europa erst in der Moderne aufkamen: permanente Energiezufuhr, Universalismus und Programmierbarkeit. Zum ersten Mal werden vier der Meistermanuskripte des Automatenbaus aus Bagdad, dem nördlichen Mesopotamien und Andalusien zusammen ausgestellt: das »al-Jāmicbayn al-cilm wa-'l-camal an-nāfic fī ṣināʿat al-ḥiyal« (Kompendium zur Theorie und Praxis der mechanischen Künste) von Ibn al-Razzāz al-Jazarī von 1206 n. Chr, das »Kitāb al-asrār fī natāʾij al-afkār« (Buch der Geheimnisse als Resultat von Ideen) des andalusischen Ingenieurs Aḥmad ibn Khalaf al-Murādī aus dem 12. Jh., das »Kitāb al-ḥiyal« (Buch der sinnreichen Einrichtungen, ca. 830 u. Zt.) von den Brüdern Banū Mūsā ibn Shākir sowie die Schrift »al-Āla allatī tuzammir bi-nafsihā« (Das Instrument, das von selbst spielt) von 850 u. Zt., ein Meisterstück unter den modernen programmierbaren Musikautomaten (Globale 2016a).

9.2 Kurzer Ausflug in die Automaten- und Robotergeschichte

Siegfried Zielinsky und Peter Weibel weisen darauf hin, dass jenseits der religiösen und spielerischen Bedeutung, die Automaten durchaus praktische Funktionen hatten. Die Mehrheit der mechanischen Apparate diente der Einwirkung in die Umwelt zum Wohle der Einwohner etwa wenn Wasser zur Bewässerung der Felder aus tiefen Quellen hoch gepumpt werden musste. Sie dienten also der „Belebung" *(animation)* im wörtlichen Sinne (Zielinsky und Weibel 2016, S. 18). Im Rahmen dieses kurzen Ausflugs in die Automaten- und Robotergeschichte darf die spätmittelalterliche Golem Legende des Juda Loew ben Bezalel (ca. 1512–1609) aus Prag nicht unerwähnt bleiben (Gelbin 2001). Genauso wenig dürfen die Automaten aus dem 17. und 18. Jahrhundert fehlen, wie die mechanische Ente von Jacques de Vaucanson (1709–1782), die Androiden des Schweizer Uhrmachers Pierre Jacquet-Droz (1721–1790), oder der Schachspieler des Wolfgang von Kempelen (1734–1804).

Die Geschichte der Roboter hängt mit der Erfindung und Entwicklung des Computers und seiner Vorgänger, die Rechenwerkzeuge wie der Abakus, die Rechenmaschine von Blaise Pascal und Leibniz' binäres Zahlensystem eng zusammen. Der englische Mathematiker Charles Babbage (1791–1871) begann 1822 mit der Konstruktion einer mechanischen Rechenmaschine *(Difference Engine)* an deren Weiterentwicklung *(Analytical Engine)* die Mathematikerin und Schriftstellerin Ada Lovelace, geb. Byron (1815–1852) beteiligt war. Zur Geschichte des Computers und seiner Programmierung gehören berühmte Namen wie der Mathematiker ungarisch-österreichischer Herkunft John von Neumann (1903–1957), der deutsche Bauingenieur Konrad Zuse (1910–1995) und der englische Mathematiker Alan Turing (1912–1953), um nur einige berühmte Namen zu nennen.

Wenn wir heute selbstfahrenden Fahrzeugen sprechen, dann sollte daran erinnert werden, dass die Geschichte solcher Fahrzeuge bis in die Mitte der zwanziger Jahre des vorigen Jahrhunderts zurückverfolgt werden kann. *The Milwaukee Sentinel* vom 8. Dezember 1926 meldete unter der Schlagzeile „'Phantom Auto' will tour city" Folgendes:

> A "phantom motor car" will haunt the streets of Milwaukee today. Driverless, it will start its own motor, throw in its clutch [Kupplung, RC], twist its steering wheel, toots its horn, and it may even "sass" [eine freche Antwort gegen, RC] the policeman at the corner. The "master mind" that will guide the machine as it prowls [umherstreifen, RC] in and out of the busy traffic will be a radio set in a car behind. Commanding waves sent from the second machine will be caught by a receiving set in the "ghost car". The tour, conducted by the Achen Motor company, will start at 11.30 a.m. from the company's rooms at Oneida and Jackson streets [...] (The Milwaukee Sentinel 1926).

Das geschah bereits fünfunddreißig Jahre nach der Patentanmeldung von Benz & Co. am 29. Januar 1886 „Fahrzeug mit Gasmotorenbetrieb". Die *Central Power and Light Company* in den USA sah bereits 1956 die Zukunft des fahrerlosen Autos folgendermaßen voraus:

> ELECTRICITY MAY BE THE DRIVER. One day your car may speed along an electric super-highway, its speed and steering automatically controlled by electronic devices embedded in the road. Highways will be made safe – by electricity! No traffic jams ... no collisions ... no driver fatigue (The Victoria Advocate 1957).

Das tschechische Wort „robota", das so etwas wie Zwangsarbeit bedeutet, wurde 1920 vom tschechischen Maler, Zeichner, Grafiker, Fotograf und Schriftsteller Josef Čapek (1885–1945), der in Bergen-Belsen ermordet wurde, erfunden und im Theaterstück R. U. R. (Rossum's Universal Robots) seines Bruders Karel (1890–1938) zum ersten Mal literarisch verwendet.

Der polnische Science-Fiction-Autor Stanisław Lem (1921–2006) arbeitete Anfang der siebziger Jahre an einer Geschichte mit dem Titel *Golem XIV*, die mit dem Titel *Also sprach Golem* in deutscher Übersetzung erschienen ist (Lem 1984). Diese Geschichte, an die später noch einmal erinnert wird, inspirierte einem anderen Science-Fiction-Autor, nämlich Isaac Asimov (1920–1992), der in einer Sammlung „I, Robot" erschienen ist und in der erstmals seine berühmten „Drei Gesetze der Robotik" vorgelegt wurden. Diese lauten: 1) Ein Roboter darf keinen Menschen verletzen oder durch Untätigkeit zu Schaden kommen lassen. 2) Ein Roboter muss den Befehlen eines Menschen gehorchen, es sei denn, solche Befehle stehen im Widerspruch zum ersten Gesetz. 3) Ein Roboter muss seine eigene Existenz schützen, solange dieser Schutz nicht dem Ersten oder Zweiten Gesetz widerspricht. Der Film von Alex Proyas *I, Robot* von 2004 hatte aber ursprünglich keine Beziehung zu Asimovs Geschichte. Der Film „Metropolis" von Fritz Lang stammt aus dem Jahre 1927. Der Erfinder Rotwang sagt zum Herrscher von Metropolis, Joh Fredersen: „Noch 24 h Arbeit –, und kein Mensch, Joh Fredersen, wird den Maschinen-Menschen von einem Erdgeborenen unterscheiden können!"

Norbert Wiener fasst die Geschichte der Robotik folgendermaßen zusammen:

> At every stage of technique since Daedalus or Hero of Alexandria, the ability of the artificer to produce a working simulacrum of a living organism has always intrigued people. This desire to produce and to study automata has always been expressed in terms of the living technique of the age. In the days of magic, we have the bizarre and sinister concept of the Golem, that figure of clay into which the Rabbi or Prague breathed life with the blasphemy of the Ineffable Name of God. In the time of

Newton, the automaton becomes the clockwork music box, with the little effigies pirouetting stiffly on top. In the nineteenth century, the automaton is a glorified heat engine, burning some combustible fuel instead of the glycogen of the human muscles. Finally, the present automaton opens doors by means of photocells, or points guns to the place at which a radar beam picks up an airplane, or computes the solution of a differential equation (Wiener 1965, S. 39–40).

Aus diesem kurzen Ausflug in die Automaten- und Robotergeschichte können wir unter anderem lernen, dass wir in gewissem Sinne immer schon *robotic natives* waren, wenngleich Sinn und Zweck dieser Artefakte vom jeweiligen historischen und kulturellen Kontext abhängen. Der mythische und religiöse Kontext ist anders als der künstlerische Kontext und beide unterscheiden sich vom Kontext der Ökonomie und Politik. Mit anderen Worten, was Roboter *sind*, unterliegt einem geschichtlichen Wandel, der mit dem Wandel unseres Weltverhältnisses und unserer Selbstdeutung zusammenhängt. Mehr dazu im Ausblick.

Die heutige auf das *gesamte gesellschaftliche Leben* bezogene Anwendung von Robotern gibt Anlass zu ethischen Fragen, die in der akademischen Welt unter dem Titel *Roboethik* behandelt werden und auf die jetzt eingegangen werden soll. In Bezug auf die rechtlichen Fragen, die hier nur indirekt angesprochen werden, verweise ich auf die Forschungsstelle *RobotRecht* hin, die 2010 am Lehrstuhl für Strafrecht, Strafprozessrecht, Rechtstheorie, Informationsrecht und Rechtsinformatik der Juristischen Fakultät der Universität Würzburg unter der Leitung von Eric Hilgendorf gegründet wurde.

9.3 Roboethik

Wir leben heute, im digitalen Zeitalter, in einer Welt der Roboter *(genitivus obiectivus)*. Damit will ich nicht sagen, dass die Roboter etwa das Subjekt der Geschichte oder die Herrscher der Welt wären, sondern dass sie immer stärker unseren Lebensalltag prägen. Menschsein geschieht ursprünglich immer als Pluralität und mit Bezug auf eine gemeinsam erschlossene Welt von Bedeutungs- und Verweisungszusammenhängen. Diese scheinbar selbstverständlich klingende Aussage stellt in Wahrheit die moderne Selbstdeutung des Menschen als eines eingekapselten von den anderen und der gemeinsamen Welt getrennten Subjekts infrage. Diese Deutung des Menschsein wurde vom Schweizer Daseinsanalytiker Medard Boss in Zusammenarbeit mit Martin Heidegger theoretisch expliziert und in die Praxis umgesetzt (Boss 1975). Menschliches Zusammensein findet auf der Basis von geschichtlich sich wandelnden Normen und Werten statt, die eine

Schutzfunktion haben oder ein symbolisches „Immunsystem" bilden (Sloterdijk 2009). Immunsysteme, ob biologische oder symbolische, werden ständig mit Herausforderungen aus der natürlichen oder sozialen Umwelt konfrontiert. Was alle Lebewesen sozusagen von sich aus tun, müssen wir Menschen in Bezug auf unsere symbolischen Immunsysteme reflexiv vollziehen. Wir nennen Ethik eine solche Reflexion über soziale Immunsysteme. Es ist daher auch von entscheidender Bedeutung zu unterscheiden zwischen der Ethik als einer kritischen Reflexion und ihrem Gegenstand, nämlich die menschlichen Sitten und Gebräuche, wovon sich das Wort Moral (Lat. *mos/mores*) ableitet. Dieses Verständnis der Begriffe Ethik und Moral unterscheidet sich von der Vorstellung, Ethik wäre eine Reflexion, die sich mit dem Handeln eines *einzelnen* Menschen beschäftigt, während Moral auf allgemeine oder universale Regeln abziele. Ich folge der Auffassung des französischen Philosophen Michel Foucault, der Ethik als *Problematisierung* von Moral versteht (Foucault 1983).

Wenn also von Roboethik die Rede ist – der Begriff *roboethics* wurde vom italienischen Ingenieur und Robotik-Forscher Gianmarco Veruggio 2004 eingeführt (Veruggio und Operto 2006) – handelt es sich um eine kritische Reflexion über jene implizite oder explizite Annahmen, die dem sogenannten Handeln von Robotern zugrunde liegen. Die Frage also, ob Roboter „moralische Maschinen" (Wallach und Allen 2009; Capurro und Nagenborg 2009) oder sogar moralisch und dementsprechend auch rechtlich für ihr ‚Handeln' verantwortlich gemacht werden können, beruht meistens auf der Konfusion zwischen Ethik und Moral. Auch eine Einbindung von Robotern in das Geflecht von menschlichen Handlungsregeln in Form von in Algorithmen einprogrammierten moralischen oder rechtlichen Normen, macht aus Robotern keine Mitglieder des Zusammenspiels kontingenter Freiheiten, dass menschliches Leben mit anderen in einer gemeinsamen Welt auszeichnet. Das bedeutet wiederum nicht, dass moralische Regeln und Maxime nicht in Robotern programmiert werden könnten oder sollten, wonach sie ihre Bewegungen entsprechend vorgegebener Ziele und in Bezug auf wohl definierte Kontexte verrichten. Ganz im Gegenteil. Aber es ist ein Fehlschluss zu glauben, dass algorithmische Regeln an die Stelle menschlicher Reflexion *über* Ziele und Werte in kontingenten Situationen treten könnten. Exemplarisch zeigt sich dies an dem von der britischen Philosophin Philippa Foot (1920–2010) diskutierte „Trolley Problem", ob das Töten *einer* Person durch eine Straßenbahn seitens eines Weichenstellers, vorzuziehen ist, wenn er dadurch das Leben mehrerer Personen retten kann (Foot 1978). Das Problem ist weder existenziell noch algorithmisch lösbar, weil die jeweilige Situation in ihrer potenziellen Bedeutungsdichte bei diesem Gedankenexperiment unvorhersehbare Möglichkeiten ausschließt, die kein Algorithmus im Vorhinein erfassen kann. Für die Fehler von Algorithmen sind

Menschen verantwortlich auch wenn die konkrete Zuschreibung dieser Verantwortung aus rechtlicher Sicht eine offene Frage ist. Wir erliegen der Illusion, wir könnten den Zufall aus dem menschlichen Leben ausschalten indem man gleich den Menschen selbst ausschaltet. Dieses Problem zeigt auch, worauf es letztlich bei Robotern ankommt, nämlich auf die Frage nach *Bewegung* und *Ruhe* und nach den jeweiligen Zielen. Diese hängen, im Gegensatz zu verschiedenen Arten von weitgehend aber nicht ausschließlich deterministisch und nicht teleologisch bestimmten Bewegungen in der Natur, allein vom menschlichen *Handeln* ab. Die Begriffe Ruhe und Bewegung sind also mehrdeutig. Der kategoriale Fehlschluss besteht darin, Bewegung auf Handeln zurückzuführen, anstatt einen Unterschied zu machen, der auch im Menschen selbst zu treffen ist. Dieser Unterschied wurde in der Scholastik, zum Beispiel bei Thomas von Aquin, als *actus hominis* oder von der Natur bestimmte Bewegung des Menschen im Unterschied zu *actus humanus*, oder von der *ratio* bestimmtes Handeln, aufgefasst (Thomas v. Aquin 1922: I–2, I,I, c., 3). Der Begriff *actus* muss adjektivisch spezifiziert werden, um den kategorialen Fehler zu vermeiden. Im Falle des Trolleys ist auch zu überlegen, ob er nicht per Programm anhalten oder langsamer fahren könnte oder …? Dies sind alles Alternativen, die sich dem Menschen öffnen, wenn er die zeitliche Dynamik des Geschehens in ihrer dreidimensionalen Qualität wahrnimmt, während Algorithmen auf einer eindimensionalen oder linearen Zeitvorstellung beruhen, auch wenn sie vorgeben lernfähig zu sein, ein Gedächtnis zu haben, *data mining* zu betreiben, und vor allem die Zukunft berechnen zu können. Das gilt auch ganz besonders für den kriegerischen Einsatz von Drohnen. Roboter haben keine Moral und erst Recht keine Ethik, sondern man kann lediglich moralische oder rechtliche Vorschriften einprogrammieren. Dabei muss man aber wissen, dass sie nicht in der Lage sind, ethisch darüber zu reflektieren, das Allgemeine auf den Einzelfall zu beziehen, die Sachverhalte als solche zu verstehen und das Ganze der jeweiligen Situation nicht aus den Augen zu verlieren. Wir müssen in diesen Fällen die anthropomorphe Diktion als eine Falle entlarven, ohne sie aber, in *aufgeklärter* Nutzung dieser Diktion, abzulehnen.

Wie wichtig und gewissermaßen natürlich die Unterscheidung zwischen Mensch und Roboter ist, zeigt die sogenannte *Uncanny Valley* (,unheimliches Tal') Hypothese des japanischen Robotikers Masahiro Mori, wonach eine Akezptanzlücke in der Interaktion zwischen Mensch und Roboter dann entsteht, wenn der Anthropomorphismus nicht mehr als ein solcher wahrgenommen wird (Mori 1970). Es ist aber dann die Frage, für wen diese Akzeptanzproblematik entsteht, nicht nur in Bezug auf die vorauszusetzende Auffassung von Mensch und Roboter, die kulturell sehr unterschiedlich sein kann, sondern auch in Bezug auf die jeweilige Situation. Dieses Problem zeigt auch an, dass wir Roboethik-Forschung brauchen, die zugleich global und interkulturell geführt werden muss. Bei dieser Reflexion handelt es sich nicht nur um die Suche nach universellen Regeln für den Umgang mit Robotern und ihren von Algorithmen vorbestimmten Bewegungen, sondern auch um die Wahrnehmung unterschiedlicher *Optionen* von Lebensformen, in deren Kontext der Umgang mit Robotern stattfindet. Ferner ist zu bedenken, dass gleich ob Roboter ganz oder teilweise autonom handeln, um bei dieser anthropomorphen Diktion zu bleiben, oder sich aufgrund eines Algorithmus bewegen oder ruhen, sie dies im Horizont der digitalen Weltvernetzung tun. Damit ist zugleich gesagt, dass ihre Bewegungsfähigkeit und -ziele im Prinzip durch Dritte beeinflusst oder sogar ganz (fern-)bestimmt werden können. Es geht also um die Frage nach der *security* und nicht nur nach der *safety* oder nach dem Schutz der *Integrität* des Mensch-Roboter-Verhältnisses und ausgetauschter Daten. Damit berühren wir auch eine der Kernfragen der Informationsethik im Kontext der Robotertechnologie, nämlich die des Verhältnisses zwischen Privatheit und Öffentlichkeit (Capurro et al. 2013). Die amerikanische Medienwissenschaftlerin und Ethikerin Helen Nissenbaum hat überzeugend dargestellt, dass Privatheit nicht etwas ist, was an Daten haftet, sondern dass es vom jeweiligen Kontext abhängt, in dem diese Daten freigegeben werden (Nissenbaum 2012). Es geht also darum die Integrität dieses Kontextes zu schützen. Das trifft ganz besonders für die Nutzung von Robotern zu. Denn Roboter sind in ihren vorgegebenen Zielen und algorithmisch bestimmten Bewegungsoptionen auf jeweilige Kontexte bezogen. Spyros Tzafestas, Professor an der School of Electrical and Computer Engineering der Athener National Technical University unterscheidet in seiner Monografie „Roboethics. A Navigating Overview" zwischen folgenden Anwendungsbereichen (Tzafestas 2016, S. 46):

- Industrieroboter (Industrial robots)
- Medizinische Roboter (Medical robots)
- Haushaltsroboter (Domestic and household robots)
- Assistenzroboter (Assistive robots)
- Rettungsroboter (Rescue robots)
- Weltraumroboter (Space robots)
- Militärroboter (Military robots)
- Spielroboter (Entertainment robots)

In allen diesen Bereichen übernehmen Roboter Tätigkeiten, die bisher ganz oder teilweise von Menschen ausgeführt wurden, was deren Entlastung aber auch Entlassung bedeuten kann. In bestimmten Bereichen, wie etwa in der Medizin, ist der

Datenschutz im Sinne von Nissenbaums „contextual integrity" besonders wichtig. Aber auch bei der Art von Tätigkeiten, die „care robots" ausführen, muss auf ihre sinnvolle Anwendung innerhalb bestimmter Grenzen geachtet werden, was nicht zuletzt von kulturellen Traditionen abhängt. Diesem Thema widmet sich die Forschung von Aimee von Wynsberghe in ihrer Doktorarbeit: „Designing Robots with Care: Creating an ethical framework for the future design and implementation of robots" (Wynsberghe 2016). Ähnliche Vorsicht muss walten in Bezug auf Spielroboter für Kinder, insbesondere wenn diese online vernetzt sind.

In diesem Zusammenhang muss auf die Bedeutung dessen hingewiesen werden, was Makoto Nakada von der Universität Tsukuba und ich mit dem Ausdruck Interkulturelle Roboethik gekennzeichnet haben (Nakada und Capurro 2013; Tzafestas 2016, S. 155–167). Es geht darum, unterschiedliche kulturelle Traditionen und die in ihnen verankerten moralischen Werte und Normen in Bezug auf den Umgang mit Roboter zu berücksichtigen, die im Falle von Japan, zum Beispiel, sowohl mit dem Shintoismus und dem Buddhismus als auch mit dem Puppentheater zusammenhängen. Die beinah obsessive Beschäftigung in der westlichen Roboethik mit der Frage der moralischen Autonomie, die vor allem auf der Vorstellung von moderner Subjektivität zurückgeht, findet einen Kontrapunkt in fernöstlichen Traditionen, die dem westlichen Individuum, vor allem in seiner von der Welt und den anderen getrennten Einkapselung, eine geringere oder gar keine Bedeutung beimessen und somit von einem anderen Vorverständnis aus, sowohl die theoretische Debatte als auch die praktische Anwendung von Robotern führen (Capurro 2015, 2016). Kulturen sind keine geschlossenen Entitäten, sondern stets im Wandel sowohl aufgrund gegenseitigen Austausches als auch durch die Arbeit von Wissenschaft, Kunst, Literatur und Philosophie, ohne die die technischen Erfindungen undenkbar sind. Denn auch wenn es so scheint, als wären diese Erfindungen allein aus der Werkstatt der Wissenschaft geboren, sind sie in Wahrheit ohne die Träume der Menschen nicht denkbar. So spiegeln ‚soziale Roboter' *(social robots)* in Japan, die Träume, Wünsche und Bedürfnisse der Ingenieure und Künstler in dieser Gesellschaft, die fast mehr als jede andere, als ein Roboterparadies gilt (Wagner 2013).

In Sachen Kriegsroboter können wir Folgendes von Stanisław Lem lernen. Golem XIV bekundete, so Lem in *Also sprach Golem* „völliges Desinteresse an der Überlegenheit der Kriegsdoktrin des Pentagon im besonderen und an der Weltstellung der USA im allgemeinen (…) und in der Presse hieß Golem nur noch "Governments Lamentable Expense of Money"" (Lem 1984, S. 19–20). Schon Golem XIII „wurde auf der Werft abgelehnt, weil noch vor der Inbetriebnahme einen irreparablen schizophrenen Defekt aufwies" (Lem 1984, S. 19). Die Militärs setzten alle Hoffnung auf einen neuen Prototyp, genannt *Brave Annie*

(Annie steht für *Annihilator).* „Neun Monate lang nahm er normalen ethisch-informationalen Unterricht, aber dann brach er mit der Außenwelt und reagierte überhaupt nicht mehr auf Reize und Fragen" (Lem 1984, S. 19). Ähnliches geschah mit einem Prototyp genannt *Supermaster.* General S. Walker versuchte ihn zu beschädigen, als dieser erklärte „die geopolitische Problematik sei nichts gegenüber der ontologischen und die beste Garantie für den Frieden sei die allgemeine Abrüstung" (Lem 1984, S. 21).

9.4 Ausblick

Die Veränderungen, die die Digitalisierung in allen Bereichen des menschlichen Lebens mit sich bringt, haben Auswirkungen auf das menschliche Selbstverständnis. Diese betreffen vor allem jene moderne Deutung des Menschen als eines autonomen, die Gesetze seines Handelns gebenden Subjekts, dem gegenüber alle Dinge als mögliche Gegenstände seines Erkennens und Handelns in einer von seinem Bewusstsein getrennten Außenwelt stehen. Die Trennung zwischen dem Menschen als ein im moralischen Sinne autonomes Subjekt, das sich dadurch von den Gegenständen unterscheidet, wurde bekanntlich von neuzeitlichen Philosophen wie René Descartes und Immanuel Kant vertreten. Es ist paradox, dass in dem Augenblick, in dem wir vom autonomen zu einem digital vernetzten Subjekt mutieren, wir jene Eigenschaften und Fähigkeiten des modernen Subjekts auf die Roboter projizieren und diese als Quasi-Subjekte auffassen. Dies kommt deutlich zum Ausdruck wenn wir von Robotern als intelligente oder *smarte* Maschinen sprechen, die autonom handeln, lernfähig sind, Entscheidungen treffen, wofür sie angeblich Verantwortung tragen sollen usw. Diese anthropomorphe Redeweise zeigt in Wahrheit, dass wir den philosophischen Horizont der Neuzeit nicht verlassen haben, sondern ihn sogar auf alle Objekte ausweiten, indem diese als selbstständige Agenten vorgestellt werden. Wir verschleiern uns dadurch die Sicht auf die Veränderungen, die durch die digitale Weltvernetzung sowohl in Bezug auf die Dinge als auch auf uns selbst stattfindet. Wir übersehen dabei welche Unterschiede Begriffe wie Autonomie, Handeln, Kommunikation, Intelligenz oder Verantwortung in Bezug auf die auf der Basis von Algorithmen handelnden Roboter im Gegensatz zum offenen, eine gemeinsame Welt teilenden menschlichen Existieren haben. Diese Unterschiede betreffen Dimensionen wie Geburt und Tod, Leiden und Glück, Frieden und Krieg, Gewalt und Gespräch.

Es wäre aber fatal, würden wir die heutigen Roboter und ihre Vorläufer als dem Menschen fremde oder gar als eine tödliche Bedrohung derselben auffassen. Diese Form von manichäischem Denken in Bezug auf die Roboter sowie auf die Technik

9.4 Ausblick

allgemein ist Ausdruck eines Ressentiments gegenüber der *conditio humana*, welche diese von einer ihrer Auszeichnungen abkoppelt, nämlich von der Fähigkeit des Herstellens und der dadurch gegebene Möglichkeit uns und die Welt, anhand unserer Produkte anders zu verstehen und zu verändern. Das Verhältnis zwischen Autonomie und digitaler Vernetzung prägt das Wesen des Roboters im 21. Jahrhundert. Es prägt aber auch, wenngleich in unterschiedlicher Art und Weise, das menschliche Existieren sowohl in seinem Handeln und Sprechen als auch in allen Formen des Arbeitens und Herstellens. Es hebt diese Differenz auf und lässt alle Formen digitaler Interaktion im Kontext des offenen und freien zwischenmenschlichen Zusammenspiels in einer gemeinsamen Welt. Voraussetzung ist freilich, dass wir uns nicht dem Diktat der Algorithmen unterwerfen, die angeblich nur der Lebenserleichterung dienen sollen. Das ist Versprechen der Robotik, schon seit der Antike. Aber die Realität der Roboter auch im 21. Jahrhundert ist ambivalent. Um dieser Ambivalenz gewachsen zu sein, müssen wir den Anthropomorphismus als eine Falle entlarven, besonders dann, wenn er sich als harmlos und benutzerfreundlich ausgibt. Keine Maschinenstürmerei also, sondern selbstkritisches ethisches Denken über jene sozialen Vorurteile, die wir, Entwickler und Nutzer in die Roboter hineinprojizieren und hineinprogrammieren. Roboter sind keine neutrale Werkzeuge zur Lebenserleichterung, sondern sie sind in gesellschaftlichen auf Normen und Werten basierenden Lebenswirklichkeiten eingebettet, die nicht ein für allemal feststehen.

Aristoteles Bemerkung bezüglich der Ersetzbarkeit von Gehilfen und Sklaven durch Automaten, wie sie Homer beschreibt, ist nicht nur in Bezug auf den mythischen Kontext solcher seelenloser aber zugleich bewegender und bestimmte Tätigkeiten ausführenden Werkzeuge relevant. Die Möglichkeit Sklaven und Gehilfen durch Automaten ersetzen zu können, zeigt, dass die teilweise in der Natur *(physis)* begründete Unterscheidung zwischen Sklaven und Herren – es gab auch die Möglichkeit der Sklaverei „aufgrund von Kriegen" (Aristoteles, Pol. 1255 b 22) – für den Philosophen nicht unantastbar war (Capurro 2017). In seinem *opus magnum Das Kapital* zitiert Marx die zu Beginn erwähnte Stelle des Aristoteles, „der größte Denker des Altertums", und bemerkt dazu:

> Sie begriffen, wie der gescheite Bastiat [Frédéric Bastiat, französischer Ökonom, 1801-1850] entdeckt hat, und schon vor ihm der noch klügre Mac Culloch [John Ramsay McCulloch, schottischer Ökonom, 1789-1864], nichts von politischer Ökonomie und Christentum. Sie begriffen u.a. nicht, daß die Maschine das bewährteste Mittel zur Verlängerung des Arbeitstags ist. Sie entschuldigten etwa die Sklaverei des einen als Mittel zur vollen menschlichen Entwicklung des andren. Aber Sklaverei der Massen zu predigen, um einige rohe oder halbgebildete Emporkömmlinge zu "eminent spinners", "extensive sausage makers" und "influential shoe black dealers" zu machen, dazu fehlte ihnen das christliche Organ (Marx 2009, S. 389).

Hundertfünfzig Jahre nach dem Erscheinen des „Kapital" ist die Frage, ob die Maschine in der Gestalt von digital vernetzten Robotern nicht das bewährteste Mittel zur Verlängerung des Arbeitstages ist, sondern vielmehr das sich rasch bewährende Mittel um arbeitende Menschen zu ersetzen, freilich mit dem Ergebnis, dass Menschen ohne Einkommen ihre Freiheit nicht genießen können. Es entsteht also eine neue Form von Ausbeutung und sozialer Ungleichheit, die zunächst durch Umschulung und Fortbildung abgemildert werden kann aber grundsätzlich nach einer neuen Politischen Ökonomie für das digitale Zeitalter verlangt. Norbert Wiener schrieb 1950:

> Let us remember that the automatic machine, whatever we think of any feelings it may have or may not have, is the precise economic equivalent of slave labor. Any labor which competes with slave labor must accept the economic conditions of slave labor. It is completely clear that this will produce an unemployment situation, in comparison with which the present recession and even the depression of the thirties will seem a pleasant joke (Wiener 1989, S. 162).

Die Frage bleibt, inwiefern Roboter kein Hindernis, sondern einen Beitrag zur Humanisierung der Arbeitswelt sowie zu einer gerechteren Gesellschaft leisten können. Sie werden sicherlich diese Frage nicht von sich aus, d. h., aufgrund ihrer Algorithmen, lösen können. Dazu müssen wir Menschen, ein Verständnis und ein Verhältnis zur Zeit in ihrer spezifisch menschlichen Dreidimensionalität im Gegensatz zur Linearität und Homogenität der durch Algorithmen bestimmten Zeit, entwickeln. Nur so, können wir als die *robotic natives,* mit digital vernetzten Robotern leben und diese so humanisieren, dass wir sie in ihrer Eigenart als die algorithmisch geleitete Maschinen erkennen und sein lassen, die sie sind und dabei zugleich die Träume und Albträume von höheren künstlichen Intelligenzen der Philosophie, Kunst und Literatur überlassen (Capurro 1995). So gesehen ist vielleicht das sich abzeichnende Robozän eine Korrektur des Anthropozäns, d. h. jener auf den Menschen, seine Bedürfnisse und Träume orientierten Sicht des In-der-Welt-seins, in Form einer Relativierung jener Eigenschaft, nämlich der *ratio,* die angeblich uns nicht nur gegenüber allen anderen Lebewesen auszeichnet, sondern auch uns über sie stellt. Eine mit fremden artifiziellen Wesen geteilte *ratio* lässt Wege offen, um über uns selbst anders zu denken, als was wir es seit der Moderne gewohnt waren, mit allen positiven und negativen Konsequenzen, die diese moderne Vision für uns selbst und die Welt bewirkt hat. Wenn wir, im „Fernen Westen" die Robotik und die Roboter anders verstehen als im „Fernen Osten" (Jullien 1995), dann könnte ein fruchtbarer interkultureller Roboethik-Dialog stattfinden (Capurro 2015; Nakada und Capurro 2013). Wann fangen wir an, über das Leben mit Robotern im 21. Jahrhundert miteinander nachzudenken?

Teil III
Ethik

Ethik der Informationsgesellschaft

10

Ein interkultureller Versuch

10.1 Einleitung

Ziel dieses Beitrags ist die Einführung der Differenz *direkte/indirekte Rede* in die gegenwärtige informationsethische Debatte. Diese Differenz, die hier nicht primär als eine grammatikalische oder rhetorische, sondern als eine existenzielle, d. h. das Verhältnis von Mensch und Welt betreffende, aufgefasst wird, soll Anlass dazu geben, über Interkulturalität und Geschichtlichkeit informationsethischer Ansätze sowie über unterschiedliche moralische Ausformungen vergangener und gegenwärtiger Informationsgesellschaften nachzudenken.

Auch wenn inzwischen der Ausdruck *Informationsgesellschaft* nicht nur schillernd, sondern sogar fast altmodisch klingt, ist es in neueren historischen und systematischen Analysen deutlich geworden (Berthoud et al. 2005; Hobart und Schiffman 1998; Brown und Duguid 2000), dass wir diesen Titel kaum allein für die gegenwärtige Dominanz des digitalen Mediums als Kitt menschlicher Kommunikation reservieren können und sollten. Menschliches Miteinander vollzieht sich immer schon auf der Grundlage eines symbolischen Austausches in unterschiedlichen Medien, allen voran mittels des eigenen Leibes. Mensch sein heißt, von hier aus gesehen, nicht mehr und nicht weniger als Generator, Vermittler und Empfänger von symbolischen Botschaften zu sein. Wir sind aus dieser Perspektive *homo nuntiator*. Menschliche Gesellschaften sind *message societies* (Capurro 1999).

Symbolische Botschaftsprozesse sind nur möglich, weil wir einen offenen Raum von Sinnmöglichkeiten oder ein „unmarked space", wie der britische Mathematiker George Spencer Brown ihn nennt (Spencer Brown 1973), leibhaftig teilen, von wo aus solche Differenzen als Differenzen sichtbar werden. Um uns gegenseitig etwas mitteilen zu können und dabei einen symbolischen Unterschied zu machen, muss beim Sender und Empfänger, wie die Shannon'sche

Informationstheorie richtig betont, ein gemeinsamer Zeichenvorrat vorliegen. Wenn wir diesen Prozess über die syntaktische Ebene hinaus auf seine Bedingungen der Möglichkeit hin befragen, um mit Kant aber in Heidegger'scher Absicht zu sprechen, dann stoßen wir auf jene Dimension unseres In-der-Welt-seins zu, die Heidegger die „unbestimmte Bedeutung von Sein" nennt (Heidegger 1976, S. 62). Mit jeder Ausformung dieses offenen symbolischen Mitteilungsraums, der Welt also, schreiben wir menschliche Sinngeschichte. Genauer, wir schreiben uns als symbolische Sinn- und Botschaftsdifferenz in der Welt und *als* Welt ein.

Wir leben also immer schon in medialen Informationsgesellschaften. Wolfgang Welsch schreibt dazu treffend:

> Genau wenn Marshall McLuhans These, daß das Medium die Botschaft ist, zutrifft (und ich zweifle nicht, daß dies der Fall ist), dann müssen den elektronischen Medien aus systematischen Gründen die eigentümlichen Erfahrungsformen der anderen Medien fehlen. Zwar können die elektronischen Medien auf alle Gegenstände zugreifen, aber – wie jedes andere Medium auch – nur nach ihrer eigenen Art.

Und er fügt hinzu:

> Medien können, anders gesagt, zwar universal, aber nicht total sein. Sie können alles beinhalten, aber nicht auf jede Art (Welsch 1996, S. 317).

Ich drücke diese Einsicht mit der Formel *totum sed non totaliter* aus. Das bedeutet zugleich, dass wir durch die Wahl von Botschaften und Medien Endlichkeit offenbaren. Wir können diesen endlichen wahlbezogenen Charakter unserer Mitteilungen und die sie ermöglichende Lücke unseres Begehrens nicht aufheben. Was unser Wille bewegt ist das, was wir nicht sind und/oder haben. Unser Mitteilungsbedürfnis entspringt diesem existenziellen Mangel am Sein oder am Realen, der sich konkret bis in die Alltagsbedürfnisse niederschlägt (Capurro 1995, S. 114). *E-Mails* und *SMS* erinnern uns täglich daran. Als Sender und Empfänger von symbolischen Botschaften generieren wir zugleich Verhaltensregeln, die ein solches Handeln im Hinblick auf die gegenseitige Rücksichtnahme bestimmen. Wir nennen solche Verhaltensregeln bekanntermaßen *Moral*. Der Informationsethik fällt die Aufgabe zu, über moralische Verhaltensregeln, die menschliche Kommunikation als solche begründen, zu reflektieren. Informationsethik bedeutet, mit anderen Worten, Problematisierung von Informationsmoralen. Die vergleichende Analyse moralischer Kommunikationsnormen nennen wir *interkulturelle Informationsethik* (Capurro 2008a, 2016a).

Es ist vor allem das Verdienst von Charles Ess und Fay Sudweeks (Murdoch University, Australien) seit 1998 in Abstand von zwei Jahren die renommierten

10.1 Einleitung

Konferenzen *Cultural Attitudes towards Technology and Communication* (CATaC) zu organisieren (Sudweeks und Ess 2004). Das *International Center for Information Ethics* (ICIE) veranstaltete mit Unterstützung der *VolkswagenStiftung* im Jahr 2004 die erste internationale Konferenz über interkulturelle Informationsethik, deren Beiträge in der *International Review of Information Ethics* (IRIE) sowie in der ICIE Schriftenreihe erschienen sind (Capurro et al. 2007). Die interkulturelle Informationsethik ist wiederum Teil einer entstehenden komparativen Ethik (Elberfeld und Wohlfahrt 2002), die in einem ersten Schritt den Blickwinkel vom „Fernen Westen" auf den „Fernen Osten" verlagert, um dadurch einen „Ortswechsel des Denkens" zu ermöglichen. Mit diesen Formulierungen deute ich auf die Arbeiten des französischen Philosophen und Sinologen François Jullien hin, der die anfangs erwähnte Unterscheidung zwischen direkter und indirekter Rede eingehend thematisiert hat, worauf ich im zweiten Teil dieses Beitrags eingehen werde (Jullien 2000, 2002, 2003, 2005, 2005a).

Meine These in Anschluss an Jullien lautet, dass die informationsethische Reflexion im *Fernen Westen* vom Grundsatz der direkten Rede ausgeht, während im *Fernen Osten* die indirekte Rede maßgeblich ist. Eine einfache Gegenüberstellung ist aber irreführend, da in beiden Kulturen das jeweils andere, wenngleich unter verschiedenen sozialen, institutionellen und ideengeschichtlichen Zusammenhängen vorkommt. Ich schlage vor, die von Jullien erarbeiteten Unterschiede zwischen direkter und indirekter Rede für die informationsethische interkulturelle Debatte fruchtbar zu machen. Dies kann im Rahmen dieses Beitrags nur verkürzt dargestellt werden. Bevor ich aber auf den *Fernen Osten* zu sprechen komme, möchte ich einen kurzen Überblick über die Geschichte dieser Differenz im *Fernen Westen* geben. Ziel dieser interkulturellen Übung ist es, uns auf jenes von Nietzsche angekündigte „Zeitalter der Vergleichung" einzustimmen, wovon er schreibt:

> Für wen giebt es jetzt noch einen strengeren Zwang, an einen Ort sich und seine Nachkommen anzubinden? Für wen giebt es überhaupt noch etwas Bindendes? Wie alle Stilarten der Künste neben einander nachgebildet werden, so auch alle Stufen und Arten der Moralität, der Sitten, der Culturen. – Ein solches Zeitalter bekommt seine Bedeutung dadurch, dass in ihm die verschiedenen Weltbetrachtungen, Sitten, Culturen verglichen und nebeneinander durchlebt werden können; [...] Es ist das Zeitalter der Vergleichung! Das ist sein Stolz – aber billigerweise auch sein Leiden. Fürchten wir uns vor diesem Leiden nicht! Vielmehr wollen wir die Aufgabe, welche das Zeitalter uns stellt, so gross verstehen, als wir nur vermögen: so wird uns die Nachwelt darob segnen, – eine Nachwelt, die ebenso sich über die abgeschlossenen Originalen Volks-Culturen hinaus weiss, als über die Cultur der Vergleichung, aber auf beide Arten der Cultur als auf verehrungswürdige Alterthümer mit Dankbarkeit zurückblickt (Nietzsche 1999, 2, S. 44–45).

Gegenüber den vor allen vor allem politischen Bemühungen um eine transkulturelle Informationsethik, die sich schon jenseits des „Zeitalters der Vergleichung" wähnt, sollten wir uns eine geduldige und langfristige kulturvergleichende Denkarbeit in Bezug auf die Normen und Stile menschlicher Kommunikation nicht ersparen.

10.2 Die Tradition der direkten und indirekten Rede im *Fernen Westen*

Der Weltinformationsgipfel 2003–2005 hat unter anderem eine *Declaration of Principles* proklamiert, die den Charakter einer transkulturellen Moralcharta für die entstehende digitale Weltinformationsgesellschaft hat (WSIS 2003/2005). Im Mittelpunkt dieser Erklärung steht die praktische Forderung nach Aufhebung des *digital divide* also jener Spaltung, die paradoxerweise durch ein Medium verursacht wurde, das wie kaum ein anderes das Beiwort *global* verdient. Die vielfältigen technischen, kulturellen, politischen und ökonomischen Barrieren, die einen allgemeinen und fairen Zugang zur digitalen Weltvernetzung verhindern, nehmen immer mehr den Charakter einer tatsächlichen, wenngleich nicht immer erstrebten Zensur ein. Was als ein mögliches Heilmittel für die Linderung der bestehenden Ungerechtigkeiten dienen könnte, entpuppt sich zumindest teilweise als Katalysator eben dieser Spaltungen.

Spätestens seit der Aufklärung wissen wir im *Fernen Westen*, dass Zensurfreiheit zu den Grundbedingungen freien politischen Zusammenlebens gehört. Diese Einsicht drückte sich zunächst in Bezug auf die Pressefreiheit als diejenige Form kollektiver Mitteilung aus, die man später als die vierte Gewalt demokratischer Gesellschaften erkannte. Dem *freedom of the press* folgt im digitalen Zeitalter die Forderung nach *freedom of access*. Die Zugangsfreiheit zum Internet bezieht sich vor allem auf die während des Weltinformationsgipfels zum Teil leidenschaftlich erörterte Frage nach einem Menschenrecht auf Kommunikation im Sinne des Rechts zu lesen und zu schreiben im Medium elektronischer Weltvernetzung.

Das ist nur auf den ersten Blick auch mit Artikel 19 der *Allgemeinen Erklärung der Menschenrechte* gemeint:

> Jeder hat das Recht auf Meinungsfreiheit und freie Meinungsäußerung; dieses Recht schließt die Freiheit ein, Meinungen ungehindert anzuhängen sowie über Medien jeder Art und ohne Rücksicht auf Grenzen Informationen und Gedankengut zu suchen, zu empfangen und zu verbreiten.

10.2 Die Tradition der direkten und indirekten Rede im *Fernen Westen* 131

Als dieser Artikel formuliert wurde, waren die globalen und interaktiven Möglichkeiten der gegenwärtigen digitalen Weltvernetzung nicht vorhersehbar. Das erklärt auch die Aufregung um ein *neues* Recht auf Kommunikation während des Gipfels in Genf und in Tunis. Mit anderen Worten, die Freiheit kommunikativer Interaktivität stellt sich immer mehr als ein moralisches Kennzeichen oder als eine „regulative Idee" (Kant) des beginnenden Informationszeitalters dar. Inzwischen wissen wir aber, dass die anfänglichen euphorischen Erwartungen, die mit dem *Cyberspace* verknüpft wurden, den quasireligiösen Charakter einer *Cybergnosis* hatten. Bereits das 20. Jahrhundert hatte uns globale Informations- und Kommunikationsutopien beschert, die das Erbe der „Gutenberg-Galaxis" (McLuhan 1962) in der Gestalt zum Beispiel von Enzyklopädien und Universalbibliotheken weiterführten. Alles allen ständig mitteilen zu können, ist der utopische Anspruch von *broadcasting*, das dem Radio und Fernsehen des 20. Jahrhunderts auf der Grundlage der hierarchischen *one-to-many* Sendestruktur eigentümlich ist. Der Rezipient solcher globalen Botschaften ist und bleibt, trotz anders lautender Beteuerungen und Konvergenzversuchen, eben ein Rezipient und mutiert nur scheinbar zum Sender innerhalb der jeweiligen Sender- und Sendungshoheit. Die Blogosphäre kündigt das Ende dieses massenmedialen Sendungsmythos und den Beginn eines neuen an (Palm 2005). Aus dieser Perspektive erscheint die digitale Weltvernetzung wie eine gigantische Gerüchteküche, die jene Attribute besitzt, die der römische Dichter Ovid der *fama,* der Göttin des Gerüchtes, einer Verfallsform der indirekten Rede, zuspricht:

Longa fuit medii mora temporis; actaque magni
Herculis inplerant terras odiumque novercae.
victor ab Oechalia Cenaeo sacra parabat
vota Iovi, cum fama loquax praecessit ad aures,
Deianira, tuas, quae veris addere falsa
gaudet et e minimo sua per mendacia crescit,
Amphitryoniaden Ioles ardore teneri.

Lange Zeit inzwischen verstreicht. Die Taten des großen
Hercules haben den Erdkreis, der Stiefmutter Haß schon ersättigt.
Opfer zum Dank für Oechalias Fall will der Sieger Euboeas
Juppiter spenden, da trägt die geschwätzige Fama, die gerne
Falsches zu Wahrem fügt und aus Kleinstem durch Lügen ins Große
wächst, o Deianira, ans Ohr voraus dir die Kunde,
daß des Amphitryon Sproß für Iole stehe in Flammen
(Ovid 1983, IX, S. 136–137).

Ovid beschreibt den Wohnort dieser seltsamen Göttin mit folgenden Worten:

> Orbe locus medio est inter terrasque fretumque
> caelestesque plagas, triplicis confinia mundi:
> unde quod est usquam, quamvis regionibus absit,
> inspicitur, penetratque cavas vox omnis ad aures.
> Fama tenet summaque domum sibi legit in arce,
> innumerosque aditus ac mille foramina tectis
> addidit, et nullis inclusit limina portis.
> nocte dieque patet. tota est ex aere sonanti,
> tota fremit vocesque refert iteratque, quod audit.
> nulla quies intus nullaque silentia parte.
> nec tamen est clamor, sed parvae murmura vocis,
> qualia de pelagi, siquis procul audiat, undis
> esse solent, qualemve sonum, cum Iuppiter atras
> increpuit nubes, extrema tonitrua reddunt.
> atria turba tenet: veniunt leve vulgus euntque.
> mixtaque cum veris passim commenta vagantur
> milia rumorum confusaque verba volutant.
> e quibus hi vacuas inplent sermonibus aures,
> hi narrata ferunt alio, mensuraque ficti
> crescit, et auditis aliquid novus adicit auctor.
> illic Credulitas, illic temerarius Error
> vanaque Laetitia est consternatique Timores
> Seditioque repens dubioque auctore Susurri.
> ipsa, quid in caelo rerum pelagoque geratur
> et tellure, videt totumque inquirit in orbem.

> Mitten im Erdkreis ist zwischen Land und Meer und des Himmels
> Zonen ein Ort, den Teilen der Dreiwelt allen benachbart.
> Alles, wo es geschehe, wie weit es entfernt sei, von dort er-
> späht man's; ein jeder Laut dringt hin zum Hohl seiner Ohren.
> Fama bewohnt ihn; sie wählte zum Sitz die oberste Stelle,
> tausend Zugänge gab sie dem Haus und unzählige Luken,
> keine der Schwellen schloß sie mit Türen; bei Nacht und bei Tage
> steht es offen, ist ganz aus klingendem Erz, und das Ganze
> tönt, gibt wieder die Stimmen und, was es hört, wiederholt es.
> Nirgends ist Ruhe darin und nirgends Schweigen im Hause.
> Aber es ist kein Geschrei, nur leiser Stimmen Gemurmel,
> wie von den Wogen des Meeres, wenn einer sie hört aus der Ferne,
> oder so wie der Ton, den das letzte Grollen des Donners
> gibt, wenn Jupiter schwarzes Gewölk hat lassen erdröhnen.
> Scharen erfüllen die Halle; da kommen und gehn, ein leichtes
> Volk, und schwirren und schweifen, mit Wahrem vermengt, des Gerüchtes tausend
> Erfindungen und verbreiten ihr wirres Gerede.

10.2 Die Tradition der direkten und indirekten Rede im *Fernen Westen*

> Manche von ihnen erfüllen mit Schwatzen müßige Ohren,
> andere tragen dem Nächsten es weiter, das Maß der Erdichtung
> wächst, und etwas fügt ein Jeder hinzu dem Gehörten.
> Töricht Vertrauen ist da, da ist voreiliger Wahn, ist
> eitle Freude, da sind die sinnverwirrenden Ängste,
> plötzlicher Aufruhr und Gezischel aus fraglichem Ursprung.
> Aber sie selbst, sie sieht, was im Himmel, zur See und auf Erden
> alles geschieht und durchforscht in der ganzen Weite das Weltrund
> (Ovid 1983, XII, S. 39–63).

Der Mythos, alles allen mitteilen zu wollen, eine unmögliche Erweiterung des psychoanalytischen *settings,* hat seine Wurzeln in der griechischen Antike. Die athenische Demokratie basierte, wie Michel Foucault darlegt (Foucault 1983), auf dem Grundsatz der *parrhesía* oder Redefreiheit neben dem Gleichheitsrecht zu sprechen *(isegoría)* und dem Recht der Teilnahme aller Bürger an der politischen Machtausübung *(isonomía).* Die späteren moralischen und rechtlichen Informationsgrundsätze, nämlich *freedom of access* und *freedom of the press* gehen, historisch betrachtet, auf das *freedom of speech* zurück.

Was ist genau unter *parrhesía* zu verstehen? Ich fasse einige Kerngedanken Foucaults zusammen. *Parrhesía* wird im Englischen mit *free speech,* im Französischen mit *franc-parler* und im Deutschen mit *Freimütigkeit* übersetzt. Der *parrhesiastes* ist derjenige, der die Wahrheit sagt, etymologisch: der allen *(pan)* etwas sagt *(rhema).* Der parrhesiastische Sprecher möchte so klar und deutlich wie möglich seine Gedanken mitteilen. Er sagt aber nicht nur etwas, sondern er tut das – und das Maskulinum ist in diesem altgriechischen Kontext, in dem der Mann politisch das Sagen hat, wichtig und richtig – indem er sich selbst in die Aussage bringt oder sich engagiert und zwar in einem Kontext, der für ihn riskant oder sogar lebensgefährlich sein kann. Die Wahrheit sagen, ist auch nicht bloß, wie bei Descartes, ein mentales Ereignis, sondern eine verbale Aktivität bei der der Sprecher nie Zweifel hat, im Besitz der Wahrheit zu sein. Sein Mut ist das Kennzeichen seiner Aufrichtigkeit. Wie können wir aber sicher sein, dass der Sprecher ein *Wahr-Sager* ist? Und wie kann der Sprecher selbst sicher sein, dass das, woran er glaubt, die Wahrheit ist? Die erste Frage war, so Foucault, besonders wichtig für die Griechen und sie wurde unter anderem von Plutarch und Galen erörtert. Die zweite Frage ist modern und den Griechen fern.

Der parrhesiastische Sprecher ist also derjenige, der sein Leben riskiert, indem er die Wahrheit ausspricht. Gemeint sind hier vor allem politisch riskante Situationen. Der parrhesiastische Sprecher will nicht die Wahrheit beweisen, sondern Kritik gegenüber seinem Adressaten ausüben, wobei er sich in der Situation des Unterlegenen befindet, etwa einem Tyrann gegenüber oder aber auch in der demokratischen Auseinandersetzung, wenn der Athener Bürger, der sich in Besitz bestimmter moralischer Qualitäten wähnt, der Mehrheit trotzt. Das Risiko war die Verbannung. Mit anderen Worten, die Wahrheit zu sagen, wird als eine politische Pflicht betrachtet, mit dem Ziel, anderen und/oder sich selbst zu helfen. Sie ist der Kunst der Überzeugung entgegengesetzt, die wir, neben Schweigen oder dem Verfallsmodus der Falschheit im Hinblick auf die Differenz zwischen direkter und indirekter Rede dieser letzteren Form zurechnen müssen.

Die athenische *agora* ist der Ort, in dem diese Form öffentlichen Redens zum ersten Mal im *Fernen Westen* erscheint. In Platons Dialogen übernimmt Sokrates die parrhesiastische Rolle zum Beispiel mit Bezug auf Alkibiades, indem er ihn ermahnt, sich um sich selbst zu kümmern *(epiméleia heautou)*. Diese parrhesiastische Technik wurde später von epikuräischen Philosophen wie Philodemus sowie von Stoikern wie Epiktet und Seneca praktiziert. Aber bereits bei Demokrit heißt es:

> Eigentümliches Zeichen freier Gesinnung ist offene Sprache *(parrhesie)*, aber die Gefahr liegt dabei in der Abmessung *(diágnosis)* des richtigen Zeitpunktes *(kairou)* (Diels und Kranz 1959, Fr. 226).

Die *parrhesía* spielt eine herausragende Rolle bei Euripides insbesondere im „Ion", ein parrhesiastisches Drama bei dem es um den Mythos der Gründung Athens aber auch um die Wiedererkennung von Mutter und Sohn geht. Ion, Sohn von Apollo und Kreusa oder angeblich vom Krieger Xuthos und Kreusa, will wissen, wer er ist. Er äußert sich gegenüber Xuthos mit folgenden Worten:

> Ich will nun gehen. Nur eines fehlt mir noch zum Glück;
> denn wenn ich nicht die Mutter finde, Vater,
> will ich nicht leben. Wenn ich wünschen darf,
> so sei die Frau, die mich geboren, aus Athen,
> daß ich auch von der Mutter her ein Bürger bin.
> Denn dringt ein Fremder in die Stadt von reinem Stamm,
> mag er dem Namen nach ein Bürger sein, so hat
> sein Mund wie der des Sklaven doch kein Rederecht *(parrhesían)* (Euripides, Ion, S. 673–675).

Das ödipale Problem der Wahrheit findet seine Lösung dadurch, dass die Sterblichen trotz ihrer Blindheit das Licht der Wahrheit erblicken, obwohl der Wahrheitsgott Apollon, dessen Diener Ion ist, schweigt oder in der indirekten verbergenden Rede seines Orakels spricht *(mantéusentai)* (Euripides, Ion, S. 365) und Kreusa keine Antwort gibt obwohl er ein Wahrheitskünder ist (Euripides, Ion,

10.2 Die Tradition der direkten und indirekten Rede im *Fernen Westen*

S. 388). Apollo ist ein verbergender Gott, der Anti-Parrhesiast par excellence. Ion ist derjenige, der den Mut aufbringt, den Demos oder den König über ihr Versagen aufzuklären. Kreusa wiederum übt eine nicht-politische persönliche Form von *parrhesía*, indem sie den Lichtgott Apollon für seine Missetaten anprangert und als Sohn der Leto, der Verbergerin, entlarvt. Vor diesem Hintergrund mag kaum verwundern, dass Heidegger das griechische Wort für Wahrheit, nämlich *alétheia*, mit Un-Verborgenheit übersetzt (Heidegger 2002).

Foucault bemerkt, dass die Problematisierung der *parrhesía* damit zu tun hatte, dass ihre politische Ausübung rechtlich nicht klar definiert war, im Gegensatz zur *isonomía* als dem Recht eines jeden Bürgers, seine Meinung zu äußern, und *isegoría* als der Gleichheit der Bürger vor dem Gesetz. Man wusste also nicht genau, was man riskierte, wenn man die Wahrheit öffentlich aussprach. Dazu kam eine zweite Krise, nämlich in Bezug auf Bildung und Erziehung. Parrhesiastische Aufrichtigkeit reicht offenbar als Wahrheitsverhältnis nicht mehr aus. Es bedarf dazu der persönlichen Bildung, eine Frage, die in Bezug auf die Angebote der Sophisten virulent wurde. In der *Zweiten Rede gegen Philipp* schreibt Demosthenes:

> Und was das Schändlichste von allem ist, ihr habt auf bloße Hoffnungen hin diesen Frieden sogar für eure Nachkommen verbindlich gemacht. So völlig habt ihr euch hintergehen lassen. Doch warum bringe ich das jetzt vor und verlange, diese Leute zur Verantwortung zu ziehen? Ich will, bei den Göttern, frei heraus (metá parrhesías) die Wahrheit sagen und euch nichts verbergen (Demosthenes 1985, VI, S. 31).

In der *Politeia* lässt Platon dem Sokrates die neue demokratische Regierungsform folgendermaßen schildern:

> An erster Stelle steht doch dies, daß sie freie Menschen sind und daß der Staat förmlich überquillt von Freiheit und von Schrankenlosigkeit im Reden *(parrhesías)* und daß jeder ungehindert tun kann, was ihm nur immer beliebt? (Platon 1988, Staat 557b).

Die von Sokrates geübte *parrhesía* ist aber nicht identisch mit der politischen Redefreiheit. Sie findet in einem *face-to-face* Gespräch statt und hat als Gegenstand das Leben *(bíos)* des Gegenüber. Die Theorie der indirekten Rede wie sie Platon im *Siebten Brief* entwickelt, bleibt im Vergleich dazu marginal, auch wenn man sie in Zusammenhang mit der so genannten *ungeschriebenen Lehre* setzt (Jullien 2000, S. 248; Szlezák 1985). Von Sokrates ausgehend führt der Weg zur epikuräischen und stoischen Tradition sowie zur *parrhesía* im Neuen Testament, wo sie in Zusammenhang mit den Anschuldigungen, Jesus würde das mosaische Gesetz übertreten, vorkommt:

Da sprachen etliche aus Jerusalem: „Ist das nicht der, den sie suchten zu töten? Und siehe zu, er redet frei *(parrhesía lalei)*, und sie sagen ihm nichts" (Joh. 7, 25–26).

Die christliche *parrhesía* schlägt sich in den Techniken der Lebensführung, den Beichtpraktiken und den christlichen geistigen Übungen nieder, wie wir sie zum Beispiel in der Neuzeit bei Ignatius von Loyola vorfinden (Capurro 1995, S. 29 ff.). Diese haben ihr rationales *Pendant* in den, wie wir sie nennen können, Cartesianischen Exerzitien – Descartes war bekanntlich ein Jesuitenzögling –, bei denen es gilt, dass nichts als wahr angenommen, was nicht vorher vom *cogito* angezweifelt und geprüft wird.

Die Tradition der direkten Rede ist im *Fernen Westen* maßgebend, aber nicht ausschließlich. Der Philosoph Leo Strauss (1899–1973) hat die klassische Unterscheidung zwischen *esoterischen* und *exoterischen* Schriften analysiert (Strauss 1988). Diese Unterscheidung war in der griechischen Antike geläufig. Es besteht aber ein Unterschied, so Strauss, zwischen den prämodernen und den modernen Philosophen insofern als jene für die Freiheit kämpften, *ihre* Gedanken anderen mitzuteilen, während die Philosophen der Aufklärung das allgemeine Recht auf Kommunikation in den Mittelpunkt eines politischen Ideals stellten, beim dem es um die Freiheit öffentlicher Diskussion sowie um die Möglichkeit allgemeiner Volksbildung ging (Strauss 1988, S. 33). Moderne Philosophen, wie zum Beispiel Thomas Morus, waren entschiedene Kritiker der indirekten Rede *(ductus obliquus)* (Morus 2001, S. 50). Strauss verteidigt aber die prämodernen Philosophen, deren exoterische Schriften einen allgemeinen erbaulichen und einen wichtigeren philosophischen „zwischen den Zeilen angedeuteten" esoterischen Sinn haben, der sich an junge potenzielle Philosophen richtet. Diese sollen dadurch zur reinen Theorie jenseits praktischer und politischer Interessen angestachelt werden (Strauss 1988, S. 36).

So gesehen, gehören exoterische Schriften mit ihrem esoterischen Sinn zu einer nicht liberalen Gesellschaft. Welchen Zweck haben sie aber in einer liberalen? Sie sind, so Strauss, eine Liebeserklärung des Philosophen an die Lernenden, vergleichbar jenen von Alkibiades mit Bezug auf Sokrates bezogenen Götterbildern oder Silenfiguren *(agálmata)*, deren Schönheit, wie im Falle der sokratischen Reden, sich hinter einer lächerlichen Fassade verbirgt (Platon 1988, Symp. 216e und 221e). Dieser Vergleich wurde von Jacques Lacan in seinem Seminar *Le transfert* ausführlich analysiert, im Sinne nämlich jenes Gegenstandes reiner Begierde, der die Umkehr von der narzistischen Liebe des Geliebten *(erómenos)* zum Suchenden und Liebenden *(erastés)* möglich macht (Lacan 1991). Torquato Accetto, der wahrscheinlich gegen Ende des sechzehnten Jahrhunderts

10.2 Die Tradition der direkten und indirekten Rede im *Fernen Westen*   137

im apulischen Trani geboren wurde und in Neapel lebte, veröffentliche 1641 ein Traktat *Von der ehrenwerten Verhehlung* mit folgendem Untertitel:

> Wie schön ist die Wahrheit,
> wie notwendig die Verheimlichung
> und warum ist der Zorn ihr Feind?
> Wie man Schmähungen mißachtet,
> wie es die Kunst des Verbergens
> zwischen Liebenden geben kann und
> warum die Verhehlung eine Arznei ist (Accetto 1995).

Accettos Gedanke der ehrenwerten Verhehlung *(dissimulazione)* nimmt Bezug auf die Erfahrung der Unmöglichkeit der Liebe. Die Schönheit des Körpers ist nichts anderes als eine liebenswerte Verhehlung worauf er mit dem Schweigen der Seele antwortet. Im Jahre 1647 veröffentlichte Baltasar Gracián (1601–1658) *Die Kunst der Weltklugheit (El arte de la prudencia),* in dem er rät: „Die Ideen nicht allzu deutlich erklären" („No explicar las ideas con demasiada claridad") (Gracián 1981, Nr. 253). Es ist kein Zufall, dass diese Beispiele positiver Wertung der indirekten Rede im Fernen Westen aus dem 17. Jahrhundert stammen.

Mit dem Übergang vom Mittelalter zur Neuzeit entwickelt sich in Europa eine neue Gesellschaftsform, nämlich die des Hofadels, und mit ihr eine neue Moral und eine neue Form der Kommunikation. Im Gegensatz zur Kunst der Rhetorik entsteht die Kunst der Konversation, die ein Gleichgewicht zwischen Reden und Schweigen sucht, vor allem im Hinblick auf das, was für den anderen anstößig sein könnte. Nicht das Trennende, Opponierende, sondern das Verbindende steht bei dieser „art du lien", wie die französischen Kommunikationswissenschaftler Olivier Arifon und Philippe Ricaud sie nennen, im Vordergrund (Arifon und Ricaud 2005). Es ist der *style français* oder jene diplomatische Sprache, die das Verhältnis der europäischen Staaten seit dem 17. bis Anfang des 20. Jahrhunderts prägte.

Obwohl also der *Ferne Westen* in der Tradition der direkten Rede steht, sollten wir die Brechungen nicht aus den Augen verlieren, wollen wir der Fiktion eines linearen Fortschrittes entgegenwirken. Zu dieser Tradition gehören die Problematisierung von Zensur im Rahmen der Verbreitung des gedruckten Wissens zur Zeit der Aufklärung nicht weniger als der investigative Journalismus im 19. und 20. Jahrhundert oder der heutige Ruf nach Kommunikationsfreiheit im Internet. Letzteres findet vor dem Hintergrund von Kontrollen und digitalen Eingriffen aller Art statt, die den ursprünglich anvisierten Charakter des Internet als eines offenen, unabhängigen Raumes im Sinne einer Utopie globaler Kommunikation beinah in ihr Gegenteil zu verkehren drohen, wovon Lawrence Lessig eindringlich warnt (Lessig 1999, 2002).

10.3 Die Tradition der direkten und indirekten Rede im *Fernen Osten*

Die Kunst der indirekten Rede durchdringt in China Politik, *business* und Philosophie gleichermaßen. Wenn das Verhältnis und nicht das Individuum im Mittelpunkt steht, bedeutet dies, dass jeder Kommunikationsteilnehmer im Prinzip im Mittelpunkt und somit auch *König* sein kann. Dadurch vermeidet man Konflikte und sichert die Harmonie (Arifon und Ricaud 2005, S. 120). Das bedeutet zugleich eine Relativierung des Stellenwerts der Sprache.

Obwohl das Denken im *Fernen Westen* die direkte Rede, wie am Beispiel der *parrhesía* umrisshaft dargelegt, von Anfang an positiv bewertet, sodass nicht nur ihr Gegenteil, nämlich die Lüge, sondern auch die Zwischenstufen, von der Diskretion über die Andeutung bis hin zur Verschleierung und Verheimlichung, unter Umständen als moralisch fragwürdig erscheinen, gibt es, wie wir gesehen haben, eine westliche Tradition der Ethik der indirekten Rede, die der Ideologie der Direktheit entgegenwirkt. Diese Tradition geht, wie Jullien zeigt, auf die griechische *métis*, den „listigen Verstand", zurück (Jullien 2000, S. 44 ff.; Detienne und Vernant 1974). Bereits hier besteht aber ein grundlegender Unterschied zur chinesischen Reflexion über die indirekte Rede. Die griechische *métis* ist kein Gegenstand einer Theorie und sie bleibt im Schatten der spekulativen Vernunft. Sie unterscheidet sich auch als eine Art der Kriegsführung im Westen von den chinesischen Strategietheorien. Im Rahmen der westlichen Kriegstheorien bleibt sie dem Gedanken der Konfrontation in der Struktur der Phalanx verhaftet, die der Figur und der Praxis des sophistischen Rednerwettstreits *(ágon lógon)* entspricht. Demgegenüber basiert die chinesische Kriegskunst auf einer durchdachten Strategie des indirekten, seitlichen Angriffs oder der diskreten Kunst der Suggestion, die zwischen dem Frontalangriff und der indirekten Attacke oder, auf der Ebene des Diskurses, zwischen dem Expliziten und dem Impliziten oszilliert. In der Kunst der Invektive, der Schmährede also, vermeidet man die gemeine zugunsten der subtilen Sprache.

In der Dichtkunst, der Heimat der indirekten Rede, gilt für die chinesische Kultur, dass der chiffrierte Sinn moralischer und politischer Natur ist, während dieser Sinn im Westen primär auf die Seele und das Göttliche bezogen wird. „Nur in Delphi", so Jullien, „beim Dreifuß der Pythia, kann man sehen, wie die Indirektheit der poetischen Formulierung mit politischen Interessen verbunden ist" (Jullien 2000, S. 68). Die Mantik, das orakelhafte Oszillieren zwischen Vorsicht und Wahrheit, bleibt aber innerhalb des Griechentums ein Grenzfall, während sie aufseiten der Chinesen alltäglich ist. Der Unterschied zwischen China und Griechenland lässt sich nach Julliens Auffassung an einem Punkt dingfest

10.3 Die Tradition der direkten und indirekten Rede im *Fernen Osten*

machen, nämlich an der Tatsache, dass China sich keine andere Regierungsform vorgestellt hat als die Monarchie (Jullien 2000, S. 122–123). Das gilt noch heute in Bezug auf das Machtmonopol der Kommunistischen Partei trotz der Abschwächung der kommunistischen Ideologie. Die Chinesen haben aber eine politische Praxis entwickelt, die den Gebildeten eine gewisse Legitimität für das gute Funktionieren der monarchischen Macht verschaffte, nämlich die Ermahnung des Fürsten im Namen der Moral. Die verschiedenen Formen der Ermahnung kreisen um das indirekte Sprechen bzw. um eine Ethik der Diskretion. Ermahnungen offen vorzubringen, erweist sich als eine Falle, da sie nicht institutionell verankert ist. Jullien schreibt:

> Als sich das kommunistische Regime zu stabilisieren begann, zögerte der Vorsitzende Mao nicht, die Intellektuellen einzuladen, ihre Meinung deutlich kundzutun (das war im Jahre 1957); die im darauffolgenden Jahr gestartete Bewegung der „sozialistischen Berichtigung" machte jedoch allen klar, daß dieses Aufblühen der „Hundert Blumen" nur von kurzer Dauer sein sollte. In diesem Katz- und Mausspiel zwischen der Macht und dem Individuum (je nachdem, ob die Macht ihren Griff „lockerte" oder „fester zuzog": die einzige Alternative der politischen Linie in China) haben sich viele verfangen (Jullien 2000, S. 129).

Nur unter dem Deckmantel von Bilderrätseln gelingt es, eine Meinung auszudrücken, die von der Macht toleriert wird, wie im Falle des Hofnarren im Westen. Das Schlimme an diesem Kompromiss zwischen dem Gebildeten und der Macht besteht nicht nur darin, so Jullien, dass die Verstümmelung der Sprache für normal gehalten wird, sondern auch, dass der Gebildete sie zu einem Wert erhebt (Jullien 2000, S. 132). Mit der Verwestlichung zu Beginn des vorigen Jahrhunderts begann sich aber dies zu ändern.

Gleichwohl spielt die andeutende Rede eine positive und entscheidende Rolle in den *Gesprächen (Lunyü)* des Konfuzius (ca. 551–479 v. Chr.) (Konfuzius 2005). Die Rede des Meisters an den Schüler ist, so Jullien, „rein indiziell" (Jullien 2000, S. 195). Wie bei allen Ethiken ist das Ziel der Belehrung nicht das Reden, sondern das Handeln. Dementsprechend bleibt das Reden im Hintergrund:

> Der Meister sprach. „Glatte Worte und einschmeichelnde Mienen sind selten vereint mit Sittlichkeit" (Konfuzius 2005, I, S. 3).

Der Unterricht des Meisters ist zwar für alle offen, aber die indirekte Rede kann sich nur entfalten, wenn der andere sich öffnet. Das Ziel ist nicht die Errichtung eines abstrakten begrifflichen Systems, aber auch nicht, wie Hegel meint, eine bloße erbauliche Moralpredigt. Er schreibt:

> Wir haben Unterredungen von Konfuzius mit seinen Schülern, es ist populäre Moral darin; diese finden wir allenthalten, in jedem Volke, und besser; es ist nichts Ausgezeichnetes. Konfuzius ist praktischer Weltweiser; spekulative Philosophie findet sich durchaus nicht bei ihm, nur gute, tüchtige, moralische Lehren, worin wir aber nichts Besonderes gewinnen können (Hegel 1986, S. 142).

Hegel deutet die indirekte Rede des Konfuzius als direkte Rede – und verfälscht sie. Jullien schreibt:

> In China spricht der Meister weniger, er gibt vielmehr Hinweise, er deutet an; er liefert keine Botschaft, sondern erweckt Aufmerksamkeit, regt zum Nachdenken an; und der mächtige Widerhall, der durch den Schlag des Hammers gegen die Bronze erzeugt wurde, gibt uns eine Vorstellung von der Tiefe dieser Anregung (Jullien 2000, S. 204).

Hegel verkündet sein System so wie die christlichen Glocken die wahre Botschaft. Das Verhalten soll aber aus konfuzianischer Sicht nicht moralisch reglementiert, sondern lediglich reguliert werden sodass es sich der jeweiligen Situation anpassen kann. Was die konfuzianische Rede auszeichnet ist nicht die dialektische Konstruktion von Sätzen und Gegen-Sätzen, sondern die *Liste*, eine Aufzählung, die eine Denkrichtung nachzeichnet und anregt, das Implizite zu untersuchen (Jullien 2000, S. 210, 2004). Der Spruch des Kommentators der *Gespräche*: „Der Meister sprach niemals über Wundersames noch über Geister, nicht über rohe Kraft noch über widernatürliche Handlungen" wird von Jullien folgendermaßen erläutert:

> Nun ist aber leicht ersichtlich, daß jenes Verfahren, nämlich aufzuzählen, worüber der Meister „nicht spricht", nach und nach mittels Auslassung eben das zutage treten läßt, worüber er bevorzugt spricht. Ein erster Term zieht von vornherein die Demarkationslinie (doch bleibt dieser Term doppeldeutig): Konfuzius würde eher das Alltägliche behandeln als das Außergewöhnliche, er würde lieber das Banale beleuchten, als sich vom Nimbus des Ungewöhnlichen verführen zu lassen; die beiden folgenden Terme präzisieren sodann das Ziel der konfuzianischen Rede, die Regulierung (jedoch gerade als gewöhnliches Prinzip), die darin besteht, dass man zurückweist, was ihm am offensten entgegensteht, nämlich Äußerungen von „Gewalt", die zu „Unordnung/Aufruhr" führen. Statt dass der letzte Term dann diese Abfolge fortsetzt, läßt er das Denken sich teilen und richtet es auf eine andere Ebene Aus, die des Übernatürlichen; statt die Liste zu schließen, öffnet er sie dem Geheimnisvollen. So nimmt die Spannung, die man gelöst glaubte, in fine immer wieder zu, bis sie schließlich zu folgender Umkehrung führt: Während die Gewalt, als übersteigerter Ausdruck der Kraft, kategorisch als unserer Rede unwürdig zurückzuweisen ist – so der Kommentator -, gilt es den Bereich der Geister (im Sinne unsichtbarer Kräfte) mit sorgsamer Zurückhaltung anzusprechen – da es nun unsere Rede sein

10.3 Die Tradition der direkten und indirekten Rede im *Fernen Osten*

kann, die unwürdig ist. Obwohl er auf den ersten Blick einfach auf sie folgt, steht dieser letzte Term den anderen nunmehr gegenüber, ja er wird zu ihrem Antipoden; und gerade in diesem Dazwischen zeichnet sich – auf eine diskrete, inexplizite Weise – der Ort der Rede ab (Jullien 2000, S. 210–211).

Konfuzius entwickelt keine spekulative Moraltheorie, sondern er folgt der „Logik des *Wegs*", wozu Andeutungen über mögliche Aus- und Umwege hilfreich sind (Jullien 2000, S. 211).

Es bleibt abzuwarten, ob die gegenwärtige Konfuzianische Renaissance in China zu einer davon geprägten obwohl weiterhin von der Kommunistischen Partei geleiteten Informationsgesellschaft führt und was dies genau heißen kann. Der chinesische Staatspräsident verkündet bereits das Leitbild einer „harmonischen Gesellschaft" im Widerspruch zur bisher leitenden Vorstellung des Klassenkampfes (Siemons 2003). Das Modell einer *konfuzianischen Informationsgesellschaft* steht, trotz oder gerade wegen des Vorrangs der indirekten Rede, unter dem Primat der Anpassung an die dominierende Herrschaftsstruktur und somit im Gegensatz zum westlichen Modell, das der individuellen Freiheit den höchsten Wert beimisst. Eine solche Entwicklung zu einer libertären Informationsgesellschaft tendiert zur Atomisierung und letztlich zum Chaos, während das konfuzianische Modell in einer erstarrten Ordnung zu ersticken droht. Konfuzius will mithilfe der Moral die Kommunikation in der Gesellschaft reglementieren. Das wirkungsvollste Instrument dafür ist die Zensur. Im *Fernen Westen* wiederum droht eine umgekehrte Form der Blockierung, nämlich die des *information overloads* und des allgemeinen und offenen Widerstreits.

Einen Ausweg aus diesen Modellen findet man in der daoistische Version der indirekten Rede. Zu Beginn des *Daudedsching* des Laudse heißt es:

sagbar das Dau
doch nicht das ewige Dau
nennbar der name
doch nicht der ewige name (Laudse 1990, S. 51).

Der chinesische Denker trennt aber nicht die Realität in zwei ontologische Ebenen, wie die Griechen es taten, sondern das *dao* benennt andeutungsweise das Anfangsstadium eines Prozesses des Werdens und Wachsens bzw. der „Aktualisierung" und „Bestimmung". Im Gegensatz zum aristotelischen Modell, ist diese Aktualisierung nicht das Ziel *(telos)*, sondern eine vorübergehende Konkretisierung, die ständig in Gefahr ist, sich zu verfestigen und so den Prozess zu blockieren:

dreißig speichen umringen die nabe
wo nichts ist
liegt der nutzen des rads

aus ton formt der töpfer den topf
wo er hohl ist
liegt der nutzen des topfs

tür und fenster höhlen die wände
wo es leer bleibt
liegt der nutzen des hauses

so bringt seiendes gewinn
doch nichtseiendes nutzen (Laudse 1990, S. 55).

Die Schreibweise des Laudse beruht auf dem Prinzip der Andeutung und meidet dadurch die Parteilichkeit, um sich in der „Globalität des Undifferenzierten" – „Das große Bild hat keine Form" bzw. „ungestalt ist die riesengestalt" (Laudse 1990, S. 74) – zu halten (Jullien 2000, S. 286). Man ist auch hier geneigt, nicht nur eine entstehende globale Informationsmoral, sondern die digitale Infosphäre selbst vor dem Hintergrund des *dao* in Erscheinung und das heißt in Bewegung treten zu lassen. Das Ergebnis wäre ein unausschöpfbarer Prozess bei dem nicht nur die systemtheoretische Hypostasierung kommunikativer Prozesse wie bei Niklas Luhmann ins Wanken geraten würde, sondern auch jener gegenwärtig prägende Entwurf des Realen, den ich *digitale Ontologie* nenne, wonach das Sein des Seienden im Horizont des Digitalen vorgestellt wird. Im Falle seiner Verfestigung oder, politisch ausgedrückt, seiner Ideologisierung, mutiert dieser Entwurf zur *digitalen Metaphysik*. Durch die Relativierung der digitalen Ausprägung der Informationsgesellschaft büßt diese ihre Einseitigkeit ein, um sich mit anderen medialen Mitteilungsformen zu vermischen. Jullien nennt „Fadheit" „genau jenes Stadium, in dem sich kein einzelner Geschmack auf Kosten der anderen aktualisiert, in dem alle vermischt bleiben" (Jullien 2000, S. 292; Jullien 1999).

Während im *Fernen Westen* das Unsagbare anhand von Sprachtechniken wie Mythos oder Allegorie *verhüllt* wird, kennt das chinesische Denken bei einem großen daoistischen Weisen, nämlich *Dschuang Dsi* (365–290 v. Chr.) das Bild von der Fischreuse:

> Fischreusen sind da um der Fische willen; hat man die Fische, so vergisst man die Reusen. Schlingen sind da um der Hasen willen; hat man den Hasen, so vergisst man die Schlingen. Worte sind da um des auszudrückenden Sinnes willen; hat man den Sinn, so vergisst man die Worte. Wo finde ich einen Menschen, der die Worte vergisst, auf daß ich mit ihm reden kann? (Dschuang Dsi 1988, S. 283).

10.3 Die Tradition der direkten und indirekten Rede im *Fernen Osten*

Der Unterschied zwischen der westlichen Metapher des Schleiers und der daoistischen Metapher der Reuse liegt, so Jullien, darin, dass letztere rein instrumental ist und dadurch einer metaphysischen Aufspaltung zwischen Schein und Wirklichkeit entgeht. Indem Dschuang Dsi Sprachkritik ausübt, flüchtet er sich nicht ins Schweigen, sondern verfolgt eine Strategie bei der es darum geht, die Parteilichkeit der Rede zu vermeiden. Das dafür benutzte Bild eines Gefäßes, dass es sich neigt, wenn es voll ist, und sich wiederaufrichtet, wenn es leer ist, deutet auf den unaufhörlichen und globalen Prozess des *dao*. Es handelt sich um eine fluktuierende Rede (Jullien 2000, S. 327), die erlaubt, nicht nur einzelne Standpunkte in ihrer Partialität und Starrheit aufzugeben, sondern auch eine Koexistenz von Dingen zu ermöglichen, ohne dass sie sich gegenseitig ausschließen. Ein solches Denken der Relationalität ist also keine Begriffsdialektik, die das Sinnliche mit dem Übersinnlichen zu vermitteln trachtet. Es deutet auf eine Möglichkeit hin, wie wir im *Fernen Osten* und im *Fernen Westen* in Zukunft die Infosphäre mit der Ökosphäre in ein schwingendes nachhaltiges Verhältnis bringen können. Geschieht das nicht, dann laufen wir Gefahr, dass sich diese Sphären in ihrer vermeintlichen Autonomie verfestigen und auf der symbolischen Ebene zu Ideologien verkommen.

Darauf verweist die Zurechtweisung des Konfuzius durch Laudse wie sie uns von Dschuang Dsi überliefert ist:

> Kung Dsï besuchte den Lau Dan und redete über Liebe und Pflicht. Lau Dan sprach: „Wenn man beim Kornworfeln Staub in die Augen bekommt, so drehen sich Himmel und Erde in alle Richtungen im Kreis. Wenn einem Schnacken und Mücken in die Haut stechen, so kann man die ganze Nacht nicht schlafen. Dieses ewige Gerede von Liebe und Pflicht macht mich ganz verrückt. Wenn Ihr, mein Herr, die Welt nicht um ihre Einfalt brächtet, so könntet auch Ihr, mein Herr, Euch von dem Windhauch tragen lassen (der bläst, wo er will) und würdet Euren Platz finden im allgemeinen LEBEN. [...]"
>
> Als Kung Dsï von seinem Besuch bei Lau Dan zurückgekommen war, unterhielt er sich drei Tage lang nicht mehr.
>
> Da fragten ihn seine Schüler und sprachen: „Meister, Ihr habt den Lau Dan besucht; auf welche Weise habt Ihr ihn zurechtgewiesen?"
>
> Kung Dsï sprach: „Ich habe diesmal wirklich einen Drachen gesehen. Wenn der Drache sich zusammenzieht, so hat er körperliche Gestalt; dehnt er sich aus, so wird er zum Luftgebilde; er fährt durch die Wolken und lebt von der lichten und dunklen Urkraft. Sprachlos stand ich mit offenem Mund daneben. Wie hätte ich es da anfangen sollen, den Lau Dan zurechtzuweisen?" (Dschuang Dsi 1988, XIV, 6, S. 164–165).

Laudse warnt also Konfuzius vor einer Überhöhung und Verselbstständigung der Moral und lässt einen frischen Wind in die symbolische Sphäre blasen. Die daoistische Ethik ist ein Zeichen einer problematisch gewordenen konfuzianischen

Moral. Diese hat sich vom *dao* entfernt und in einer Lebensweise verfestigt. Luhmann und Dschuang Dsi warnen vor einer Verfestigung moralischer Unterscheidungen in der Gesellschaft (Möller 2002, S. 316–317). Die Alternative ist der Weg „jenseits des Glücks", um „unser Leben zu ernähren" *(yang sheng)* (Jullien 2005). Ernähren ist ein elementares Zeitwort und die Basisnorm unseres Lebens, eines, chinesisch gedacht, möglichst langen und gesunden Lebens – keine Unsterblichkeit, die das Glück als Ziel eines linearen Prozesses vorstellt. „Sein Leben ernähren", das bedeutet auch lernen, vom Leben zu lassen, nicht an ihm zu hängen. Der Tod ist kein Irrtum, wie Heiner Müller meint (Mayer und Müller 2005). Wer nur leben will *(sheng sheng)*, lebt nicht.

Das daoistische Denken lehrt uns aber nicht, nach einer festen Mitte zu suchen, wie es die Konfuzianer und im *Fernen Westen* die Aristoteliker tun, sondern zu oszillieren in einer Logik der Konzentration und der Zerstreuung, wodurch wir uns den Naturprozessen, dem „Himmel", öffnen (Jullien 2005, S. 39 ff.). Jullien betont aber, dass es sich dabei nicht um eine metaphysische Dimension handelt, sowenig wie um eine moralische oder geistige Wahrnehmung dieser „quintessence spirituelle" *(jing shen),* die keine Seele, sondern einen Lebensprozess meint (Jullien 2005, S. 62; vgl. Cornasz und Marchaisse 2004). Worauf es bei diesem Prozess ankommt, ist nicht, wie im Falle der aristotelisch gedachten ‚In-formation' (Capurro 1978), um eine Aktualisierung einer übersinnlichen Form, die als *telos* vorgestellt wird, sondern um eine permanente ‚Materialisierung' *(yin)* und ‚Verlebendigung' *(yan),* die mein Sein als Individuum im Sinne eines *fortlaufenden* ‚In-formationsprozesses' ausmachen (Jullien 2005, S. 71). Die Wahrnehmung dieses großen Prozesses hängt von uns ab und ist für Dschuang Dsi das authentische sozusagen *dao*-zentrierte Moralbewusstsein (Jullien 2005, S. 71–75). Es kommt dabei alles darauf an, sich von diesem energetischen Kommunikationsprozess zu ‚ernähren' indem wir lernen, unseren Atem („souffle-énergie") nicht zu vergeuden, sondern unsere Kräfte zu kanalisieren und die Kommunikation zwischen „Welt", *dao* und „sich" – heideggerianisch ausgedrückt: zwischen „Welt", „Sein" und „Da" – als dauerhaften Prozess dynamisch zu vollziehen. Karl Rahner hat diese Einsicht aus der metaphysischen Perspektive des *Fernen Westens* in einem berühmten Vortrag mit dem Titel „Experiment Mensch. Theologisches über die Selbstmanipulation des Menschen" so ausgedrückt:

> wenn man die radikale ontologische Verschiedenheit des Guten und des Bösen versteht, also begreift, daß das Böse letztlich doch gerade die Absurdität des Wollens des, weil Wesen- und Sinnlosen, Unmöglichen ist, dann gibt es in einem letzten Verstand eben doch nichts, was der Mensch wirklich kann und doch nicht darf, so daß

10.3 Die Tradition der direkten und indirekten Rede im *Fernen Osten* 145

umgekehrt gilt: was er wirklich kann, soll er auch ruhig tun. Die Aufgabe des wirklich lebendigen Moralisten wäre also, dem Menschen von heute zu zeigen, daß, wo er wirklich nicht darf, es auch im letzten – selbst heute – „nicht geht" (auch kategorial, innerweltlich nicht!), wenn er gegen sein Sollen anstrebt und solches zu können vermeint (Rahner 1966, S. 59).

Als Leitmotiv, kein Imperativ, unseres Handelns können wir vom daoistischen Meister lernen: *Zirkulieren, nicht blockieren!* Ich deute in diesem Sinne auch die berühmte daoistische Formel *wuwei*, die gewöhnlich als *nicht handeln* übersetzt wird. Der Sinologe und Philosoph Günter Wohlfart schreibt:

> Sich ohne eigenes Eingreifen *(wuwei)* mit heiterer – bis wolkiger – Gelassenheit dem Lauf der Dinge, wie dem Lauf des Wassers, zu folgen, sich aufeinander einzulassen, einander im Miteinander und Beieinander zu vergessen und ausgelassen zu sein wie die Fische im Wasser, diese Ein- und Ausgelassenheit ist die Lust des dao-Wanderers und Stromers. Da ist er ganz in seinem Element. Es kommt darauf an, von der gegenseitigen Entsprechung *(xiang ran)* der Dinge und Menschen auszugehen. Wuwei heißt, nicht eigenwillig in das natürlich ‚von-selbst-so-Verlaufende' *(ziran)* einzugreifen bzw. ihm zuwiderzuhandeln, sondern von dem ‚Miteinander-so-Verlaufenden' auszugehen und ihm zu entsprechen. Wuwei heißt, sich der jeweiligen Situation gemäß zu ‚verhalten', auf sie zu antworten und ihr gerecht zu werden. Dies ist verantwortliches Verhalten, ‚kommunikatives Tun und Lassen' im daoistischen Sinn. Wuwei bedeutet also meistens nicht Gelassenheit im Sinne des Unterlassens, sondern vielmehr im Sinne des selbstvergessenen Sich-Einlassens auf das jeweils Gegebene (Wohlfart 2002, S. 101).

Auf die Infosphäre angewandt, bedeutet dies, dass wir uns auf den Informationsfluss einlassen sollen, ohne ihn individuell oder gemeinschaftlich zu blockieren, durch zu wenig oder zu viel, weder durch eingreifende Zensur noch durch ein Handeln, das zur Verstopfung oder zum *information overload* führt. Um die Informationszirkulation im Sinne eines guten, d. h. unser Leben ‚ernährenden' Informationsmanagements zu vollziehen, bedarf es nicht primär und allein des technischen Könnens, sondern des Sich-Übens in der Kunst des Umgangs mit Situationen, ihren Widerständen und Undurchsichtigkeiten, so wie es ein guter Schwimmer tut (Jullien 2005, S. 98). Informationsmanagement bedeutet demnach nicht die Auferlegung einer äußeren Strategie, sondern das Sich-Anpassen an unterschiedliche Informationsflüsse gemäß den situativen Anforderungen, indem man sich als Teil eines ‚In-formationsprozesses' begreift. Es kann aber auch bedeuten, sich von der Fixierung oder der einseitigen Abhängigkeit eines bestimmten Mediums zu befreien, indem man diese zeitweise kündigt, um jene Indifferenz zu erlangen, die dem Weisen eigen ist. Um gutes Informationsmanagement zu erlernen, müssen wir zuerst lernen, unser Leben zu managen, d. h.

es *cool* oder *gelassen* zu ernähren. Der Daoismus ist eine Technik anti-stress, um zu jenem Zustand zu kommen, von dem wir schlicht sagen ‚es geht', im permanenten Übergangsstadium, gepaart mit guter Laune und ohne die belastende Pflicht, dem Leben einen Sinn geben zu müssen (Jullien 2005, S. 151).

Jullien bemerkt in kritischer Absicht, dass die Dimensionen des Anderen und der direkten Sprache, oder des Anderen und seiner/ihrer Sprache, sowie die Dimensionen der Temporalität und des Sinns, jene Perspektive ausmachen, die dem *Fernen Westen* eigen ist. Wir müssen lernen, zwischen den Kulturen zu zirkulieren, nicht zuletzt indem wir lernen, „die fest gefügten Vorstellungen der europäischen Vernunft" durch einen „Ortswechsel des Denkens" zu ergründen (Jullien 2002, 2005, S. 159 ff., 2005a).

Zusammenfassend können wir also festhalten, dass eine *daoistisch geprägte Informationsgesellschaft* sich sowohl vom zur harmonischen Erstarrung tendierenden konfuzianischen Modell als auch vom auf dem Primat der direkten Rede basierenden Modell des *Fernen Westen* unterscheidet. Der Daoismus sucht aber nicht eine aristotelische Mitte, sondern bleibt in einer oszillierenden Bewegung zwischen den Polen. Er will nicht reglementieren, sondern regulieren und das heißt, wachsam für die wechselnden Situationen bleiben, ohne sich dem Ideal einer fest gefügten harmonischen Ordnung zu unterwerfen oder dem westlichen Modell vom Primat individueller Freiheit und Autonomie. Der Daoismus bewegt sich sozusagen zwischen der indirekten und der direkten Rede. Es ist ein Denken jenseits der Rede und somit auch jenseits der Politik und ihrer Spannung zwischen Monarchie und Demokratie, wobei dieses ‚Jenseits' nicht nur unmetaphysisch, sondern vor allem im Sinne von ‚jenseits der erstarrten Positionen innerhalb des Politischen' als auch ‚jenseits des Politischen als ein erstarrter Gegensatz zum Nicht- Politischen' aufgefasst werden sollte.

Eine daoistisch geprägte Informationsgesellschaft relativiert also nicht nur gegensätzliche Modelle der Informationsgesellschaft, sondern relativiert die Informationsgesellschaft selbst, ohne wiederum ihr Gegenteil, nämlich die Naturprozesse, zu verabsolutieren. Es ist ein Denken in dynamischen Relationen, nicht in Gegensätzen. Der Daoismus sucht nicht nach Rechten und Pflichten sowenig wie nach einem harmonischen Modell der Informationsgesellschaft, sondern fragt schlicht, bei wechselnden Situationen, *ob es geht oder nicht*. Das ist sozusagen die daoistisch gedachte ethische Frage *par excellence*. Sie zu stellen, in Theorie und Praxis, in Ansehung der Anderen, in direkter und indirekter Weise, je nach Situation, erfordert eine geduldige interkulturelle Übung sowohl innerhalb der Infosphäre als auch in Bezug auf diese selbst. Mit anderen Worten, der interkulturelle Dialog ist unerlässlich für eine Informationsethik, die situationsgerecht auf die Dynamik und Vielfalt der Informationsgesellschaften reagiert und mit ihnen interagiert.

10.4 Ausblick

Welche Konsequenzen lassen sich aus dem Dargelegten für künftige lokale und globale informationsethische Debatten vorläufig ziehen? Zunächst, dass es möglich und lohnenswert ist, interkulturelle Dialoge in der Informationsethik zu führen. Die Unterscheidung zwischen direkter und indirekter Rede kann als Leitfaden dienen, um authentische und inauthentische Formen menschlicher Kommunikation zu thematisieren, wobei aber klar wurde, dass die Authentizität nicht notwendigerweise auf der Seite der direkten Rede liegt, sondern dass wir mit komplexen und teilweise paradoxen kulturellen Erscheinungen sowohl im *Fernen Westen* als auch im *Fernen Osten* zu tun haben. Vergleichende informationsethische Analysen decken aber nicht nur kulturelle, sondern auch moralische blind spots auf. Sie öffnen einen Zwischenraum für die Reflexion, jenseits vermeintlicher absoluter Ge- und Verbote.

Die Kunst, das Gute zu tun, ist eine Kunst, so Günter Wohlfart, „die großen Worte des Sollens und die großen Scheine des Wollens ins harte Kleingeld des *Könnens* einzulösen" (Wohlfart 2002, S. 102). Die Kunst des ethischen Könnens in Bezug auf die Infosphäre bedeutet nicht nur das gute Navigierenkönnen in Ansehung der Anderen und des eigenen Lebens, sondern auch in Ansehung der Natur und ihres Laufs, dessen also, was uns ernährt. Wir lernen erst allmählich, auf die Kommunikation mit der Natur im Medium des Digitalen angemessen zu reagieren. Wir glauben meistens – inzwischen auch im *Fernen Osten* – wir könnten sie sogar unseren Zielen unterwerfen, sie also reglementieren, anstatt unser Verhalten im Kommunikationsprozess zu regulieren. China steht eine Renaissance des Daoismus noch bevor. Aus der fluktuierenden oder indirekten Rede des Dschuang Dsi lässt sich unter anderem lernen, wie ein nicht-objektivierendes Verhältnis zu dem, was uns trägt und ernährt adäquat in Worten und Taten entsprochen werden kann. Ich meine, dass diese Redeform auch für das Verhältnis zur Infosphäre sowie auch innerhalb derselben unerlässlich ist. Die viel verschmähte Globalisierung könnte durch diese Reflexionsart einer global information ethics, die nicht mit einer *global information morality* verwechselt werden sollte, historische und systematische Tiefe bekommen. In diesem Sinne schreibt Charles Ess:

> what is still needed is a global but „thin" computer ethic that would operate in conjunction with such local but „thick" ethical traditions such as American pragmatism, European deontology, etc. If such an ethic – as further including the ethical traditions of Asian cultures – is to emerge, it will require significant contributions from comparative philosophers (Ess 2002, S. 339, 2014).

Unter globaler Informationsethik verstehe ich diesen interkulturellen Dialog, bei dem es nicht primär und allein um eine „dünne" Vereinheitlichung von Handlungsnormen der unterschiedlichen Informationsgesellschaften geht, sondern um einen geduldigen und nuancierten Vergleich, der die Unterschiede nicht einebnet und mit scheinbar griffigen Formulierungen wegdiskutiert. Eine globale Informationsmoral, wie wir sie etwa in Gestalt der *Declaration of Principles* des Weltinformationsgipfels (WSIS 2003), hat einen pragmatisch-politischen Sinn. Zwischen der Zeit des Denkens und der Zeit des Handelns klafft eine Lücke auf, die durch unterschiedliche Vermittlungsinstanzen, wenngleich nicht geschlossen, so doch vorläufig überbrückt werden kann. Wenn ein rasches und entschiedenes Handeln aus moralischen Gründen geboten ist, hat in der Regel ethische Reflexion nur eine schwache Legitimierung. Aber umgekehrt gilt auch: Die im individuellen und sozialen Gewissen einverleibten Handlungsnormen sind keineswegs unveränderbar. Denken braucht Zeit. Gute Argumente fallen nicht vom Himmel.

Die Oszillation zwischen informationsethischer Reflexion und den geltenden Normen kommunikativer Praxis kann Anlass zu einer Vielfalt von Informationskulturen geben, jenseits des Monoliths einer globalisierten Informationsgesellschaft. Informationsethik versteht sich als Katalysator dieses Prozesses und als ein Raum in dem Normen und Stile der Informationsgesellschaften reflektiert und problematisiert werden. Ihre Fragestellungen reduzieren sich also nicht auf die Fragen des professionellen Handelns von Informatikern, sondern betreffen alle *stakeholders* des sozialen Kommunikationsprozesses ausgehend von den gegenwärtigen Bedingungen der digitalen Weltvernetzung, aber weit darüber hinaus. Diese Reflexion sollte all jene Probleme einschließen, die das Leben von Millionen von Menschen auf bittere Weise bestimmen, wie zum Beispiel Hunger, Epidemien, Bevölkerungswachstum, Erderwärmung, Kriege, Despotismus und politische oder ökonomische Unterdrückung, um nur einige zu nennen. Die Informatiker in Deutschland und anderswo sollten sich die Frage stellen, wie ihr berufliches Handeln zur Lösung dieser Probleme beiträgt. Sie sollten sich zusammen mit anderen gesellschaftlichen Gruppen auf eine *vernetzte Verantwortung* einlassen mit dem Ziel, das Paradoxon der vernetzten Spaltung, wenn nicht zu überwinden, so doch sozial erträglicher zu machen (Scheule et al. 2004). Sie sollten sich auch bereits während ihres Studiums an einem nachhaltigen interkulturellen Dialog über diese Fragen beteiligen. Die Priorität von Überlebensfragen lässt diesen Dialog wie einen Luxus erscheinen, aber er ist in Wahrheit eine Bedingung der Möglichkeit für die selbstständige kulturelle Entwicklung kommender Gesellschaften angesichts der drohenden technischen Kolonialisierung.

Leben in der *message society*

Eine medizinethische Perspektive

11.1 Einleitung

Der Ausdruck *information overload* taucht Anfang der 60er Jahre im Zusammenhang mit innerstädtischer Kommunikation auf (Levy 2008; Meier 1962). Der Schriftsteller und Futurologe Alvin Toffler verwendete ihn in den 70er Jahren in Bezug auf die aufkommende Informationsgesellschaft (Toffler 1970). Toffler meint, dass sowohl unser Organismus als auch unsere Entscheidungskapazität aufgrund des technischen Wandels von einer Industrie- zu einer Informationsgesellschaft überfordert sind. Er identifiziert Formen der Überstimulation von Wahrnehmungs-, Kognitions- und Entscheidungsprozessen. Von *information overload* war ebenfalls seit den 60er Jahren im Bereich des Bibliotheks- und Dokumentationswesens die Rede, diesmal bezogen auf das Phänomen des exponentiellen Zuwachses an Publikationen. Man sprach auch von ‚Literaturflut', ‚Informationslawine' und ‚Wissensexplosion' (Capurro 2015c). Dieses bibliografische Problem wurde bereits seit Mitte des 19. und insbesondere Anfang des 20. Jahrhunderts wahrgenommen (Levy 2008, S. 505). Ende der 80er Jahre kam der Ausdruck ‚Informationsökologie' in Mode. Der Informatiker Herbert Kubicek gründete 1989 ein Institut für Informations- und Kommunikationsökologie (Capurro 1990). Seit kurzem befasst sich eine interdisziplinäre Forschungsgruppe „Information Overload Research Group. Reducing information pollution" mit der Auswirkung des *information overload* auf Firmen und Organisationen (IORG 2008). Man kann aber mit Recht behaupten, der Begriff ‚Informationsflut' sei ein Oxymoron, ein sich widersprechender Ausdruck, zumindest wenn man unter Information das Ergebnis eines Selektionsprozesses versteht, der genau das verhindern soll, was mit der maritimen Flutmetapher gemeint ist, nämlich eine lebensgefährliche Situation bei der man den Boden unter den Füßen verliert und fortgerissen wird. Der englische Ausdruck *overload* im Sinne zum Beispiel von *overload in my stomach* verbindet die leibliche mit der seelischen Verstopfung. Man kann der Gefahr der maritimen Verstopfung oder des Übergewichts von Wassermassen durch Lebensrettungstechniken begegnen, wohl wissend, dass die Flut stärker ist als die Kraft des besten Schwimmers und dass sie manchmal, wie im Falle von Flutwellen oder gar bei einem Tsunami, ohne Vorwarnung stattfindet (Capurro 2015). Ein guter Schwimmer kann sich die Kraft einer Welle zunutze machen, indem er mit ihr und gegebenenfalls gegen sie schwimmt, obwohl oder gerade weil er weiß, dass er, um mit Freud zu reden, nicht Herr im eigenen, geschweige denn im fremden Haus ist, will sagen: weder im eigenen Leib noch in seiner Umwelt. Das Wissen über die Grenzen der eigenen Kräfte ist allerdings nicht leicht zu ermitteln, sowenig wie es einfach ist, diese Grenzen zu beachten oder auch sie in gewissen Situationen zu überschreiten, um, zum Beispiel, das Leben eines anderen zu retten. Die maritime Flutmetapher liegt dem Internetsurfer näher als die leibliche Verstopfung. Dennoch lässt sich letztere auch sinnvoll auf das Leben in der Informationsgesellschaft anwenden. Sie kennzeichnet ein wichtiges Symptom dieser Gesellschaft mit Auswirkungen auf Leib und Seele von Millionen von Menschen. Wenn man unter Information das Ergebnis einer Selektion aus dem Sinnangebot einer Mitteilung oder Botschaft versteht, dann sind es *messages* und nicht Informationen, die uns heute vor allem in digitaler Form überfluten, um bei der maritimen Metapher zu bleiben, und unsere Rechner sowie unser Leben verstopfen. Wir sollten deshalb besser von *message overload* oder von einer Flut von (vor allem digitalen) Boten und Botschaften sprechen (Capurro und Holgate 2011). Mit dieser Begrifflichkeit schließe ich mich Niklas Luhmanns Unterscheidung zwischen Information und Mitteilung an, ohne aber dem Verwaltungswissenschaftler zu folgen, der eine menschenlose Gesellschaft bestehend aus formalen Kommunikationsprozessen imaginiert, wo Menschen oder „psychische Systeme" zu Formularen mutieren und soziale Prozesse sich in entmaterialisierte phantomartige Strukturen und Prozesse verwandeln (Luhmann 1987; Capurro und Hjørland 2003).

Ich fange meine medizinethische Erkundung über das Leben in der, wie ich sie nenne, *message society* mit einem persönlichen Erfahrungsbericht an und gehe im zweiten Teil auf einige Grundfragen menschlichen Existierens in einer Lebenswelt ein, in der das Digitale in Wechselwirkung mit dem Leib immer mehr zu einem entscheidenden Lebens- und Leidensfaktor wird. Ich behaupte, dass dieses hybride Umfeld, sowohl im existenziellen als auch im ökologischen Sinne, eine Reihe von leiblichen und seelischen krankhaften Symptome hervorruft, worüber wir keine systematische Übersicht haben. Eine künftige Pathologie der Informationsgesellschaft müsste sowohl leiblich-seelische als auch existenzielle Aspekte umfassen. Sie ist Voraussetzung für eine Änderung des aus dem 20. Jahrhundert stammenden Selbstbildes des Arztes – der Ärztin und des Patienten. Wir befinden uns am Anfang eines Weges, ohne genau zu wissen, ob die eine oder andere Richtung besser wäre, nicht zuletzt weil die durch Digitalisierung und Biotechnologien ermöglichten lokalen und globalen Wechselwirkungen sich kaum in ihren konkreten Auswirkungen im Voraus ahnen und bewerten lassen.

11.2 Ein Erfahrungsbericht

Am Vormittag des 8. April des Jahres 2005, einige Monate vor meinem sechzigsten Geburtstag, nahm ich an einer Podiumsdiskussion zum Thema „Forschung an Stammzellen – Wege und Handeln in Europa" teil. Sie fand im Rahmen eines vom Max-Delbrück Centrum für Molekulare Medizin und der Friedrich-Ebert-Stiftung veranstalteten internationalen Kongresses „Biopolitik und Regenerative Medizin" in Berlin statt. Ich fuhr am Nachmittag mit dem Zug von Berlin nach Karlsruhe zurück. Ich hatte eine ziemlich schwere Tasche dabei und kam gegen 21.00 Uhr sehr müde zu Hause an. Sofort setzte ich mich an den Schreibtisch und begann fiebrig meine Mails zu bearbeiten. Nach etwa einer Stunde, fragte mich meine Frau, ob ich nicht die 22.00 Uhr Fernsehnachrichten sehen wollte. Ich setzte mich vor dem Fernsehen und hörte plötzlich mein Herz rasen: bum bum bum. Ich versuchte mich selbst und meine Frau zu beruhigen: Das ist bloß Stress und geht sicherlich gleich vorbei. Es ging aber nicht vorbei, sondern blieb die ganze Nacht und hielt sogar mehrere Wochen an. Tag und Nacht: bum bum bum. Am nächsten Tag besuchte ich meinen Hausarzt. Er untersuchte mich, konnte aber keine Herzrhythmusstörungen oder eine sonstige Ursache feststellen und empfahl mir, einen HNO-Spezialisten zu konsultieren. Dieser meinte, es könnte ein Virus sein. Ich spürte starke Spannungen und Verkrampfungen an den Schultern und entschloss mich einen Orthopäden zu fragen. Dieser sagte, die Ursache liege im Hals- und Wirbelsäulenbereich. Ich müsste mehrere Wochen eine Genickstütze tragen sowie täglich eine Massage bekommen. Diese Therapie linderte aber nicht das ständige Dröhnen. Das belastete natürlich nicht nur stark unser Privatleben, sondern auch meine Lehrtätigkeit. Ich war mitten im Sommersemester und musste mehrmals in der Woche nach Stuttgart fahren. Ich versuchte mich während der Lehrveranstaltungen abzulenken. Bald unterbrach ich aber das Semester und meldete mich krank. Ich konnte kaum schlafen und begann auch zu leiden. Auf Anraten einer Bekannten ging ich zu einem Chiropraktiker. Er stellte fest, dass mein Becken sich in einer schiefen Lage befand, was sich wiederum auf die Wirbelsäule und auf die Nackenmuskeln auswirkte. Mit einer Bewegung rückte er mein Becken zurecht und das Dröhnen hörte schlagartig auf. Ich atmete tief aus. Bald fing es aber wieder an. Meine Nackenmuskeln hatten sich völlig verhärtet und drückten auf die Arterien. Diese Verhärtung musste physiotherapeutisch behandelt werden. Vor allem aber sagte er mir eines: „Herr Capurro, Sie sind nicht krank. Sie müssen bloß Ihr Leben ändern." Recht hatte er.

Denn natürlich war die wirkliche Ursache meines Leidens ein *Burn-out* oder was man früher ein *surmenage* nannte und was man heute auch mit dem Ausdruck *information overload* oder Mitteilungsflut bezeichnen könnte. Ich war ein Opfer der digitalen Informationsgesellschaft geworden. Meine PC-Abhängigkeit hatte sich in den letzten Jahren erheblich gesteigert, nicht zuletzt aufgrund der beruflichen internationalen Erfolge. Mein Bekanntheitsgrad nahm aufgrund meiner Internetpräsenz explosionsartig zu. Ich hatte 1999 ein internationales Netzwerk für Informationsethik gegründet, das sich sehr schnell weiterentwickelte. Ich vergaß öfter zu essen und war sehr unruhig, wenn ich mich von meinem PC entfernte. Seit 2001 gehörte ich dem *European Group on Ethics in Science and New Technologies* (EGE) der Europäischen Kommission an. Es war eine große Ehre und eine lohnende aber anstrengende Arbeit, denn ich musste monatlich nach Brüssel fliegen. Dies brachte viel Neid und Ressentiments mit sich, was mich dazu veranlasste, noch härter zu arbeiten. Meine Frau sagte zu mir: „Du bist ein Getriebener". Ich war nervlich am Ende. Ein guter Freund spendete mir den notwendigen Trost und ich begann mich langsam zu erholen. Ein Psychologe empfahl eine dreiwöchige Kur. Eine Freundin erwähnte *Friedborn*, ein Kur- und Gesundheitszentrum in Südschwarzwald. Als ich an einem heißen Augustmittag dort ankam, hatte ich eine Tasche voll Bücher bei mir. Der Klinikchef sagte erstaunt: „Ich dachte, Sie kommen hier um sich zu erholen". Die ersten Tage waren hart: Ich musste den Drang widerstehen, meine Mails abzurufen. Ich beschloss alle Medien zu verbannen. Ich füllte die Tage mit ausgedehnten Wanderungen. Der Hotzenwald ist eine reizvolle Gegend. Friedborn liegt etwa 700 m über dem Meeresspiegel umgeben von schönen Wäldern, einer mittelalterlichen Burg, der Murg mit ihrem romantischen Talweg und wunderbaren Wasserfällen. Das Kurzentrum bietet eine ausgezeichnete Kost an, bestehend vor allem aus Gemüse, Kartoffeln in der Schale, Salate, Tee und ein natürliches Wasser, dass seinesgleichen sucht. Massage und Wärmetherapie kamen hinzu. Außerdem hatte ich das Glück, eine einfühlsame Ärztin zu begegnen. Ich begann eine spannende und entspannende leibliche und geistige Reise. Nach drei Wochen war ich wieder gesund. Ich hatte meine Lektion in Sachen Mitteilungsflut gelernt. Es dauerte aber eine ganze Weile, bis ich wieder Vertrauen in meinen Leib hatte. Die Angst steckte noch zu sehr in den Knochen. Ich änderte mein Leben: Ein täglicher Waldlauf ohne Handy, Einladungen absagen, Mails nicht nach 20.00 Uhr abrufen, um 22.00 Uhr ins Bett gehen, das Privatleben wieder in den Mittelpunkt stellen, bei Anzeichen des Getriebenseins sofort achtsam werden, mir jährlich einen einwöchigen Aufenthalt in Friedborn gönnen, gesunde Kost zu Hause und anderes mehr. Mein Leib und mein geistiges Leben begannen sich wieder frei zu entfalten. Ich kann gelassener und souveräner mit Neid und Ressentiments sowie mit meinem Leben in der *message society* umgehen. Allgemeiner ausgedrückt: Ohne ein auf die Informationsgesellschaft angepasstes leibliches und seelisches „Immunsystem" (Sloterdijk 2009) hat man keine Überlebenschancen, geschweige denn Chancen zu einem guten Leben.

11.3 Leben in der *message society*

Ist das Digitale so etwas wie das fünfte Element, jene von Magiern, Philosophen und Wissenschaftlern gesuchte auch Äther genannte *quinta essentia,* die Vereinigung von Erde, Wasser, Luft und Feuer? Wohl kaum. Es handelt sich vielmehr um das ‚In-formieren' eines Mikroprozessors, bestehend aus Halbleiter und elektrischem Strom, wo diskrete Signale in Form von, zum Beispiel, hoch-niedrig Zuständen verarbeitet werden. Unser symbolische Anteil an diesem ‚In-formationsprozess' sind im Falle der Digitalelektronik die Werte 1/0. Der Prozessor weiß natürlich über solche Symbole nichts. Aus dem digitalen Medium wurde ziemlich schnell eine scheinbar von der realen Welt getrennte mit fast göttlichen Attributen versehenen Technosphäre, den sog. *cyberspace,* und eine Ideologie, die Cybergnosis (Capurro et al. 2013). Die digitale Weltvernetzung vermittelt nicht nur alles, was digitalisierbar ist, sondern sie durchdringt den realen und physischen Alltag von Millionen von Menschen in ihren leiblichen und geistigen Handlungen und Haltungen. Wir können dafür den schillernden Begriff des Cyborgs verwenden, um diese Hybridität unserer individueller und sozialer Existenz zu kennzeichnen, die eine doppeldeutige ist: Wir leben eingebettet im digitalen Medium und dieses dringt immer stärker in unser Leib und Leben ein. Der amerikanische Philosoph Don Ihde hat den Ausdruck „bodies in technology" geprägt (Ihde 2002; Capurro 2012). Wir können auch von „technology in bodies" (EGE 2005) sowie von einer Cyborgisierung der Gesellschaft sprechen. Wir bedienen uns vielfältiger digitaler Netze, die nicht weniger hilfreich sind als Fischernetze. Das Internet lässt sich aber, so wenig wie die Autobahnen oder die Energienetze, nur sehr bedingt mit einem Werkzeug vergleichen. Die modernen technischen Medien sind eher wie die natürlichen Medien, Wasser, Luft, Feuer und Erde, nämlich etwas, das uns umgibt, wo wir uns bewegen, ohne es zu überblicken und dessen Herr werden könnten. Medien sind keine bloßen

Mittel auch wenn sie auf den ersten Blick so aussehen und wir uns ihrer wie eines Werkzeugs bedienen.

Das gilt auch für unser primäres Medium: den eigenen Leib. Weder durch introspektives Horchen noch durch Außenbeobachtung, die immer stärker mittels der digitalen Technik in den Leib eindringt, lässt sich letztlich die Opazität des Leiblichen und mit ihr die Gebrechlichkeit menschlichen Existierens aufheben. Das gilt trotz der begrüßenswerten Fortschritte in der Bio- und Nanotechnologie (EGE 2007, 2009). Das hybride Medium in dem wir uns heute bewegen, d. h. die Durchdringung der digitalen Informationstechnologie in allen Bereichen individuellen und sozialen Lebens, verursacht nicht nur neue Formen des Krank- und Gesundseins, sondern es verändert auch das Arzt-Patient-Verhältnis und das ärztliche Selbstverständnis. Wenn ich das richtig sehe, verfügen wir heute noch nicht über einen systematischen Überblick über die für unsere Epoche charakteristischen Krankheiten. Wir brauchen eine philosophische Anthropologie, die die vielfältigen Vernetzungen und Verflechtungen menschlichen Existierens nicht nur mit anderen Lebewesen und der Natur überhaupt, sondern auch mit der Informationstechnik phänomenologisch erforscht und ethische Alternativen, d. h. mögliche Wege eines gelungenen Lebens aufzeichnet, jenseits dessen, was die heutige Flut an Ratgeberliteratur bietet. Ansätze zu einer solchen Anthropologie bietet Georg Francks „Ökonomie der Aufmerksamkeit" (Franck 1998). Wenn die Botschafts- und Botenflut ein symptomatisches Kennzeichen für ein Ungleichgewicht und Übergewicht unserer Epoche ist – und wir erinnern uns dabei auch an den englischen Ausdruck *overload* – dann ist das vorwiegend ein Problem der Aufmerksamkeit. Diese hat wiederum mit den Selektionsmechanismen zu tun, nach welchen wir eine Botschaft als relevant oder irrelevant einstufen. Franck skizziert zwei Lebensstrategien, die nicht in Widerspruch, sondern in Spannung zueinander stehen oder stehen sollten. Die eine nennt er „Kultur der Intentionalität". Diese basiert auf der Rationalität und dem kategorialen Denken. Sie orientiert sich am Ideal der Effizienz. Die andere ist die „Kultur der Phänomenalität", die auf einer Praxis „arationaler Verfahren" sowie „akategorialer Bewusstseinszustände" basiert und in Form von meditativen Praktiken der Selbstaufmerksamkeit geübt wird (Franck 1998, S. 239–240). Wenn diese Antinomie zu einem existenziellen Widerspruch führt, treten vielfältige leibliche und seelische Krankheitsformen auf, deren Ursachen, wie bei meinem eigenen Fall ersichtlich, zumindest teilweise in den Interaktionsformen zu suchen sind, die ein hybrides digitales Umfeld bietet, worin sich unser Dasein heute abspielt (Capurro 2008a). Wir leben heute mehr denn je im jenen Zustand, den Blaise Pascal „divertissement" nannte (Pascal 1977, Fr. 123–129). Hauptsache, so Pascal, der König ist nicht allein und fähig für sich zu denken („en état de penser à soi"). Er würde

11.3 Leben in der *message society*

dann auch merken, dass er voller Gebrechlichkeit ist („qu'il sera misérable, tout roi qu'il est, s'il y pense") (Pascal 1977, Fr. 127). Wie Franck in Anschluss an Martin Heidegger und Emmanuel Lévinas darlegt, können sich beide Kulturen zu einer Synthese entwickeln, indem das Selbsterleben sich auf das Da des Seins des anderen Menschen öffnet (Franck 1998, S. 244–245). Ich würde den Ansatz von Lévinas in seiner metaphysischen Anspruch abschwächen und diese Erfahrung auf alles Seiende, mit unterschiedlicher Intensität und den jeweiligen Situationen angepasst, ausweiten. Denn das Da ist nicht primär das Da eines Selbst oder eines Anderen, sondern, wie die östlichen Weisheiten wissen, das Zwischen dem Selbst und dem Anderen, worin alles zum Erscheinen kommt. Ohne schwebende Aufmerksamkeit in Bezug auf dieses „Zwischen" – das Freud auf das psychoanalytische *setting* einschränkte – koppeln wir uns von der Quelle ab, die uns eigentlich erst ermöglicht, die angeblichen Absolutheitsansprüche bestimmter Boten und Botschaften zu relativieren, in welchem Namen und von wem auch immer sie verkündet und mit welchen Werbemaßnahmen sie auch immer verstärkt werden. Und wir können auch unseren eigenen Absolutheitsanspruch und unseren angeblichen Vorrang gegenüber dem nicht menschlichen Seienden abschwächen, was sonst zu vielfältigen Formen ökologischen Ungleichgewichts und anthropozentrischer Verstopfung führt, vor allem im Namen einer einseitig auf die Ökonomie ausgerichteten Aufmerksamkeit. Diese lenkt uns immer mehr von der leiblichen Aufmerksamkeit ab und zwar nicht nur in Bezug auf das Funktionieren unseres Körpers, sondern auch auf das ‚Leiben' unserer Existenz mit anderen Menschen und Lebewesen in einer gemeinsamen Welt. Katherine Hayles spricht in Anschluss an Michel Foucault von „embodiment" im Sinne eines *leiblichen* und existenziellen Eingebettetseins in einem nicht völlig beherrschbaren oder rational steuerbaren Prozess, im Gegensatz zu „body" als bloßes Vorhandensein eines Körpers (Hayles 1999, S. 193 ff.). Dieser Unterscheidung liegt auch die von Franck erwähnte Phänomenologie zugrunde sowie auch der vom Schweizer Psychiater Medard Boss zusammen mit Martin Heidegger erarbeitete *Grundriss der Medizin und der Psychologie* (Boss 1975, 1977). Dabei wird vor allem ersichtlich, dass wir leiblich mit anderen eine Welt, d. h. ein Netz von Bedeutungs- und Verweisungszusammenhängen, teilen, sodass vom Da eines isolierten Menschen, wie Franck irrtümlicherweise mit Bezug auf Heidegger behauptet, keine Rede sein kann (Franck 1998, S. 244). Eine Fortschreibung und Aktualisierung des Ansatzes von Medard Boss, der sich ausdrücklich auf die „moderne Industrie-Gesellschaft" bezieht, und der von ihm gegründeten Schule der Daseinsanalyse wäre in Bezug auf die digitale Informationsgesellschaft dringend notwendig. Dabei müsste gezeigt werden:

- welche möglichen hypertrophen Formen des Leiblichseins, des Sicheinräumens und des Sichzeitigens des heutigen digitalen bzw. hybriden In-der-Welt-seins es gibt,
- welche Störungen durch eben diese hybride Welt im Gestimmt-sein des Menschen auftreten,
- und ob und wie die digitale Weltvernetzung das Offenständigsein und die Freiheit des Daseins fördert oder beeinträchtigt.

Ich stimme dem Ansatz von Alice Holzhey-Kunz, einer kritischen Schülerin von Medard Boss, zu, wenn sie schreibt, dass das Leibliche sowohl „vernehmend-offener Art" ist als auch eine „Eigenständigkeit und Eigengesetzlichkeit" hat (Holzhey-Kunz 2001, S. 64). Auf diese Eigengesetzlichkeit leiblicher Prozesse zu achten ist eine ethische Pflicht des medizinischen Berufs. Zugleich aber müssen Ärztinnen und Ärzte darauf achten, dass die lebensweltliche Einbettung solcher Prozesse nicht aus dem Blick verloren geht, zumal wenn die Lebenswelt aufgrund ihrer jetzigen und künftigen Hybridität mit den Informationstechnologien eine direkte oder indirekte Aus- und Einwirkung auf die autonom verlaufenden Lebensprozesse hat. Dies gilt genauso für den Zusammenhang zwischen den leiblichen, den psychischen und den existenziellen Ebenen eines Patienten. Wir müssen, schreibt Holzhey-Kunz, „nicht die Krankheit, sondern den kranken Menschen ins Zentrum des therapeutischen Bemühens" stellen (Holzhey-Kunz 2001, S. 65). Man kann noch weiter gehen und sagen: Wir müssen nicht nur den kranken Menschen, sondern die kranke Gesellschaft und deren uns verstopfende informationstechnische Prozesse ins Zentrum der Medizin im 21. Jahrhundert stellen. Der Leib steht dann nicht nur im Gegensatz zum Körper, sondern schließt sowohl autonom verlaufende organische Prozesse als auch einmalige kulturelle und historische Prägungen ein, die sich in ihrer Bedeutsamkeit nicht naturwissenschaftlich erschließen lassen. Unsere Informationsüberflutung ist paradoxerweise eine Überflutung durch leere Botschaften und Boten. Wir leben, so Peter Sloterdijk, in einer „Epoche der leeren Engel" oder in einem „mediatischen Nihilismus", der durch eine Überwucherung der Übertragungsmedien gekennzeichnet ist. „Das ist das eigentliche Dysangelium der Gegenwart" (Sloterdijk 1997, S. 75). Ich spreche deshalb von der Notwendigkeit einer Theorie von Boten und Botschaften oder einer Angeletik, in Anklang an das griechische Wort für Bote *(angelos)* bzw. Botschaft *(angelia)* (Capurro 2011a, 2008b; Capurro und Holgate 2011). Ich betrachte zwei extreme Möglichkeiten in Bezug auf eine Boten- und Botschaftskultur. Zum einen die wohl psychotische Vorstellung, alles was mich als Botschaft erreicht, hat irgendwie eine Bedeutung für mich. Ich kann dann keinen Abstand davon nehmen. „Ich" ist deshalb nicht möglich. Zum anderen die

11.3 Leben in der *message society*

gegenteilige Vorstellung, nämlich eines „Boten-Ich", das glaubt, eine Botschaft für alle zu haben und dementsprechend alle Medien ständig nutzt, um diese zu verbreiten. Das ist der Fanatismus eines eingebildeten Weltenretters gegenüber dem, der von der Welt gerettet werden will. Eine weitere damit verbundene Vorstellung besteht darin, zu glauben, man kann und sogar soll alles allen mitteilen. Jede menschliche Gesellschaft bildet sich in der Spannung zwischen Offenheit und Geschlossenheit, dem Geheimen und dem Offenen, dem Privaten und dem Öffentlichen, sodass diese Differenzen nicht ein für alle mal definiert werden können, sondern aufgrund wissenschaftlicher, technischer und kultureller Umwälzungen immer wieder infrage gestellt werden (Capurro und Capurro 2011). Georg Marckmann und Kenneth Goodman stellen folgende Fragen im Zusammenhang mit der Zukunft der Medizin und des Arzt-Patienten-Verhältnisses in einer von der digitalen Technologie geprägten Kultur:

> What are appropriate uses of health information systems?
> Who should use these systems?
> What benefits and risks do these technologies have for patients?
> How does information technology change the physician-patient relationship?
> How does (and will) medical decision making change?
> Perhaps more fundamentally: How does (and will) information technology transform the medical construction of the human body and disease? (Marckmann und Goodmann 2006, S. 3).

Das sind Fragen, die den Einsatz der Informationstechnologien in der Medizin sowohl aufseiten des Arztes wie des Patienten und ihre Wechselwirkung ansprechen. Die grundsätzliche Frage bezieht sich auf den Krankheitsbegriff und auf die Konstruktion des menschlichen Körpers im Sinne von Körper („body") und Leib („embodiment"). Die digitale Informationstechnologie ermöglicht nämlich eine Konstruktion des Körpers als digital erfassbare Daten (,body as data'). Das gilt auch für leibliche Prozesse mit digitalen Implantaten deren Auswirkungen zum Beispiel auf die Persönlichkeit eines Patienten gravierend sein können (Clausen 2006; Hildt 2006; EGE 2005). Nicht zuletzt deshalb ist die Frage des Datenschutzes und der Datensicherheit jetzt und in Zukunft ein hoch sensitives medizin-ethisches, -rechtliches und -politisches Thema. Datenmanipulation kann sich auf Körper und Leib sowie auf die gesamte Existenz des Patienten auswirken vor allem sofern sie Teil einer externalisierten und digital-vernetzten Privatsphäre ist (Capurro et al. 2013) Auf der Alltagsebene eines Arztes im Krankenhaus stellt die Informationstechnologie bereits vielfältige Möglichkeiten der Diagnose und Betreuung dar. Letzteres kann aber, wie Dirk Hagemeister hervorhebt, zu Missbrauch führen, zum Beispiel in Bezug auf die Manipulation von angeblichen

Dienstleistungen (Hagemeister 2006). Britta Schinzel bemerkt, dass moderne Bildtechnologie, wie zum Beispiel im Fall der Magnetresonanztomographie (MRT), viele Deutungsmöglichkeiten von krank, gesund, normal oder *gender* bietet, die genauso interpretationsbedürftig sind wie etwa standardisierte Modelle des Gehirns. Solche Bildverfahren, so Schinzel, könnten zum Beispiel den falschen Eindruck erwecken, als ob es bestimmte biologisch fixierte Unterschiede zwischen Bevölkerungsgruppen gäbe (Schinzel 2006).

11.4 Ausblick

Wir sind von den Metaphern der Überflutung, des Übergewichts und der Verstopfung ausgegangen, um ein Grundproblem der Informationsgesellschaft, nämlich das der rastlosen Vermehrung von digitalen Boten und Botschaften und deren möglichen Auswirkungen auf das Leben von Ärztinnen, Ärzten und Patienten in der *message society* zu erörtern. Das ist eine dystopische Sicht der Informationsgesellschaft, die sowohl utopische als auch heterotopische Alternativen voraussetzt oder hervorruft (Grimm und Capurro 2008). In beiden Fällen können und sollten Ärztinnen und Ärzte eine ethisch-kritische Sicht einnehmen, zum einen um auf mögliche Illusionen bezüglich der Perfektibilität des menschlichen Leibes und Lebens aufmerksam zu machen. Man denke zum Beispiel an den heutigen *hype* des sog. Transhumanismus mit seinen vielfältigen Glücksversprechungen über *enhancements* aller Art (Capurro 2011a). Zum anderen aber ist es eine ethische Pflicht sowohl der Präventivmedizin als auch der Therapeutik auf Orte und Zeiten außerhalb des *mainstream* der Informationsgesellschaft hinzuweisen, die dem Patienten erlauben, von ihrer rastlosen Boten- und Botschaftsflut, heterochronisch und heterotopisch Abstand zu nehmen. Wir müssen uns digital-freie Räume und Zeiten leisten. Miriam Meckel spricht mit Recht vom „Glück der Unerreichbarkeit" (Meckel 2007). Ohne individuelle und soziale Lebensstrategien des Widerstands gegen den Bio- und Infotech-Terrorismus des Glücks werden wir wohl den Anforderungen und Wucherungen der *message society* im 21. Jahrhundert nicht gewachsen sein, weder als Patienten noch als Ärztinnen oder Ärzte. Das gilt ganz besonders in Bezug auf die Auswirkungen der Informationstechnologien auf die ältere Generation (Mordini und Mannari 2008). Es gehört zu den berufsethischen Verpflichtungen einer Ärztin und eines Arztes im 21. Jahrhundert dazu beizutragen, dass diese möglichen psychischen und leiblichen Auswirkungen thematisiert und offen in der Arztpraxis erörtert werden. Dazu müssen aber Ärztinnen und Ärzte überhaupt in der Lage sein, diese Technologien nicht nur zu verstehen, sondern sie auch bei ihrer Diagnose und Therapie

11.4 Ausblick

zu berücksichtigen. Das setzt wiederum voraus, dass Krank- und Gesundsein in einem gesellschaftlichen, technologischen und ökologischen Sinne verstanden werden. Mit anderen Worten, man müsste Medizin im Rahmen einer umfassenden Reflexion über Lebenskünste stellen so wie sie zum Beispiel Michel Foucault oder Wilhelm Schmid mit Bezug auf ältere philosophische und medizinische Traditionen getan haben (Capurro 1995). Für den Arzt Medard Boss bilden die von Heidegger erörterten „extremen Möglichkeiten" der „Fürsorge", nämlich die „einspringend-beherrschende" und die „vorspringend-befreiende", die ethische Basis medizinischen und psychotherapeutischen Handelns (Boss 1977, S. 31–32; Heidegger 1976, S. 122). In Anschluss an die Rezeption des daoistischen Denkers Zhuangzi (ca. 365–260 v. Chr.) durch den französischen Philosophen François Jullien möchte ich den ethischen Grundsatz für einen angemessenen Umgang sowohl mit Natur- als auch mit Technikprozessen so formulieren: Blockiere nicht! (Jullien 2005; Capurro 2006). Gegen Informationsüberflutung brauchen wir eine „kreative Netzkultur" (Lovink 2008). Darüber zu reflektieren ist Aufgabe der interkulturellen Informationsethik (Capurro 2005, 2008c, 2013, 2013a, 2015, 2015b; Nakada und Capurro 2013; Himma und Tavani 2008; Hongladarom und Ess 2007; Hongladarom 2007; Capurro et al. 2007; Nakada und Tamura 2005).

Fremddarstellung – Selbstdarstellung 12

Über Grenzen der Medialisierung menschlichen Leidens

12.1 Einleitung

Anlässlich des II. Internationalen Bibliothekskongresses im Jahre 1935 hielt der spanische Philosoph José Ortega y Gasset eine Rede mit dem Titel *Die Mission des Bibliothekars* in der er die Demokratie als ein „Kind des Buches" und das Buch als „der Sieg des menschlichen Schriftstellers über das von Gott geoffenbarte Buch sowie über das von der Autokratie diktierte Gesetzesbuch" bezeichnete (Ortega 1962, S. 66–67). Ortega ist der Ansicht, dass *soziale* Bedürfnisse ein entscheidender Grund für die Erfindung neuer Techniken sind.

Welches soziale Bedürfnis ging der Erfindung des Internet voraus? Meine Antwort: Es war das Bedürfnis nach selbstbestimmter Kommunikation gegenüber der Fremdbestimmung durch die Massenmedien des 20. Jahrhunderts. Das Internet trat mit dem Anspruch auf, dieses soziale Bedürfnis in allen Varianten, Eins-zu-vielen, Viele-zu-eins, Eins-zu-eins, Wenige-zu-eins, usw. gegenüber dem hierarchischen Eins-zu-vielen Format der Massenmedien zu erfüllen. Daraus entstand eine für die Massenmedien beunruhigende Situation: Sie wurden nämlich von einem Medium beobachtet, das sich außerhalb ihres Herrschaftsgebiets und ihrer hierarchischen Strukturen befand. Diese Kränkung haben sie bis heute nicht verwunden.

Gegenwärtig und wohl auch in Zukunft kommt der digitalen interaktiven Weltvernetzung eine kaum zu überschätzende Rolle in allen Lebensbereichen zu. Das Internet verwandelt sich immer mehr zu einem Netz von Personen und auch von Dingen, eine Entwicklung, die gegenwärtig mit Begriffen wie Web 2.0, *social software* und *ubiquitous computing* gekennzeichnet wird. Man kann das zugrunde liegende soziale Bedürfnis in Form eines moralischen Imperativs ausdrücken, nämlich: „Kommuniziere!" oder genauer: „Teile alles allen mit!". Man vernimmt dabei das Erbe der Aufklärung worauf ich noch zu sprechen komme.

Die Art und Weise, wie die Massenmedien und das Internet sich gegenseitig kontaminieren, ist noch weitgehend offen (Cardoso 2006). Der Kampf um die mediale Vormacht in einer Gesellschaft sowie auf globaler Ebene ist ein Kampf um die Maßgabe dessen, was ist. Die *Deutungsmacht* von Medien, Botschaften und Interpreten stellt sich als eine zugleich ontologische, politische, ökonomische und moralische Frage, die Gegenstand der Informationsethik ist (Capurro 2006). Die Grundfrage menschlichen Existierens, die Seinsfrage, ist eine bleibende Streitfrage, die nur teilweise der Deutungsmacht des Menschen unterworfen ist. Die Unverfügbarkeit der Welt und unseres In-der-Welt-seins drückt sich in der Form einer sich kontingent verwirklichenden Vernunft, die immer nach dem Maß der Freiheit suchen muss. Ich stelle die Frage nach den Grenzen der Medialisierung menschlichen Leidens, der dieser Beitrag am Beispiel der Medialisierung von Aids gewidmet ist, in diesem medienethischen Kontext.

12.2 Aids als Medienkonstruktion

Fremddarstellung menschlichen Leidens durch die Massenmedien scheint im Gegensatz zu den Möglichkeiten der Selbstdarstellung im Internet zu stehen. Diese Gegenüberstellung ist inzwischen aufgrund der Konvergenz der Medien fragwürdig. Dennoch unterscheidet sich die heutige mediale Situation von der fremd bestimmten medialen Konstruktion menschlichen Leidens durch die Massenmedien im 20. Jahrhundert. Ich möchte diese Differenz anhand einiger Beispiele erläutern.

Elke Lehmann hat eine detaillierte Analyse der Medienkonstruktion von Aids in Großbritannien vorgelegt (Lehmann 2003). Ihr Ziel ist heraus zu finden, ob besonders die von *The Times* und *The Guardian* als Vertreter jeweils einer konservativen und einer links-liberalen Presse produzierte „Medienrealität" der „AIDS Realität" entspricht. Sie untersucht die Berichterstattung von 1983 an, das Jahr in dem die ersten Artikel über Aids in beiden Zeitungen erschienen, bis zum Jahr 2000. In der *Times* erschienen im Berichtszeitraum 2307 und im *Guardian* 1961 Artikel, aber nur eine geringere Anzahl auf der ersten Seite (Lehmann 2003, S. 57). Die dominierenden Themen in der *Times* waren Prävention und *Screening,* während Ursprung und Übertragungswege eine geringere Rolle spielten. Im *Guardian* wurde über Infektionsrate, Opfer und Forschung/Behandlung berichtet. Beide Zeitungen bezogen sich überwiegend auf Geschehnisse in Großbritannien, während Afrika, der Kontinent mit der höchsten Infektionsrate, ein viel kleinerer Prozentsatz von Aufsätzen gewidmet war (Lehmann 2003, S. 63). Die Berichterstattung erreichte einen Höhepunkt in der *Times* im Jahr 1987 und

12.2 Aids als Medienkonstruktion

nahm dann in den folgenden Jahren stark ab. Diese Daten sind insofern bedeutsam als die Zahl der HIV-Neuinfizierungen in Großbritannien seit 1988 stetig zunahm. Offenbar erfüllten die Aids-Meldungen die üblichen Konstruktionskriterien von Nachrichten in den Massenmedien, nämlich neu, relevant und negativ zu sein. Die Konstruktion von Aids in *Times* und *Guardian* ist, so Lehmann, der in den Boulevardzeitungen vergleichbar. Aber obwohl sie davon spricht, dass die Massenmedien die Realität *konstruieren,* erwartet sie, zumindest von Massenmedien dieser Qualität, dass sie die Realität *widerspiegeln,* was sie ihrer Meinung nach in diesem Fall nicht tun (Lehmann 2003, S. 85).

Mein zweites Beispiel für die fremd bestimmte Konstruktion von Aids durch die Massenmedien ist die Analyse von Petra Eiden und Klaus Schönbach mit dem Titel *1987: AIDS erreicht Deutschland. Die ‚Bild'-Zeitung und die Furcht vor einer neuen Seuche – eine Fallstudie* (Eiden und Schönbach 2007). Die Autoren zeigen, wie die Massenmedien die öffentliche Wahrnehmung besonders dann beeinflussen, wenn unschuldige Opfer leicht identifizierbar sind und eine scheinbare einfache Ursache-Wirkung-Kette vorliegt. Die Phase der größten Aufmerksamkeit für Aids in Deutschland lag in der zweiten Hälfte der achtziger Jahre, genauer: zu Beginn des Jahres 1987 (Eiden und Schönbach 2007, S. 526). Nach Meinung der Autoren spielte die ‚Bild'-Zeitung einer Vorreiterrolle bei der Verbreitung des Themas Aids. Sie stützen ihre These anhand einer Auswertung dieses Massenblattes in der Zeit zwischen 1986 und 1994. Die Berichterstattung spiegelt aber, wie auch die vorherige Studie von Lehmann zeigte, die Verbreitung dieser Krankheit nicht wider. Ein Folgeeffekt dieser Berichterstattung könnte gewesen sein, dass durch den Druck des so erzeugten öffentlichen Bewusstseins die Bundesregierung im März 1987 das *Sofortprogramm zur Bekämpfung von Aids* beschloss (Eiden und Schönbach 2007, S. 537). Es war aber interessanterweise nicht die Tagesaktualität des Themas, die diese Berichterstattung auslöste, sondern das Blatt bediente sich des Themas, um Aufmerksamkeit und Angst zu erzeugen. Ein weiterer *Priming*-Effekt war möglicherweise die Zunahme der Aids-Tests in Deutschland (Eiden und Schönbach 2007, S. 537). Nach 1987 lässt die massenmediale Aufmachung trotz der Zunahme der Fälle bis 1991 langsam nach.

Seit es das Internet gibt, hat sich auch die Realität der Massenmedien gewandelt. Das Internet ist eine Differenz, die eine Differenz macht. Waren die Massenmedien des 20. Jahrhunderts Werkzeuge der Fremddarstellung, so bietet das Internet Möglichkeiten der Selbstdarstellung, die es bisher zwar in Form von Buch und Film gab, allerdings jetzt für eine potenziell sehr große Zahl von Menschen, mit vielfältigen Formen multimedialer Interaktion. Eine *Google*-Suche über „AIDS" ergibt im März 2008 ca. 127 Mio. Einträge. Sucht man nach „HIV" dann sind es immerhin 500.000. Die Zahl der Aids-Blogs wird auf 2000 geschätzt. *YouTube* meldet unter dem Stichwort „AIDS" ca. 91.000 Videos, wobei das neueste Video im März 2008, „The N word" des US-amerikanischen schwulen Internetpublizisten Chris Croker 633.518 mal abgespielt wurde. Natürlich kann man den Selbstdarstellungen im Internet nicht deshalb mehr trauen als im Falle der Massenmedien, aber diese Skepsis gilt generell für jede Form zwischenmenschlicher Kommunikation. Vertrauen wird nicht technisch hergestellt. Nebenbei bemerkt: Auch im Falle einer *face-to-face* Interaktion ist die Herstellung von Vertrauen schwierig. Solche Zahlen sagen auch nicht unbedingt etwas über die Qualität des Angebots, aber doch über die Bedeutung von Aids in der heutigen „Ökonomie der Aufmerksamkeit" aus (Franck 1998). Die Rede von Interaktivität und Selbstdarstellung bezieht sich in diesem Zusammenhang nicht nur auf individuelle, sondern auch auf institutionelle Akteure. In Deutschland sind zum Beispiel die Webseiten des *Robert Koch Instituts* (2008), der *Deutschen AIDS-Stiftung* (2016), der *Deutschen AIDS-Hilfe e. V.* (2016) und der *Bundeszentrale für gesundheitliche Aufklärung* (BZgA 2008) mit umfangreichen Material und Interaktionsmöglichkeiten besonders zu erwähnen.

Die durch das Internet eröffneten Möglichkeiten interaktiver Selbstdarstellung stoßen nicht selten auf lokale und globale Widerstände aller Art vor allem dann, wenn sie in Widerspruch zu etablierten medialen Machtverhältnissen geraten. Das zeigt zum Beispiel der Fall des chinesischen Aids- und Umweltaktivisten Hu Jia, der seit 2005 immer wieder unter Hausarrest gestellt und im Dezember 2007 wegen „Anstiftung zur Untergrabung der Staatsgewalt" festgenommen wurde (Bartsch 2007). Aids wurde in China jahrelang als eine Epidemie des dekadenten Westens ignoriert oder mit Polizeikräften gegen Drogenhandel und Prostitution bekämpft. Das änderte sich erst im Jahr 2003 mit der SARS-Epidemie (Blume und Zhaohui 2004). Was sich heute im Internet zeigt, ist die Folge eines sich ankündigenden gesellschaftlichen Bedürfnisses nach Selbstdarstellung, die in der Vor-Internet-Zeit und in der Zeit danach, auch in Film und Literatur zum Ausdruck kommt. Ich erinnere zum Beispiel an den Film „Blue" (1993) des an Aids verstorbenen schwulen englischen Filmregisseurs Derek Jarman (1942–1994). Der US-Romanist David Caron hebt hervor, dass die Aids-Literatur in den USA, wo die ersten Texte zu Beginn der 80er Jahre erschienen sind, im Gegensatz zu Frankreich wesentlich kollektiv und politisch war (Caron 2003). In Frankreich hingegen finden die Texte erst ein Echo bei einem großen Publikum als sie sich in die französische Tradition autobiografischer Geschichten einreihen. Die Erklärung dafür findet Caron in einer Kultur in der Sexualität und Krankheit zum Bereich des Privaten gehören. Das hat im Falle einer Epidemie, die bestimmte Gruppen stärker als andere traf, fatale Konsequenzen. Als sich aber die *gay community* in Frankreich etabliert, ändern sich die Parameter der Erzählungen. Aids hat jetzt nicht mehr primär mit dem Tod als vielmehr mit dem Leben in und für eine Gemeinschaft zu tun. Dadurch werden aber diese Texte weniger von einem großen Publikum als von der *gay*-Kultur selbst rezipiert. Diese verschließt sich aber dadurch nicht notwendigerweise in sich, sondern tut ihren Widerstand gegen eine heterosexuelle Hegemonie kund. Caron sieht im nachlassenden Interesse an Aids-Literatur ein beunruhigendes Zeichen des Desinteresses und der Blindheit der Gesellschaft insgesamt und heute vor allem, wie ich hinzufügen möchte, ihrer Massenmedien, gegenüber Aids.

Die Gegenüberstellung Massenmedien als Fremddarstellung vs. Internet als Selbstdarstellung stimmt aber inzwischen, aufgrund der Medienkontamination, nur auf den ersten Blick. Das Internet hat das gesellschaftliche Bedürfnis nach Interaktion und Selbstdarstellung für eine große Anzahl von Menschen erfüllt, aber das globale und lokale Problem des digitalen Ausschlusses *(digital divide)* ist virulent. Das bedeutet den faktischen Ausschluss der Möglichkeit interaktiver Selbstbestimmung in diesem Medium für Millionen von Menschen. Wir haben, mit anderen Worten, mit einer *digitalen Aids-Spaltung* zu tun. Die UNESCO hat in Zusammenarbeit mit der Europäischen Kommission im vorigen Jahr einen Aids-Bericht mit dem Titel *Another Way to Learn* mit Fallstudien aus Afrika, Asien und Lateinamerika veröffentlicht, bei denen allerdings, bis auf wenige Fälle in Jamaica und Barbados, das Internet kaum eine Rolle spielt im Vergleich etwa zu Gemeinschaftszentren, soziale Netzwerke, Schulbildung, Arbeitsprojekte, Musik, Sport, Theater, Fotografie, Video sowie Radio und Fernsehen (UNESCO 2007).

12.3 Aids als Metapher

Im Rahmen einer Konsultation europäischer KirchenleiterInnen zum Thema Aids, die im April 2004 in Odessa (Ukraine) stattfand, sprach sich die damalige Direktorin der Abteilung für Theologie und Studien des Lutherischen Weltbundes, Karen Bloomquist, gegen einen moralisierenden Umgang mit Aids aus, bei dem Aids als Strafe Gottes und die Betroffenen mit dem Etikett „Sünderinnen/Sünder" versehen werden (The Lutheran World Federation 2004). Die moralisierende Missdeutung von Aids wird dann besonders grotesk, wenn Kondome als Schutz aus moralischen Gründen ausgerechnet im Namen des Lebens verboten werden. Genau auf diese Gefahr weist Susan Sontag in ihrem Buch *Aids und seine Metaphern* hin (Sontag 1989a). Sie schreibt, dass man zwar nicht ohne Metaphern denken kann, dass es aber welche gibt, vor denen „wir auf der Hut sein oder die wir abschaffen müssen." Wer sind „wir"? Und was bedeutet „abschaffen"? Ich stelle Sontags Überlegungen im Kontext einer ethischen Reflexion über die Grenzen der Medialisierung menschlichen Leidens dar.

Wo liegen die Grenzen einer verantwortbaren Medialisierung menschlichen Leidens? Ansätze zur Beantwortung dieser Frage bietet zunächst Susan Sontags kritischer Reflexionen aus dem Jahre 1977 über den Metaphergebrauch mit Bezug auf epidemische Krankheiten (Sontag 1989). Krebs oder Tuberkulose sind oft als Metaphern benutzt worden, um eine Gesellschaft als korrupt oder krank an den Pranger zu stellen. Für die Nazis waren Menschen von gemischter „rassischer" Herkunft wie Syphiliskranke. Trotzki verglich den Stalinismus mit Cholera, Syphilis und Krebs (Sontag 1989, S. 87). Moralisch entscheidend ist für Sontag, dass die Krankheit selbst *nicht mit militärischen Metaphern* umschrieben und auf die Gesellschaft angewandt wird. Eine mit diesen Charakteristiken aufgeladene Krebsmetapher sagt wenig über die Krankheit aber viel über die Gesellschaft aus, die sie so anwendet. Unsere Anschauungen sind dann, wie Susan Sontag schreibt, ein Vehikel

> für unsere oberflächliche Haltung dem Tod gegenüber, für unsere Ängste gegenüber dem Gefühl, für unsere rücksichtslosen, leichtsinnigen Reaktionen auf unsere wirklichen „Wachstumsprobleme", für unsere Unfähigkeit, eine fortgeschrittene Industriegesellschaft aufzubauen, die den Konsum in angemessener Weise reguliert, ein Vehikel auch für unsere berechtigte Furcht vor dem zunehmend gewalttätigen Verlauf der Geschichte (Sontag 1989, S. 104).

Eine Versachlichung unserer Anschauungen würde dazu führen, so Sontag, dass eines Tages die Krebsmetapher als schiefe kriegerische gesellschaftliche Metapher obsolet ist. Eine ethische Überlegung über die Grenzen des medialen Umgangs mit menschlichem Leiden lässt sich in Beziehung auf die Grenzen der metaphorischen Anwendung von Krankheiten auf die Gesellschaft setzen. Aufgrund der Deutungsmacht der Medien wirken diese an der Entstehung und Verbreitung solcher Metaphern sowie auch an deren Kritik mit. Es sind, mit anderen Worten, solche zugleich kritischen und leidenschaftlichen Appelle vor allem vonseiten der Betroffenen, die *Selbstdarstellungen* also, die das Bewusstsein für die moralischen Grenzen der Medialisierung menschlichen Leidens wecken und schärfen können.

Das sich auf dem kritischen Denken Einzelner aufbauende soziale Bedürfnis nach freierer und selbstbestimmter sozialer Interaktion zeigt sich gegenwärtig nicht nur etwa in Form von Protestaktionen oder Manifesten im Internet, sondern vor allem in der Bildung von Lebens- und Interessengemeinschaften die dann Teil jener von Michel Foucault beschriebenen „Technologien des Selbst" werden (Foucault 1988). Dadurch können sich die Akteure, Individuen und Gemeinschaften zu eigenständigen moralischen Subjekte entwickeln und sich in der Singularität ihres körperlich-seelischen Leidens selbst bestimmen – jenseits nicht nur

12.3 Aids als Metapher

der Herrschaftsstrukturen der Massenmedien, sondern auch der Institutionen und Produkte des medizinischen Kapitalismus. Die Subjekte konstituieren sich auf der Basis ihres biologischen Substrats, indem sie um ihr Leiden gemeinsam Sorge tragen. Angesichts problematisch gewordener Situationen können sie neue Formen des Zusammenlebens oder „global assemblages" erfinden und austragen (Ong und Collier 2005). Das führt unter anderem dazu, dass gängige Metaphern, allen voran die Kriegsmetaphorik, infrage gestellt werden, sofern sie sich gegen das Leben selbst richten, sei es gegen das Leben der an Krankheit leidenden Menschen oder gegen die kriegsmetaphorische Anwendung dieser Krankheit auf das soziale Leben selbst. Das ist der entscheidende Punkt in Susan Sontags Kritik der Aids-Metaphern. Kriegsmetaphern bewirken die Stigmatisierung bestimmter Krankheiten und der an ihnen Erkrankte (Sontag 1989a, S. 14). *Ich schließe daraus, dass genau entlang dieser Strategie der Abgrenzung besonderes durch eine kriegsmetaphorisch bedingte Stigmatisierung die moralische Grenze der Medialisierung menschlichen Leidens verläuft.*

Für Susan Sontag hat die Kriegsmetaphorik im Falle von Aids einen zweifachen Ursprung. Erstens, ähnlich wie im Falle von Krebs, handelt es sich um eine „Invasion" oder, wie bei der Syphilis, um eine „Verunreinigung". Aber im Falle von Aids und im Gegensatz zu Krebs kommt diese „Invasion" von außen. Auf die Gesellschaft angewandt ist diese Metapher, so Sontag, „die Sprache der politischen Paranoia mit ihrem typischen Misstrauen gegen eine pluralistische Welt" (Sontag 1989a, S. 20). Von hier aus wird die Krankheit wiederum als „Infiltration der Gesellschaft" wahrgenommen. Auch die Metapher der „Kontamination" der Medien könnte in diesem Zusammenhang als kriegerische Krankheitsmetapher missbraucht werden, sodass zum Beispiel das Internet als eine virale Bedrohung der „sauberen" und „ordentlichen" Massenmedien wahrgenommen wird. Ich meine, dass die Massenmedien seit dem Aufkommen des Internet oft davon Gebrauch machen und ihr Heil, in der Missdeutung des Internet als einen bloßen zusätzlichen Kanal für die massenhafte Verbreitung („broadcasting") ihrer Botschaften darstellen, also als etwas, was ihre Herrschaft weiter konsolidieren würde. So gesehen, hängen metaphorisch die Konstruktion von Krankheit und Medien eng zusammen. Das betrifft nicht nur die Vorstellung von einer Gefahr durch das Äußere und Fremde, sondern auch durch die Vorstellung, dass man an der Krankheit, sei es Aids oder Internet, zum Beispiel in Form von Internet*sucht*, selbst die Schuld trägt. Die eigentliche moralisch saubere Selbstbestimmung wäre die der Massenmedien – also die Fremdbestimmung. Damit wäre die Möglichkeit der selbstbestimmten Sorge auf dem Kopf gestellt. Die an Aids leidenden Menschen unterschieden sich kaum von den vom Internet Angesteckten. Wir befinden uns hier offenbar mitten in einem potenziellen paranoischen Diskurs auf der

Basis der Moralisierung einer Krankheit und ihres Missbrauchs und Missdeutung für die Austragung eines medialen Machtkonflikts.

Die Hauptmetapher für die Aids-Epidemie lautet, so Sontag, „Pest", was auch die Vorstellung einer Strafe wegen der menschlichen Hybris nach Selbstdarstellung impliziert (Sontag 1989a, S. 47). Das ließe sich täglich anhand der großen Amoralität und Immoralität des Netzes belegen. Wie im Falle von Krebs vor dreißig Jahren, werden durch diese Metapher sowohl die Krankheit als auch die Gesellschaft aus einer schiefen Perspektive gedeutet. Das war *ex post* die exemplarisch analysierten Situation aufgrund der Fremdbestimmung von Aids durch die Massenmedien. Auch wenn diese Analyse nicht annähernd die Komplexität der Realitätskonstruktion und die Deutungsmacht der Massenmedien wiedergibt, zeigt sie in ausgezeichneter Weise wo die moralischen Grenzen der Medialisierung menschlichen Leidens liegen. Das Internet ist keineswegs gegen die Gefahr der Übertretung dieser Grenzen gefeit, aber es bietet Möglichkeiten der Selbstdarstellung, die bisher nur Intellektuellen vom Rang einer Susan Sontag weitgehend vorbehalten waren. In diesem Sinne kann und wird die Aids-Epidemie für vielfältige politische Zwecke metaphorisch und medial missbraucht, sei es, um einzelne Länder oder sogar ganze Kontinente zu stigmatisieren oder um die Augen vor den realen Gefahren zu verschließen und die Menschen weiter auch mittels medialer Fremdbestimmung sterben zu lassen obwohl inzwischen unbestreitbar ist, dass Aids kein Problem von moralisch abweichenden Minoritäten ist, sondern alle betrifft. Wenn dies auf der Basis einer paternalistischen Haltung mit der moralischen Kontrolle des Einzelnen durch politisch monopolisierte Massenmedien sowie durch eine mit harten Strafen einhergehende Zensur der freien Interaktion im Internet verknüpft wird, dann werden Freiheit und Menschenwürde mit den Füssen getreten.

Die neuen medialen Verhältnisse erlauben den Ausgegrenzten sich besser dagegen zu wehren, als dies im Zeitalter der Massenmedien der Fall war. Das bedeutet zugleich eine neue Strategie moralischer Selbstkonstitution. Gegen solche Verletzungen der Menschenwürde helfen auch quasi-rechtliche Normen, internationale Vereinbarungen und Deklarationen. Wir haben glücklicherweise keine Weltkontrollinstanz mit der Machtfülle des Machtmonopols der Nationalstaaten. So unentbehrlich aber universale Moralkodizes für die praktische Politik auch sind, so wenig können sie aber die Selbstsorge ersetzen. Diese hatte bisher kaum eine Chance, sich jenseits eingeschränkter geografischer Lokalitäten zu bilden, sodass vor allem die mediale Fremdbestimmung auch machtpolitisch ausschlaggebend war. Das neue technologische Regime globaler Interaktion, das mit dem Internet zum Durchbruch kam, hat die Macht- und somit auch die Lebensverhältnisse so verändert, dass Moral im Sinne von Sorge über das eigene Leben eine größere Chance hat, sich auszubilden.

Aids naheliegende Begriffe – wie Virus und Kontamination – bestimmen im Informationszeitalter metaphorisch die Computersprache mit. Die mechanistischen Metaphern unseres Zeitalters vermischen sich mit animistischen Vorstellungen einer Krankheit, die so unberechenbar und insofern auch moralisch zweifelhaft ist, wie die in den weltweiten Netzen kursierenden Codes und *messages* oder wie die Pest namens SPAM.

Während Aids als gesellschaftliche Metapher das endlose und globale Zirkulieren von Menschen, Bildern, Waren, Müll, Informationen und Kapital anzeigt (Sontag 1989a, S. 97), deutet inzwischen eine andere Krankheit, nämlich Alzheimer, sozusagen auf das Herz oder genauer gesagt auf das Gehirn der Informationsgesellschaft hin, nämlich auf den Verlust nicht nur der biologischen, sondern auch der digitalen Gedächtnis- und Erinnerungsfunktionen, aufgrund zum Beispiel einer Überwucherung von Information oder von geheim gehaltenen Selektionsmechanismen oder, schließlich, durch Störungs- und Löschungsmöglichkeiten aller Art aufgrund von Eingriffen von Außen und Innen. Alzheimer als Metapher der Informationsgesellschaft verbindet sozusagen Aids und Krebs. Wir werden durch Fremddarstellungen vom eigenen Selbst entfremdet aber wir ersticken ebenso sehr in der Flut der eigenen Selbstdarstellungen und geraten dabei in lokalen und globalen Identitätskrisen. Wie Ortega schon erkannte, die Lösung eines sozialen Bedürfnisses verwandelt sich allmählich zu einem Problem. Das ist die Stunde der Informationsethik im Sinne eines Krisensymptoms, das die Notwendigkeit einer Problematisierung der moralischen Verfassung unseres medialisierten Seins und seiner Herrschaftsstrukturen anzeigt.

12.4 Über Grenzen der Medialisierung menschlichen Leidens

Aids als Metapher für Kontamination und Mutation lädt zu Rückschlüssen über unsere tatsächliche Unkenntnis für die Ursachen und die Natur dieses Virus ein. Das ist aber nicht etwas, was allein diesem Begriff eigen wäre. Menschliche Sprache ist wesensmäßig metaphorisch in dem Sinne, dass sie sich auf etwas anderes als sich selber bezieht oder beziehen kann. Die Kluft zwischen *Denotans* und *Denotatum* ist nur teilweise aufgrund eines „Hinüber-Gehens" oder „Mithinüber-Nehmens" („meta-pherein") überbrückbar. Dies ist auch ein Grund, warum alle wissenschaftliche auf ein Eindeutigkeit zielenden Aussagen letztlich Vermutungen oder Interpretationen sind. Ich schließe mich hiermit den bahnbrechenden Untersuchungen über „Metaphorologie" von Hans Blumenberg an (Blumenberg 1960; Konersmann 2007; Haverkamp 1983). Wie Ralf Konersmann richtig ausführt, entwickelt Kant in der *Kritik der Urteilskraft* sowie auch in der *Anthropologie* eine positive Auffassung über die Erkenntnisleistung von Metaphern, indem er auf die schöpferische Funktion der Beziehung zwischen Begriffen und „Symbolen" eingeht (Konersmann 2007a, S. 9). Demnach ist menschliches Leiden, und ich meine damit sowohl das seelische als auch das körperliche Leiden, eine „Vernunftidee", d. h. ein Begriff, dem es letztlich keine Anschauung völlig adäquat sein kann. Kant nennt in diesem Zusammenhang den Tod (Kant 1974, A 191). Und umgekehrt: Bilder menschlichen Leidens sind „ästhetische Ideen" sofern sie auf etwas hinweisen, dem kein Begriff völlig adäquat sein kann. Kein Bild eines Aids-Kranken kann – mit anderen Worten – dem Leidensbegriff entsprechen und der Leidensbegriff ist, von hier aus gesehen, eine „Vernunftidee", den keine Vorstellung oder, wie wir heute sagen können, keine Medialisierung ausreichend darstellen kann. Die Vernunftidee des Leidens ist, Kantisch ausgedrückt, „indemonstrabel", so wie die Bilder menschlichen Leidens „inexponibel" sind. Hier zeigt sich auch die Grenze der Medialisierung menschlichen Leidens sofern nämlich die schöpferische Funktion der Metaphern aufgrund ihrer medialen Fixierung und Instrumentalisierung ein trügerisches Wissen vorspielen. Wir können uns durch noch so viele Bilder von an Aids Leidenden keinen Begriff davon machen und umgekehrt. Man kann dieses wechselseitige Verhältnis zwischen Begriff und Anschauung auch so ausdrücken: Bilder menschlichen Leidens können keine begriffliche Erklärung oder gar moralische Rechtfertigung davon abgeben. Dagegen richtet sich Susan Sontags Kritik.

Aber auch der umgekehrte Versuch, für den Leidensbegriff eine adäquate Erfahrung zu finden, scheitert. In diesem nüchternen Tatbestand gründet letztlich auch die Tragik menschlichen Existierens. Sowohl das Moralisieren menschlichen Leidens im Sinne einer scheinbaren Erklärung desselben, als auch der Versuch durch Bilder in den Medien das (potenzielle) Leiden anschaulich zu machen, scheitern. Und dennoch sind beide Erkenntnisformen nicht nur legitim, sondern höchst kreativ, denn sie eröffnen dem Verstand neue metaphorische Wege und sie bieten der Anschauungskraft Möglichkeiten der Sinnsuche. Die Grenzen der Medialisierung menschlichen Leidens stehen also nicht ein für allemal fest, sondern sie müssen fallweise anhand der jeweiligen Nutzung und in sich verändernden Kontexten kritisch analysiert werden. Entscheidend dabei ist die Reflexion, auf die jeweiligen Möglichkeiten *und Grenzen* von Begriffen und Bildern zu achten, die moralisch verwerflich sind, wenn aus Ideen instrumentalisierte Begriffe oder Bilder werden, die durch eine scheinbare Sinnfixierung zur Ausgrenzung, Stigmatisierung und letztlich auch zur Vernichtung des Anderen missbraucht werden. Diese grundsätzliche Ambivalenz menschlicher Erkenntnis und Anschauung im Hinblick auf die Konstitution eines selbstständigen moralischen

12.4 Über Grenzen der Medialisierung menschlichen Leidens

Subjekts lässt sich, aufgrund unserer Endlichkeit, nicht aufheben. Der medienethische Imperativ, „Teile allen Dein Leiden mit", kann als legitime Aufgabe der Selbstdarstellung gegenüber der Entfremdung durch Fremddarstellungen aber auch als eine Strategie der Selbsttäuschung verstanden werden. Zwischen biologischem Reduktionismus und moralisierender Scheinrechtfertigung bleibt für eine zugleich kritische und medienbezogene Selbstkonstitution des moralischen Subjekts nur der Weg der Metapher offen. Die Metaphorologie hat dann den Sinn kritisch-ethischer Begleitreflexion. Metaphern sollten einen irritierenden aber keinen stigmatisierenden das Leiden und Leben des Anderen vernichtenden Sinn haben. „Metaphorisches Wissen ist Orientierungswissen" (Konersmann 2007a, S. 15). Es ist gut, wenn unser Rechtssystem sich, wenngleich nicht uneingeschränkt, auf der Seite der Rede- und Darstellungsfreiheit stellt. Das Anprangern gesellschaftlicher Missstände kann durch Fremddarstellungen in *Voyeurismus* verfallen (Schneider 2008). Dem entspricht auf der Seite der Selbstdarstellung die Verfallsform des *Exhibitionismus,* die zum Beispiel dazu führt, dass immer mehr Menschen freiwillig ihre Privatsphäre nicht nur in MySpace oder StudiVZ, sondern auch mittels der öffentlichen und lauten Nutzung ihrer Handys in öffentlichen Räumen offenbaren. Informationsethik und -recht müssen den öffentlichen Diskurs nicht nur über die Bedrohung des Verlustes der Privatsphäre, sondern paradoxerweise über den Verfall öffentlicher Räume durch Selbstdarstellungen intensivieren gerade dann, wenn die Informationsfreiheit in Widerspruch zu geltenden rechtlichen oder moralischen Normen gerät. Der digitale Exhibitionismus ist die Kehrseite des massemedialen Voyeurismus. Wenn Staat und Massenmedien sich dazu berufen fühlen, den Bürger zu schützen, dann kann dies mit handfesten Machtinteressen zu tun haben. Staatlicher Paternalismus geht einher mit massenmedialen Infantilismus sowie auch mit allen Möglichkeiten des „Exhibitionismus der Handy und Internet-Gesellschaft" (Prantl 2008). Schamgrenzen sind von Epoche zu Epoche und von Kultur zu Kultur unterschiedlich, was eine besondere Sensibilität seitens der Fremd- und Selbstmitteilenden in einer digital globalisierten Welt, aber auch der wissenschaftlich darüber Reflektierenden verlangt. Der Weg zur Freiheit, der Ausgang aus der „Rohigkeit" (Kant), geht über Aufklärung und Dialog, nicht über Verbot und Herrschaft. „Ein Publicum (kann) nur langsam zur Aufklärung gelangen" schreibt Kant (Kant 1975a, A 484). Dies gilt um so mehr im Falle des heutigen hochkomplexen globalen und interaktiven Medienpublikums. Auch hier scheint mir der beste Weg zu sein, den Menschen nicht nur Möglichkeiten der Fremddarstellung, sondern eben so sehr der Selbstdarstellung zu öffnen, zu erhalten und zu fördern, ihnen zu erlauben, durch den „öffentlichen Gebrauch" (Kant 1975a) ihrer Vernunft, sich selbst zu gestalten.

12.5 Ausblick

Der medienethische Imperativ in der Gestalt: „Teile allen alles mit!" will er nicht die Freiheit zu denken und wohl auch die Freiheit zu handeln, verscherzen, muss sich selbst die Frage nach Grenzen im Sinne von Gründen und Regeln stellen, denen letztlich die *eine* „Maxime der Selbsterhaltung der Vernunft" zugrunde liegen können soll. Der hier umrisshaft angezeigte Weg einer Genealogie heutiger Krisensymptome der Informationsgesellschaft ist nur ein Torso. Diese Darstellung bleibt auch einer kulturvergleichenden Aufgabe schuldig, welche die Grenzen informationsethischer Problematisierung auf der Grundlage abendländischen Denkens anzeigt und sich einem geduldigen interkulturellen Dialog öffnet, ohne vorschnell im trügerischen Glauben zu verfallen, man könnte durch die Aufstellung von universellen Prinzipien und Idealen ein transkulturelles Weltethos eindeutig, für alle Kulturen und Zeiten, festschreiben (Capurro 2008a). Man würde dabei die Grenzen kategorialen Denkens überschreiten und die geschichtliche Kraft regulativer Ideen, ihr metaphorisches Wesen, depotenzieren. Die digitalen Informations- und Kommunikationstechnologien gehören aus dieser Perspektive zu den von Foucault analysierten „Technologien des Selbst" (Foucault 1988). Die interaktiven und singularisierbaren Möglichkeiten der digitalen Weltvernetzung ermöglichen die Bildung neuer Formen transnationaler Gemeinschaften, die aus der Globalisierung Kräfte zur Selbstdarstellung und Selbstgestaltung schöpfen und sich den lokalen und globalen Uniformierungs- und Instrumentalisierungstendenzen des medizinischen Warenverkehrs und der damit verbundenen Kapitalinteressen, sowie der Stigmatisierung durch Fremddarstellungen widersetzen.

Information und moralisches Handeln im Kontext der digitalen Informations- und Kommunikationstechnologien

13.1 Einleitung

Der Titel dieses Beitrags erweckt den Eindruck eines scheinbar selbstverständlichen Verhältnisses zwischen Information und moralischem Handeln, wenn man unter moralischem Handeln ein begründetes und deshalb verantwortbares Handeln versteht. Unbegründetes, d. h. auf Desinformationen oder auf falschen Informationen beruhendes Handeln ist verantwortungslos und somit unmoralisch. Bedeutet dies nun, dass in einer Welt in der dank der digitalen Informations- und Kommunikationstechnologien (IKT) kein Mangel an Information herrscht, es im Prinzip kein verantwortungsloses Handeln mehr geben kann, es sei denn, der Handelnde weigert sich oder versäumt, sich zu informieren? Jeder und jede Handelnde, der wie im Falle des Menschen fähig ist, über die Folgen seines oder ihres Handelns nachzudenken, hat die moralische Verantwortung sich zu informieren. Die digitalen IKT ermöglichen somit die Vollendung des Traums der Aufklärung, der moralisches Handeln als begründet in der informierten Autonomie des Subjekts sich erhoffte. Daher der Kampf der Aufklärer gegen politische und religiöse Zensur und ihr Bestreben, das in Bibliotheken und Enzyklopädien externalisierte Wissen für alle Bürger jenseits ökonomischer und sozialer Unterschiede zugänglich zu machen.

Heute ermöglicht das Internet die allgemeine Zugänglichkeit des Wissens jenseits der raum-zeitlichen Bedingungen, die dem Buch und den auf ihm fußenden Institutionen zugrunde liegen. Mehr noch, das digitale Netz erlaubt nicht nur den allgemeinen raum-zeitlich entgrenzten Zugang zum externalisierten Wissen, sondern auch die interaktive Kommunikation zwischen den Wissenden, wodurch ein Mehrwert gegenüber dem bloßen Informationsprozess gegeben ist. Moralisches Handeln gründet dann nicht nur auf der Informiertheit des autonomen Subjekts, sondern auch auf der Möglichkeit dieses Subjekts, mit anderen zu kommunizieren, die in vielen Fällen die Urheber jener Information sind. Dadurch kann es erfahren, ob die anderen sowohl seine Interpretation der Information als auch unter Umständen seine Ansicht hinsichtlich ihrer Relevanz für den jeweiligen Sachverhalt teilen. Die digitalen IKT ermöglichen somit einen kritischen Dialog, wodurch das moralische Subjekt sich nicht nur informieren, sondern auch zusammen mit anderen räsonieren kann. Immer vorausgesetzt, dass der Handelnde, als Individuum oder als Gruppe, offen ist für Kritik, d. h. bereit ist, seine Meinung zu ändern, wenn ihm die Argumente der anderen überzeugender erscheinen als die eigenen. Dieser Dialog kann sich sowohl auf die Information selbst als auch auf die Vorurteile des Handelnden beziehen, die oft nur aus einer externen Perspektive erkannt werden können. Wenn diese Argumentation stimmt, haben wir allen Anlass zu glauben, dass wir in einer Welt leben oder leben könnten, in der einige der Grundbedingungen für moralisches Handeln gegeben sind.

Aber diese schematische und vereinfachte Darstellung des Verhältnisses zwischen Information, moralischem Handeln und digitalen IKT sieht sich einer komplexeren Welt gegenüber gestellt. Und dies nicht nur in Bezug auf die digitalen IKT selbst, insbesondere was ihre Verteilung und ihren Zugang betrifft, was man gewöhnlich mit dem Ausdruck „digitale Spaltung" bezeichnet, sondern auch im Hinblick auf die Frage der Informationsselektion mittels Suchmaschinen sowie auf die schier grenzenlose Vielfalt der Informationsquellen mit unterschiedlichen Graden an Glaubwürdigkeit und Seriosität. Das Problem ist allerdings noch schwieriger. Die digitalen IKT sind wie jede Technologie nicht neutral, d. h., sie sind kein bloßes Instrument, dessen sich ein individuelles oder kollektives Subjekt bedient, um in guter oder böser Absicht in der Welt zu handeln. Stattdessen verändern sie das Wesen des Verhältnisses zwischen Welt und Mensch und somit auch das Selbstverständnis des Handelnden selbst. Die Frage, die sich daraus ergibt, lautet: Worin besteht diese Veränderung im Falle der digitalen IKT besonders in Bezug auf das moralische Handeln?

Im ersten Teil dieses Beitrags werde ich am Beispiel von Axel Honneths Buch *Das Recht der Freiheit* zeigen (Honneth 2011), wie und mit welchen Konsequenzen eine aktuelle sozialphilosophische Analyse dieses Schülers von Jürgen Habermas meint, fast gänzlich von den digitalen IKT absehen zu können und dabei die durch diese Technologien bewirkte Veränderung des menschlichen Selbstverständnisses im Allgemeinen und des moralischen Handelns im Besonderen aus den Augen verliert. Im zweiten Teil skizziere ich, worin meiner Ansicht nach diese Veränderung menschlichen Handelns besteht und deute auf die Aufgabe der Informationsethik in Bezug auf das Phänomen menschlichen Handelns im Horizont digitaler Kommunikation.

13.2 Das Recht der Freiheit nach Axel Honneth

Die philosophische Anthropologie sucht eine Antwort auf die Frage „Was ist der Mensch?", die nach Kant drei Fragen in sich zusammenfasst, nämlich „Was kann ich wissen?", „Was soll ich tun?" und „Was darf ich hoffen?", mit denen sich jeweils die Metaphysik, die Moral und die Religion befassen (Kant 1975, A 25, S. 448). Kant unterscheidet zwischen dem Menschen als Person mit Moralautonomie und den anderen weltlichen Seienden. Die Frage: „Was ist der Mensch?" bezieht sich wenngleich implizit nicht auf ein ‚was', sondern auf ein ‚wer'. Ich bezeichne die Differenz zwischen ‚was' und ‚wer' als die ethische Differenz. Eine Handlung ist dann moralisch, wenn sie auf der Grundlage der gegenseitigen Anerkennung und Wertschätzung zwischen Personen basiert, die eine gemeinsame Welt teilen. Kant unterscheidet ferner zwischen dem Menschen als natürliches *(„homo phaenomenon")* und moralisches Wesen *(„homo noumenon")*. In diesem letzteren Sinne ist der Mensch Mitglied des „Reichs der Zwecke", dem auch andere „noumenale" Wesen angehören (Kant 1977, A 65, S. 550). Für Kant hat ‚Ich' eine doppelte Bedeutung, denn ‚Ich' meint zum einen das Subjekt als Teil der empirischen Welt, zum anderen aber den Menschen als ein moralisches Wesen, Mitglied der noumenalen Welt, wovon aber die theoretische Vernunft nichts wissen kann.

Kants Dualismus wurde vom Deutschen Idealismus und insbesondere von Hegel infrage gestellt. Dieser beschreibt in der *Phänomenologie des Geistes* die Dialektik zwischen Identität und Differenz im Prozess der Genese der sozialen Welt oder der „Sittlichkeit" mit ihren Institutionen, Familie, bürgerlicher Gesellschaft, Staat. Zu Beginn findet ein „Kampf" der gegenseitigen Anerkennung zwischen dem Selbstbewusstsein des Herren und dem des Knechtes statt (Hegel 1975). Diese Tradition, die durch Karl Marx aufgenommen und transformiert wurde, setzt sich in der Kritischen Theorie der Frankfurter Schule bei Denkern wie Max Horkheimer, Theodor W. Adorno, Jürgen Habermas und Axel Honneth fort.

In seinem frühen Werk *Kampf um Anerkennung* stellt Honneth die Entstehung und die Grundlage des Rechtsstaates als einen Prozess dar, in dem die autonomen Subjekte sich gegenseitig als freie anerkennen. Dadurch sind sie fähig, sich universale oder universalisierbare Gesetze zu geben, denen sie sich frei unterwerfen, ohne aber das Problem der unterschiedlichen Identitäten zu lösen, das die Ursache dieses Kampfes ist (Honneth 1994). In seinem kürzlich erschienenen Buch *Das Recht der Freiheit. Zur moralischen Grammatik sozialer Konflikte* weist er darauf hin, dass die „Sittlichkeit" auf grundlegenden Werten basiert, worunter „die Freiheit im Sinne der Autonomie des einzelnen" der wichtigste in der modernen Gesellschaft ist (Honneth 2011, S. 35). Die Idee der Autonomie oder der Selbstbestimmung ist der Knoten, in dem sich die Beziehung zwischen sozialer Gerechtigkeit und den Individualinteressen verknüpft. Es gibt keine soziale Gerechtigkeit ohne den universalen Respekt gegenüber der Autonomie des Subjekts. Diese bildet den Kern seiner persönlichen Identität. Honneth übernimmt den Kantischen Autonomiebegriff, stellt ihn aber im Kontext der Intersubjektivität vor dem Hintergrund des Habermasschen Denkens dar. Für Honneth können das „Ich" und das „Wir" ihre Selbstbestimmung nur dann vollziehen „wenn sie in der gesellschaftlichen Realität institutionelle Verhältnisse vorfinden" (Honneth 2011, S. 70). Die Identität des Subjekts ist nicht etwas Vorgegebenes, sondern sie ist ein Produkt sozialer Informationsprozesse, innerhalb derer sich für ihn „soziale Freiheit" einschreibt. Diese Form von Freiheit geht über die liberalen und individualistischen Ideen subjektiver Selbstverwirklichung hinaus, die er „reflexive Freiheit" nennt (Honneth 2011, S. 72). Diese betrachtet die Autonomie, ohne auf ihre Abhängigkeit von der sozialen Realität, die sie ermöglicht, zu achten.

Für Honneth aber, Hegel folgend, ist die Autonomie des Subjekts undenkbar ohne eine offene Beziehung zu einer Pluralität von Subjekten. Die Sprache ist sowohl für Hegel als auch für Honneth das Medium, das den Individuen gestattet, sich auf der Suche nach gegenseitiger Anerkennung auszudrücken. Nur Handelnde, die fähig sind sich auszudrücken und ihre Ziele und Wünsche zu respektieren, können sich mittels Institutionen auf der Grundlage „normierter Verhaltenspraktiken" frei assoziieren, wodurch sie eine Sittlichkeit bilden (Honneth 2011, S. 86). Vor diesem Hintergrund erscheint moralisches Handeln als wesentlich von einem informationellen Prozess wechselseitigen freien Verstehens und gemeinsamen Regulierens abhängig. Honneth, dabei Hegel und Marx folgend, stellt sich auf die Seite einer „starken Lesart" des Wesens der Freiheit, wonach es nicht genügt zu behaupten, dass die Freiheit ein soziales Fundament hat. Dies ist die „schwache Lesart". Das „starke ontologische Erfordernis" impliziert die Gegenüberstellung eines autonomen Subjekts gegenüber der „Objektivität" einer Pluralität von „Mitsubjekten" mit eigenen Wünschen und Interessen (Honneth 2011, S. 91). Den Normen und sozialen Institutionen gehen also nach der „starken Lesart" Verhältnisse gegenseitiger Anerkennung voraus. Das Resultat ist kein absolutes und endgültiges soziales System, sondern „ein relativ stabiles, habitualisiertes System von Bestrebungen" (Honneth 2011, S. 92). Damit stellt Honneth die Basis bereit für das, was ich interkulturelle Informationsethik nenne, d. h. ein interkultureller Dialog über Normen, Werte, Sitten und Gebräuche, der in einer relativ stabilen Form die Kommunikationsprozesse einer Gesellschaft so wie die Beziehungen zwischen Individuen, Gesellschaften, Staaten und Kulturen im digitalen Netz regelt (Capurro 2008a). Es ist nicht von ungefähr, dass in dem Augen-

13.2 Das Recht der Freiheit nach Axel Honneth

blick, in dem eine neue Kommunikationstechnologie entsteht, lokale Werte und Sitten früher oder später in eine Krise geraten, die Anlass zu diesem globalen ethischen Diskurs gibt.

Honneth beschreibt die Formen der „sozialen Freiheit", nämlich das „Wir" der persönlichen Beziehungen (Freundschaft, Intimbeziehungen, Familien), das „Wir" marktwirtschaftlichen Handelns (Markt, Konsumsphäre, Arbeitsmarkt) und das „Wir" der demokratischen Willensbildung (demokratische Öffentlichkeit, demokratischer Rechtsstaat, politische Kultur). Aber auch wenn er sich der Bedeutung der „Medientechnologie" und der politischen „Kommunikationsräume" für die Entwicklung der „politischen Öffentlichkeit" bewusst ist, eines Prozesses, der mit der Französischen Revolution einsetzt (Honneth 2011, S. 487), muss man kritisch anmerken, dass er während dieser minutiösen Analyse der sozialen Realität einschließlich ihrer institutionellen und normativen Bedingungen kaum auf jene Veränderungen eingeht, die durch die digitalen Kommunikationstechnologien hervorgebracht worden sind. Daraus kann man schließen, dass für ihn diese Technologien keine fundamentale Veränderung menschlichen Selbstverständnisses bewirken, insbesondere in Bezug auf die „soziale Freiheit" und die „demokratische Öffentlichkeit", oder zumindest nicht in dem Maße, wie dies im Falle des Buchdrucks und der Massenmedien des 20. Jahrhunderts speziell es Rundfunks und Fernsehens geschehen ist. Das kann man deutlich nicht nur auf jenen wenigen Seiten erkennen, die der Autor am Schluss seines über sechshundert Seiten umfassenden Buches dem Internet widmet, sondern auch in der fast vollständig fehlenden Problematisierung der Rolle des Internet bei den persönlichen Beziehungen (Freundschaft, Intimbeziehungen, Familien) sowie beim „Wir" des marktwirtschaftlichen Handelns und bis zu einem gewissen Grad sogar beim „Wir" des demokratischen Willensbildungsprozesses.

Erst gegen Ende des Buches geht Honneth auf das Internet als ein Instrument für die Konstruktion „transnationaler Kommunikationsgemeinschaften" (Honneth 2011, S. 565) ein, weit entfernt davon es als eine neue Form „sozialer Freiheit" in all ihren Dimensionen und mit all den Ambiguitäten, die menschlichen Handeln eigen sind, zu begreifen. Er schreibt, dass das Internet „das einzelne Individuum in seiner physisch isolierten Existenz vor dem Computer in die Lage [versetzt], instantan mit einer großen Gruppe von Personen auf der ganzen Welt zu kommunizieren, deren Anzahl im Grunde nur durch die eigene Verarbeitungskapazität und Aufmerksamkeitsspanne begrenzt ist" (Honneth 2011, S. 560–561). Das ist eine sehr eingeschränkte Sicht der digitalen Kommunikation, so wie sie heute in den meisten Gesellschaften gelebt wird. Was es gerade nicht (mehr und allein) gibt, sind isolierte Individuen, die vor einem Computer sitzen und mit einer großen Anzahl von Personen kommunizieren. Honneth denkt in Kategorien der

Massenmedien, d. h. im Bild eines Senders, der mit einer großen Gruppe von Personen kommuniziert. Erstaunlicherweise weist er darauf hin, dass sowohl bei Hannah Arendt als auch bei Jürgen Habermas eine fast vollständige Abwesenheit von Reflexion über die Kommunikationsmedien zu verzeichnen ist. Wenn sie darüber sprechen, dann meistens abwertend. Für beide gilt, dass der „Strukturwandel der Öffentlichkeit", der die Kommunikationsmedien mit sich bringt, ein Prozess der „Reprivatisierung der politischen Öffentlichkeit" bedeutet (Honneth 2011, S. 523).

Arendt und Habermas sind Kinder des Buches, während Honneths Sozialisierung sich anhand der Massenmedien vollzog. Honneth weist wie schon Habermas darauf hin, dass die Massenmedien „eine(r) wachsende(n) Abhängigkeit von privaten Produktionsformen und der Werbeindustrie" mit sich bringen (Honneth 2011, S. 542). Es ist paradox, dass Honneth im selben Augenblick, in dem er betont, dass das Empfangen von Information mittels der Massenmedien notwendig aber nicht ausreichend für den Prozess der politischen Meinungsbildung ist und dieser durch eine aktive Bürgerbeteiligung ergänzt werden muss, er zugleich eine eingeschränkte und negative Sicht des Internet als politisches Instrument vorlegt. Für ihn gibt es eine große Anzahl von digitalen öffentlichen Räumen verschiedener Art mit nicht genau definierten Formen der Mitgliedschaft, meistens auf Englisch, ohne Kontrollfunktionen und mit anonymen Mitgliedern. Wörtlich schreibt er, dass das Internet „Platz für allerlei apokryphe und antidemokratische Einzelmeinungen und Sammelbewegungen" bietet (Honneth 2011, S. 562). Der mediatische Absentismus und Skeptizismus, den er Arendt und Habermas vorwirft, kommt in seinem eigenen Denken in Bezug auf die digitalen IKT erneut hervor.

Es fällt sehr schwer zu glauben, dass für Honneth das Internet als etwas aufgefasst werden könnte, das einen Strukturwandel der demokratischen Öffentlichkeit hervorbringen würde, von einer neuen Selbstdeutung moralischen Handelns sowohl der Individuen als auch der Institutionen ganz zu schweigen. Das Internet hat aber immerhin für ihn mit transnationalen politischen Prozessen sowie mit der Möglichkeit der Schaffung einer „Gegenöffentlichkeit" gegenüber nicht-demokratischen Regierungen zu tun (Honneth 2011, S. 564). Im Falle demokratischer Rechtsstaaten meint er, dass das Internet „zentrifugale Spannungen" in Foren und interaktiven Netzwerken verursacht, jenseits der demokratischen Willensbildung des Nationalstaates. Da diese Netzwerke nicht durch Raum und Zeit beschränkt sind, könnte „die digital ermöglichte Ausweitung und Entgrenzung des politischen Kommunikationsraumes die paradoxale Folge haben [könnte], jene politische Kultur in den gewachsenen Demokratien zu zerstören oder zumindest zu schwächen, die die bislang moralische Anstrengungen einer Einbeziehung aller Bürger

13.2 Das Recht der Freiheit nach Axel Honneth

in den Raum der kollektiven Selbstgesetzgebung motiviert hat" (Honneth 2011, S. 565–566). Mehr noch, das Internet könnte zu einer Konfrontation zwischen der „transnationalen Öffentlichkeit" und den „nationalstaatlichen Willensbildungsprozessen" führen (Honneth 2011, S. 566). Honneth befürchtet, dass die „kosmopolitisch orientierten Eliten" die nationalen Randgruppen noch mehr marginalisieren könnten, da jene mehr „soziale Freiheit" haben würden, während diese weniger Zugang zu Informationen und relevanten Themen hätten (Honneth 2011, S. 566).

Diese Gegenüberstellung ist alles andere als überzeugend. Nicht nur weil das Internet gerade für marginalisierte Gruppen einen Zugang zu Informationen ermöglicht, sondern auch, weil diese eigene Netzwerke bilden können. Transnationale Kommunikation impliziert keineswegs, dass nationaldemokratische Diskussionen sich abschwächen. Ganz im Gegenteil, wie die Synergien politischer Bewegungen nicht zuletzt auf der Basis von IKT in den arabischen Ländern zeigen. Darauf verweist auch Honneth selbst (Honneth 2011, S. 265), jedoch denkt in Kategorien der Massenmedien, die eine homogene und kontrollierte öffentliche Meinung mittels Fernsehen und Rundfunk herstellen. Dem entspricht ein demokratisches Handeln im Sinne eines beschränkten und kontrollierten Prozesses der Bildung und Informierung der öffentlichen Meinung. Es ist schwer, dieser einseitigen und negativen Sichtweise des Internet zuzustimmen, vor allem wenn man an die Debatten rund um das Thema der partizipativen Demokratie oder an die Bedeutung des Netzes für die öffentliche Verwaltung denkt, von der Relevanz des Internet für die öffentliche Diskussion oder für das öffentliche „Räsonnieren" sowie für das öffentliche Handeln auf lokaler und nationaler Ebene ganz zu schweigen. Man denke nur an die Veränderungen des klassischen Telefons in ein multifunktionales Kommunikationsinstrument mit vielfältigen sozialen und politischen Anwendungen, etwas, was der Vorstellung Honneths „eines einzelnen Individuums in seiner physisch isolierten Existenz vor dem Computer" (Honneth 2011, S. 260) widerspricht. Nationale Debatten lassen sich nicht von transnationalen trennen. Gruppen, die sich um das label Freundschaft oder um blogs herum bilden, haben einen unerwarteten politischen Einfluss. Honneth glaubt, wie schon Habermas, an eine ideale politische Gemeinschaft bestehend aus rein rationalen autonomen Individuen, die Argumente ohne Machtdruck und möglichst auch ohne mediale Vermittlungen austauschen, um zu einem Konsens über Ziele und Werte zu gelangen, die ein gemeinsames Handeln im Rahmen des Nationalstaates bilden.

13.3 Information und moralisches Handeln im digitalen Zeitalter

Diese Auffassung des Verhältnisses zwischen Freiheit und Gesellschaft gründet in einer eingeschränkten Wahrnehmung der Möglichkeiten, die das Internet heute und in Zukunft für die politischen Prozesse und für das soziale Leben insgesamt bietet. Honneth fasst Kommunikation als ein wesentlich einheitliches und vereinheitlichendes Phänomen anstatt eines Zusammenwirkens verschiedener Art von Individuen und Gemeinschaften, vermittelt durch interaktive IKT mit unterschiedlichen zentrifugalen und zentripetalen Kräften. Er fragt nach dem Recht der Freiheit. Er sieht zwar ein solches Recht als „ein relativ stabiles, habitualisiertes System von Bestrebungen" (Honneth 2011, S. 92), d. h. als eine Moral oder ein *ethos,* woraus die Institutionen und Regeln entspringen, die ein Rechtsstaat ermöglichen. Aber was er anscheinend nicht sieht, ist, dass ich die Idee der demokratischen Sittlichkeit und mit ihr die Wirklichkeit der Freiheit überhaupt heute im Horizont der digitalen interaktiven Vernetzung abspielt und zwar sowohl im Falle politischer Prozesse im engeren Sinne als auch bei anderen Formen sozialen Lebens, wie bei persönlichen (Freundschaft, Intimbeziehungen, Familien) und ökonomischen Beziehungen (Markt, Konsum, Arbeit). Wenn die Kommunikation den Kern von Demokratie ausmacht, dann bringt ein Strukturwandel, wie wir ihn heute im Falle der digitalen interaktiven Medien erleben, eine Veränderung der sozialen Beziehungen sowie des Verhältnisses zwischen Mensch und Welt mit sich. Letzteres bedeutet nicht mehr und nicht weniger als eine neue Form des In-der-Welt-seins und insbesondere des moralischen Handelns im Sinne sozialer Verantwortung als die Basis, worauf die Institutionen des gesellschaftlichen Lebens beruhen. Das Paradigma der Massenmedien als Fundament sozialer Freiheit hat sich nicht nur mit dem Aufkommen des Internet abgeschwächt, sondern es wurde dadurch infrage gestellt und, wenn nicht ersetzt, zumindest versetzt, gerade weil es nicht interaktiv und in diesem Sinne undemokratisch war. Die Demokratie mutierte in eine Massenmediokratie. Die heutigen Bestrebungen der Massenmedien, sich als interaktiv auszugeben, beweisen, dass wir mitten in einer strukturellen Umwälzung sozialer Kommunikation leben.

Es ist paradox, dass ausgerechnet das Paradigma der Massenmedien als Fundament demokratischer Prozesse aufgefasst werden konnte, während das digital-interaktive Netz, antidemokratische Auswirkungen verursachen soll. Wir können mit einer gewissen Ironie behaupten, dass die Massenmedien katholisch sind, während das Internet eine lutherisch-mediatische Reformation bewirkte, die den Handelnden erlaubt, die Welt, in der sie leben, von sich aus zu interpretieren, ohne sich einem zentralisierten Genehmigungsprozess zu unterwerfen, auf der Basis

13.3 Information und moralisches Handeln im digitalen Zeitalter 181

von *nihil obstat, imprimi potest* und *imprimatur*. Diese mediatische Reformation zeigt, aus der Rückschau betrachtet, dass in Gesellschaften, die durch zentralisierte Systeme von Botschaftsvermittlungen hindurchgegangen sind, sich ein starkes soziales Bedürfnis nach einer Befreiung von einer solchen informationellen paternalistischen Deutungshoheit angestaut hat. In seinem essay *Die Mission des Bibliothekars* wies Ortega y Gasset im Jahre 1935 darauf hin, dass die Berufe auf der Basis sozialer Bedürfnisse entstehen, und letztere historischer Natur sind (Ortega 1962). Die Renaissance ist jene Epoche, in der, so Ortega, ein neues soziales Bedürfnis nach dem Buch entsteht. Dieses Bedürfnis gipfelt in der Französischen Revolution. Ortega schreibt: „Die demokratische Gesellschaft ist eine Tochter des Buches, sie ist der Triumph des vom Menschen geschriebenen Buches gegenüber dem von Gott offenbarten sowie dem von der Autokratie diktierten Gesetzbuch" (Ortega 1962, S. 66, meine Übersetzung, RC). *Mutatis mutandis* lässt sich auch behaupten, dass die entstehende digital-interaktive Demokratie eine Tochter des Internet ist. Sie ist der Triumph der digitalen Kommunikation über die hierarchisch eins-zu-vielen verteilten Botschaften der Massenmedien.

Wir können die Genese der heutigen medialen Reformation mit einem Blick auf Kant nachvollziehen. Für Kant gründete die Autonomie des Subjekts als Kritikquelle des Wissens auf der einen Seite in der Möglichkeit selbst zu denken, jenseits der Grenzen dessen, was ein „bürgerlicher Posten, oder Amte" ihm erlaubte (Kant 1975a, A 485, S. 55). Den „Gebrauch der Vernunft" in den Grenzen eines solchen „öffentlichen" Amtes nennt Kant in seiner Schrift *Beantwortung der Frage: Was ist Aufklärung?* erstaunlicherweise „Privatgebrauch" der Vernunft, weil wir durch das Amt eingeschränkt sind, d. h. der Gebrauch ist privativ. Demgegenüber spricht Kant von einem „öffentlichen Gebrauch", wenn wir ohne solche Grenzen zu denken wagen, also ohne durch einen „fremden Austrag" eingeschränkt zu sein (Kant 1975a, A 488, S. 57). In diesem Fall handeln wir autonom und öffnen uns „dem ganzen Publikum der Leserwelt" (Kant 1975a, A 485, S. 55), mithin dem Universum möglicher Leser und Kritiker unseres Wissens. Das autonome Subjekt ist für Kant dasjenige, das die Ideen anderer durch sich durchgehen lässt, sie also ungefiltert durch die Grenzen eines „Postens" empfängt, die zugleich seine Freiheit, sich mitzuteilen, einschränken oder „privatisieren". Seine Autonomie ist paradoxerweise untrennbar von dieser universalen Heteronomie. Damit aber dieser freie universale Austausch unter autonom Denkenden stattfinden kann, reicht es nicht aus zu sagen, dass die Ideen frei sind und das jeder denken kann, was er oder sie will. Dieser Idealismus im doppelten Sinne des Wortes begreift den Zusammenhang zwischen Denken und Kommunikationsmedien nicht. In seiner Schrift *Was heißt: sich im Denken orientieren?* schreibt Kant:

> Zwar sagt man: die Freiheit zu sprechen, oder zu schreiben, könne uns zwar durch obere Gewalt, aber die Freiheit zu denken durch sie gar nicht genommen werden. Allein, wie viel und mit welcher Richtigkeit würden wir wohl denken, wenn wir nicht gleichsam in Gemeinschaft mit andern, denen wir unsere und die uns ihre Gedanken mitteilen, dächten! Also kann man wohl sagen, daß diejenige äußere Gewalt, welche die Freiheit, seine Gedanken öffentlich mitzuteilen, den Menschen entreißt, ihnen auch die Freiheit zu denken nehme: das einzige Kleinod, das uns bei allen bürgerlichen Lasten noch übrig bleibt, und wodurch allein wider alle Übel dieses Zustandes noch Rat geschafft werden kann (Kant 1975b, A 325, S. 280).

In unsere Zeit übersetzt bedeutet dies, dass eine Regierung oder öffentliche Gewalt, die uns den Zugang und die freie Nutzung des Internet einschränkt oder gar verbietet, uns auch der Freiheit uns zu informieren und gar zu denken entledigt und damit auch einer Grundbedingung moralischen Handelns. Diese Freiheit besteht darin, dass sie sich nicht durch die Grenzen eines öffentlichen Amtes einschränken oder zwingen lässt. Diese Freiheit öffnet sich, von sich aus oder „privat" im heutigen Sinne dieses Wortes einem öffentlichen Dialog. Die Dialogteilnehmer wähnen sich dadurch als frei und das heißt fehlbar, weil sie sich der grundsätzlichen Bedingtheit der menschlichen Vernunft bewusst sind und nicht durch jene Form von Zensur eingeschränkt sind, die sie darin hindert, Verantwortung in ihrem Denken und Handeln zu übernehmen, wodurch sie erst sie selbst sein können. Von diesem Selbstsein im Unterschied zum ‚Wassein' war schon zu Beginn dieses Beitrags die Rede. Es ist das Selbstsein und nicht nur das Wassein, das sich heute auf allen Ebenen sozialen Lebens aufgrund der Digitalisierung einer strukturellen Veränderung unterworfen sieht.

Das Wechselspiel zwischen anscheinend autonomen Subjekten ist der Kernpunkt des Kampfes um Anerkennung, so wie er von Hegel beschrieben und von Honneth aufgenommen wurde. Es ist ein „Kampf um Leben und Tod", weil die Selbstbewusstseine nach einer gegenseitigen Anerkennung jenseits jeder Bedingtheit streben (Hegel 1975, S. 149). Hier zeigt sich Hegels Idealismus, sofern er von der Welt trennbare Selbstbewusstseine anvisiert und die Welt als bloße Bühne für den Durchgang und die Rückkehr zu sich selbst des absoluten Geistes fasst. Das Selbstbewusstsein ist so gesehen Hegels Sinn von Sein, von Heidegger aus gedacht. Das ist der Grund, warum die Verhältnisse zwischen den Selbstbewusstseinen als ein „Kampf" konzipiert werden, jenseits nicht nur des biologischen Lebens, sondern auch der Welt selbst. Diesen Kampf fasst Hegel konsequent als eine Erfahrung nicht nur mit dem anderen Selbstbewusstsein, sondern mit der „Furcht des Todes, des absoluten Herren" (Hegel 1975, S. 153).

Ohne jetzt auf eine vertiefende Kritik der Hegelschen Ontologie eingehen zu können, möchte ich darauf hinweisen, dass die Auffassung über das Verhältnis

13.3 Information und moralisches Handeln im digitalen Zeitalter

zwischen Selbstbewusstseinen als Kampf um Leben und Tod einen starken Sinn nur im Rahmen einer solchen Ontologie hat, die in Wahrheit eine ‚Meta-physik' ist, sofern sie im Begriff des absoluten Geistes eine Dimension jenseits des Todes voraussetzt und auf sie zielt. Wenn Honneth von der Autonomie und dem Kampf um Anerkennung ausgeht, erbt er diese Metaphysik, ohne sie infrage zu stellen. So vergisst er nicht nur die IKT in seiner Analyse der heutigen sozialen Wirklichkeit, sondern auch die Heideggersche Frage nach dem Sinn von Sein. Die ‚Selbstbewusstseine' existieren nicht außerhalb einer gemeinsamen Welt. Jenes Selbstbewusstsein, das sich autonom und implizit getragen durch den absoluten Geist begreift, tut dies aus der Sicht einer ontologischen Heteronomie, in der es sich um das Selbst handelt, das in der Welt ist. Die gegenseitige Anerkennung dieses Selbstseins ereignet sich in einem Spiel endlicher und somit heteronomer Freiheiten, die sich nicht den absoluten Geist, sondern deren gemeinsamen In-der-Welt-sein öffnen. Das ist der Grund, warum der Sinn von Sein und insbesondere der Sinn des eigenen Selbstseins wandelbar ist, da es nicht von einem angeblichen autonomen Subjekt abhängt, sondern geschichtlicher Natur ist. Ich nenne ‚Angeletik' jene phänomenologische Auffassung des Menschseins, die den Menschen als Bote oder als Durchgang einer mit anderen geteilten Welt begreift (Capurro und Holgate 2011). Das Sein ist dann nicht das Sein der Metaphysik, ein Gottesersatz, sondern der Horizont möglichen Verstehens und Handelns, dem wir mit anderen ausgesetzt sind. Unser In-der-Welt-sein ist ein vorläufiges Sein im Sinne des Unterschiedes, den die spanische Sprache zwischen dem beständigen „ser" und dem vorläufigen „estar" macht (Capurro 2013a, 2011b). Es ist ein vorläufiges Spiel gegenseitiger Anerkennung und Wertschätzung – mit allen Abstufungen zwischen positiven und negativen Formen derselben – worauf wir uns einlassen nicht aufgrund eines Kampfes, sondern, um es heideggerianisch auszudrücken, eines „Satzes" oder Sprungs, der uns erlaubt, unseren Grund zu verlassen und uns dem anderen zu öffnen, sodass unser Selbstsein sich erst dann aus der Differenz zum anderen im gemeinsamen vorläufigen „estar" ereignet und in diesem zu gemeinsam anerkannten Normen und Werten kommt.

Was uns nicht nur zu denken, sondern auch zu handeln heute „heißt" oder ruft (Heidegger 1971), ist der Horizont der Digitalisierbarkeit, sofern dieser nicht primär technisch, sondern ontologisch verstanden wird. Wir glauben, so die These dieser „digitalen Ontologie" (Eldred 2001, 2008, 2014; Capurro et al. 2013), dass wir die Dinge und uns selbst verstehen, wenn wir sie und uns selbst im Horizont ihrer Digitalisierbarkeit auffassen. Das bedeutet nicht, dass erstens die Dinge oder sogar wir selbst, digitaler Natur wäre, oder dass die Atome bits wären, oder zweitens dass dieser Horizont der Verstehbarkeit der Dinge und uns selbst der einzige wahre und endgültige wäre, geschweige denn also drittens, dass unser Selbstsein sich darin erschöpfen würde. Im ersten Fall hätten wir mit einer Art digitalem Pythagoreismus zu tun. Im zweiten und dritten Fall haben wir mit einer heute weit verbreiteten Ideologie zu tun. Der „Sprung" von der Metaphysik oder Ideologie in die Offenheit der Seinsfrage ist ein ethischer Sprung. Die Frage ‚wer sind wir?' – oder, grundsätzlicher ‚was heißt überhaupt, wer zu sein?' – kennzeichnet uns als Durchgänger oder Boten eines ‚ontologischen' Anrufs, der in Wahrheit ein ethischer ist, da er unser gemeinsamer Aufenthalt in der Welt betrifft. Beim Hören auf diesen Anruf spielen sich die eigenen und gemeinsamen Lebensmöglichkeiten ab, die heute durch die digitalen IKT besonders geprägt sind.

Wer sind wir? Diese Frage spielt sich ab in den Handlungsmöglichkeiten, die unser individuelles und soziales Leben mit den Institutionen, Gesetzen und Interaktionsformen, die von ihnen ausgehen, auszeichnen. Das erlaubt uns, sowohl individuell als auch sozial, und immer stärker im globalen Ausmaß, ein Wer zu sein, einzigartig aber keinesfalls fixiert oder absolut. Es ist auch nicht so, dass die individuelle Freiheit als von der „sozialen Freiheit" getrennt aufgefasst werden könnte, sondern individuelle Freiheit als Spiel von Handlungsmöglichkeiten ereignet sich immer im Spiel mit anderen Spielern in einer gemeinsamen Welt. Nur so ist es möglich, gemeinsame Gesetze, Normen und Werte sowie zugleich die singulären Optionen in bestimmten geschichtlichen Situationen, die uns selbst und die menschliche kulturelle Vielfalt auszeichnen, zu bejahen. Die Gestaltung menschlichen Selbstseins ist ein gemeinsames Spiel oder ein *interplay,* wie der australische Philosoph Michael Eldred es nennt (Eldred 2008), und nicht primär ein Kampf, der aber auch als eine gewalttätige Form „um Leben und Tod" des Freiheitsspiels aufgefasst werden kann.

Das Recht der Freiheit auf der Grundlage von Prinzipien, Werte und Institutionen ereignet sich aus dieser Dimension des Spiels, das der immer prekären Freiheit des menschlichen Spielers eigen ist in seiner Eigenschaft, den Ruf des Anderen zu antworten. Diese heteronome Auffassung menschlicher Freiheit als Antwort und Verantwortung gegenüber dem Anderen steht im Mittelpunkt des Denkens Emmanuel Lévinas (Capurro 1991). Das Spiel gegenseitiger Anerkennung und Wertschätzung ist die originäre moralische Handlung, wobei dieses Spiel, wie Eugen Fink betont, ein „Weltsymbol" ist (Fink 2010). In ihm spiegeln sich die „Grundlosigkeit", „Sinnlosigkeit" und „Zwecklosigkeit", die der Leichtigkeit des Spiels eigen sind, wider (Fink 2010, S. 221). „Der Mensch ein Spieler", schreibt Fink (Fink 2010, S. 221), also jemand, der eine Botschaft vermittelt in einem Spiel, das immer durch Regeln, Gesetze, Werte und Institutionen bestimmt ist, so wie sie Honneth auch beschreibt, aber verstanden jetzt nicht vor dem Hintergrund der Kantischen Metaphysik der Autonomie oder des Hegelschen Kampfes um Anerkennung, sondern vor dem digitalen Seinshorizont.

13.4 Ausblick

Wer sind wir heute? Das gesellschaftliche Wechselspiel des gegenseitigen Schätzens und Einschätzens umfasst viele Möglichkeiten zwischen Authentizität und Entfremdung, die sich heute im digitalen Horizont, d. h. in der Cyberwelt und ihren Schnittstellen mit der physischen Welt, eröffnen und sich von jenen unterscheiden, die zum Beispiel der Buchdruck, die sogenannte „Gutenberg-Galaxis" (McLuhan 1962) oder auch die Massenmedien des vergangenen Jahrhunderts boten. Die IKT verwandeln das moderne autonom geglaubte Subjekt in einem global player, der meint, frei von Regeln zu sein außer denjenigen, die ihm seine Partikularinteressen vorschreiben. Wir sind erst in den Anfängen einer ethischen und rechtlichen Debatte um ein ethos sowie ein globales Kommunikationsrecht, das unterschiedliche Verknüpfungen von Information, moralischem Handeln und IKT umfasst und einen neuen Rahmen für das Wechselspiel von verantwortenden Freiheiten bietet. Es ist nicht von ungefähr, dass in dem Augenblick, in dem solche Technologien die Transparenz einer Öffentlichkeit ermöglichen, wovon die Philosophen der Aufklärung träumten, diese jetzt wirklich gewordene Utopie zugleich eine virulente Debatte um Privatheit hervorruft, ein Begriff, der bei Honneth, im Gegensatz zu Habermas und Arendt, nicht vorkommt, obwohl der Autonomiegedanke ihn einschließt.

Die Frage nach Identität und Autonomie spielt sich heute in den sozialen Netzwerken sowie in den blogs und deren Anwendungen in ökonomischen und politischen Kontexten ab. Die Differenz zwischen Privatheit und Öffentlichkeit ist basal für jede menschliche Gesellschaft. Sie ist weder stabil noch endgültig. Sie lässt sich nicht abstrakt festlegen und ist keine Eigenschaft von etwas oder jemanden. Es ist eine Differenz zweiter Ordnung. Was als privat oder öffentlich gilt, hängt vom Kontext oder vom sozio-kulturellen Spiel ab, in dem sich jemand oder etwas zeigt oder verbirgt. Mein Name und meine Adresse können in einem bestimmten Kontext öffentlich, in einem anderen aber privat sein. Helen Nissenbaum hat neulich auf jene Konflikte hingewiesen, die sich aus der Offenbarung vom Privaten in der Öffentlichkeit ergeben. Sie schließt daraus auf die Notwendigkeit, diese Differenz auf der Grundlage dessen zu denken, was sie „contextual integrity" nennt (Nissenbaum 2010). Diese schließt immer kulturelle Traditionen ein. Das erschwert die Aufgabe, allgemeine Prinzipien und Datenschutzgesetze zu entwickeln, und macht es unabhängig von Kontexten und sozialen Spielräumen unmöglich, eine a priori Bestimmung dessen festzulegen, was als privat oder öffentlich zu gelten hat. Der Versuch einer solchen Bestimmung sieht ab von den jeweiligen Möglichkeiten individueller Freiheit bezüglich dessen, was man von sich selbst preisgeben will oder nicht. Dieses freie und wechselseitige Spiel der Freiheiten mit ihren digitalen Identitäten, zum Beispiel bei sozialen Netzwerken wie Facebook, zeigt deutlich, dass die Differenz öffentlich/privat im Sinne einer freien Selbstentscheidung zugleich von den Möglichkeiten abhängt, die eine solche Plattform bietet (oder nicht), um sie persönlich zu bestimmen. Diese Differenz bedeutet etwas anderes für den Inhaber dieser Plattform, der eigene Ziele hat, als dass die Mitglieder Freundschaft miteinander schließen und somit gegenseitige Anerkennung und Wertschätzung gewinnen auf der Basis einer so einfachen und zugleich problematischen Vorrichtung wie den *Like Button.* Was diese Plattform oder besser gesagt ihre Eigentümer wollen, ist einfach Geld verdienen, was immer auch eine Form von Anerkennung und Wertschätzung ist.

Keine menschliche Gesellschaft kann sich auf einer totalen Öffentlichkeit oder auf reiner Undurchsichtigkeit und Geheimnis gründen (Capurro und Capurro 2011; Capurro et al. 2013). Der Grund für diese doppelte Verneinung ist kein anderer als die Tatsache, dass die menschliche Welt in einem Wechselspiel von kontingenten Freiheiten besteht, was immer ein Risiko beim ethischen Spiel gegenseitiger Anerkennung und Wertschätzung einschließt. Die geltende Moral nicht weniger als die geltenden Gesetze bieten dem Einzelnen und der Gesellschaft einen mehr oder weniger stabilen Rahmen von Spielregeln. Das Internet hat noch keine Verfassung *sui generis,* die so etwas wie ein digitales ethos wäre, dem sich Einzelne und Gesellschaften frei anschließen würden. Eine der künftigen Aufgaben der Informationsethik besteht darin, das Verhältnis zwischen Information und moralischem Handeln im hier erörterten sozial-politischen Sinne im Kontext der IKT zu problematisieren mit dem Ziel, ein solches ethos zu erarbeiten und zu verwirklichen. Erste Schritte in diese Richtung wurden im Rahmen des Weltinformationsgipfels 2003–2005 unternommen.

Digitale Ethik   14

Ein Gespräch mit Ralf Bretting und Hilmar Dunker, IT-Wirtschaftsmagazin *business impact*.

Herr Capurro, die Digitalisierung erfasst und verändert immer mehr Lebensbereiche. Tangiert sie auch unser über Jahrhunderte hinweg gewachsenes ethisches Verständnis? Hat sich bereits so etwas wie eine digitale Ethik herausgebildet?

Wenn Sie unter Ethik unsere eingefleischten Sitten und Gebräuche verstehen, dann lautet die Antwort auf diese Frage ja. Die im Lateinischen als „mores" bezeichneten Verhaltensweisen sind ja nicht in Stein gemeißelt, sondern unterliegen seit jeher einem Wandel. Wir passen sie an, wenn sich unsere Lebensbedingungen verändern. Eine digitale Ethik im Sinne einer kritischen Reflexion über das gute Leben in einer von der Digitalisierung geprägten Welt entstand übrigens bereits in den vierziger Jahren des vorigen Jahrhunderts. Man sprach seinerzeit von Computerethik und meinte damit oft eine professionelle Ethik für Informatiker – obwohl klar war, dass es sich um die gesamtgesellschaftlichen Auswirkungen der Computertechnologie handelte. Der Ausdruck digitale Ethik freilich ist neueren Datums. Ich verwende ihn seit 2009 (Capurro 2010), das Institut für Digitale Ethik an der Hochschule der Medien Stuttgart hat 2014 seine Arbeit aufgenommen.

Die informationsethische Debatte aber ist nicht nur akademischer Natur …

Nein, die zunehmende Berichterstattung in den Medien zeigt, dass es eine gesamtgesellschaftliche Diskussion gibt, weil die Digitalisierung die Lebensweise der Menschen lokal und global erfasst und verändert. Den Ausdruck Ethik aber sollten wir für jene philosophische Disziplin reservieren, deren Gegenstand die Mores im Sinne gelebter Sitten und Gewohnheiten sind. Sonst besteht die Gefahr, dass man die Reflexion mit ihrem Gegenstand verwechselt. Ein bekanntes

Beispiel dafür sind die Wirtschaftswissenschaften und die Wirtschaft. Die Aufgabe der Ethik ist das Problematisieren von Moral.

Per Definition soll Ethik uns eine Hilfestellung geben, um sittliche Entscheidungen treffen zu können. Wie gut funktioniert das in einer immer schneller immer unüberschaubarer werdenden digitalen Welt?

Ethik erhellt uns und führt uns Handlungsoptionen und ihre Auswirkungen vor Augen. Das tut sie, indem sie Vorurteile aufdeckt, eine scheinbar eindeutige Begrifflichkeit problematisiert oder auf andere Perspektiven als die der eigenen Sprache und Kultur eingeht. Entscheidend ist, dass Ethik niemandem die Verantwortung dafür abnimmt, welche Richtung er einschlägt oder welche Vor- und Nachteile sein Handeln für sich selbst und für andere haben wird. Sie stellt keinen Freibrief aus. Das gilt gerade dann, wenn sich die Zusammenhänge, die das Leben der Menschen bestimmen, wie gerade jetzt schnell ändern.

Manche Zeitgenossen befürchten, dass Moral und rechtliche Normen mit der raschen technischen Entwicklung nicht Schritt halten können. Stimmt das?

Es scheint offensichtlich zu sein, dass wir es nicht mit zwei Welten zu tun haben, einer physischen und einer digitalen. Die digitale Weltvernetzung prägt das Leben in der physischen Welt in immer stärkerem Umfang. Als Stichwort nenne ich das Internet der Dinge. Wenn wir das Gefühl haben, dass die moralischen und rechtlichen Schutzsysteme nicht mehr reibungslos funktionieren und unsere Annahmen und Festlegungen bezüglich des guten Lebens aufgrund technischer oder sozialer Veränderungen problematisch werden, dann ist es Zeit für eine kritische Reflexion. Wenn wir nicht mehr wissen, wie wir mit dem digitalisierten Leben zurechtkommen, brauchen wir gut fundierte ethische Forschung. Die aber kann man nicht auf Knopfdruck erzeugen. Denken braucht Zeit.

Wir posten und tweeten heute rund um die Uhr. Ist die intensive Nutzung von sozialen Netzen und Online-Plattformen ein Ausdruck für das menschliche Bedürfnis nach Anerkennung?

Das ist sie ohne Frage, aber eben nicht nur. Mir scheint, dass die Möglichkeiten, die uns soziale Netze und Online-Plattformen bieten, oft Anlass zu Narzissmus, Exhibitionismus und Voyeurismus geben. Fest steht aber auch, dass mit den interaktiven Medien Möglichkeiten der Selbstdarstellung gegeben sind, die es früher nicht gab. Bei einer Analyse der Ambivalenz sozialer Medien im afrikanischen Kontext konnte ich feststellen, dass diese Netzwerke einem ethischen Imperativ folgen. Er lautet: Kommuniziere ununterbrochen alles allen! Dieser Imperativ bleibt selbst dann wirksam, wenn die Betreiber versprechen, personenbezogene Daten nicht ohne die Zustimmung der Nutzer an Dritte weiterzugeben – was spätestens seit Edward Snowden widerlegt ist. Die scheinbare totale Kommunikation führt paradoxerweise zu einem Zustand, den die amerikanische

Soziologin Sherry Turkle „gemeinsam einsam" genannt hat. Offenbar kann die Vorstellung eines Online-Lebens als einer von der physischen Existenz getrennten Welt zu pathologischen Zuständen führen. Das kommt der Abhängigkeit von Drogen wohl sehr nahe.

Besteht die Möglichkeit, dass die zunehmende Vernetzung von Menschen mit Smartphones und der Maschine-zu-Maschine-Kommunikation in der industriellen Fertigung ein wenig der Büchse der Pandora gleicht?

Ich glaube nicht, dass alles Böse sich in einer Büchse oder in einem Krug befindet, wie es vermutlich im Mythos hieß. Es sei denn, wir meinen damit die auf ihre Auswirkungen hin offenen und ambivalenten Möglichkeiten menschlichen Handelns. Mit göttlichen Hochzeitsgeschenken, allem voran mit unserer Welt und unserem Leben selbst, sollten wir vorsichtig umgehen. Wir sind Kinder der Pandora, der Allgeberin, und tragen – um im mythischen Bild zu bleiben – sowohl Eigenschaften ihres nachdenkenden Gatten Epimetheus als auch seines vordenkenden Bruders Prometheus in uns. Heißt übertragen: Weder den Smartphones noch der Maschine-zu-Maschine-Kommunikation haften gute oder schlechte Eigenschaften an. Diese entstehen immer im sozialen und historischen Kontext, sind damit also Eigenschaften zweiter Ordnung.

Sie sprechen offen von einer Robotisierung des Menschen. Wo verorten Sie derzeit die größten Gefahren?

Die Formulierungen „Robotisierung des Menschen" und „größte Gefahren" lassen erkennen, dass eine europäisch-abendländische Perspektive Ihrer Fragestellung zugrunde liegt. Sie ist dann wirtschaftlich relevant, wenn es darum geht, das Vertrauen oder Misstrauen potenzieller Käufer im sogenannten Westen ernst zu nehmen. In östlichen Kulturen wie zum Beispiel in Japan sieht das anders aus: Dort hängt die Geschichte der Roboter mit der von Spielzeug und Marionetten sowie mit einer anderen, vom Buddhismus geprägten Auffassung des Selbst zusammen. Tatsächlich kennt auch die europäische Moderne eine solche spielerische Perspektive – man denke nur an die mechanischen Automaten an den europäischen Höfen der Renaissance. Dennoch zeichnet sich der neuzeitliche europäische Mensch durch eine strikte Trennung von Subjekt und Objekt aus. Die von Europa ausgehende und sich über den ganzen Globus ausbreitende Selbstbestimmung hat eine Immunisierung gegenüber Mechanisierung und Robotisierung gebildet und den besonderen Schutz der Menschenwürde betont. Jetzt, in der Epoche der digitalen Weltvernetzung, wird dieser europäische Anthropozentrismus plötzlich fragwürdig.

Damit ist die Frage aber noch nicht beantwortet: Ist Robotik nun gefährlich oder nicht?

Nun, die gegenwärtige Robotikdebatte findet auch in Zusammenhang mit dem Einsatz von Kriegsdrohnen sowie mit einer immer stärker werdenden Überwachung der Gesellschaft statt. Die auf den Fall bezogene Güterabwägung zwischen Freiheit und Sicherheit kann die grundsätzliche Ambivalenz des Einsatzes solcher Technologien nicht aufheben. Im Alltag lautet die Frage: Wie weit und aus welchen Gründen will ich meine Freiheit und Selbstverantwortung an einen Algorithmus delegieren? Wann und für wen ist diese Fremdbestimmung eine gute Entscheidung? Wann sollte ich auf sie verzichten und selber die Zügel in die Hand nehmen? Die ethische Abwägung, ob eine Technologie wie die Robotik die individuelle und soziale Freiheit belastet oder entlastet, ist alles andere als trivial. Wir müssen tief denken.

Automobilhersteller auf der ganzen Welt arbeiten mit Hochdruck daran, das autonome Fahren zu ermöglichen. Damit kommt ein weiterer großer Vernetzungsschub auf uns zu, der durchaus ethische Fragen aufwirft. Wer muss dafür sorgen, dass ein begleitender Diskurs in Gang kommt?

Ich betrachte die Fragen rund um das autonome Fahren als Symptom dafür, dass mit den Verkehrs- und Transportsystemen lokal und global etwas nicht funktioniert. Da geht es nicht nur um das tägliche Chaos auf deutschen Autobahnen, sondern auch um die Auswirkung der Verkehrs- und Transportmittel und -systeme auf den Klimawandel – und damit um die Frage, wie solche Mittel und Systeme insbesondere in den Megacitys des 21. Jahrhunderts und in Anbetracht einer explodierenden Weltbevölkerung nicht nur technisch, sondern auch ethisch und rechtlich neu konzipiert werden können. Die digitale Vernetzung wirft die Frage auf: Was ist ein Automobil im 21. Jahrhundert, wenn die Rede vom autonomen Fahren ist? Es geht dabei um eingebaute Normen, die eigene Mobilität und die der anderen – das alles muss am Ende ja im Einklang stehen.

Das bedeutet konkret?

Normen und Regeln fallen nicht vom Himmel. Sie haben sich entsprechend dem jeweiligen Verkehrs- und Transportmittel oder zum Beispiel auch nach geografischen Gegebenheiten gebildet und verändert. Manchmal ist die Rede von der Einprogrammierung ethischer Regeln in die autonomen Fahrzeuge. Dann wären sie aber keine solchen, weil ihnen die Regeln, die ihr Verhalten bestimmen, ja von anderen gegeben sind. Dieser Gebrauch des Autonomiebegriffs steht im Gegensatz zum einflussreichen Autonomiebegriff in der europäischen Neuzeit, zum Beispiel bei Kant: Er definiert Autonomie im Sinne von Freiheit als Kern der Menschenwürde. Ethik im Sinne einer kritischen Reflexion über Moral lässt sich naturgemäß nicht programmieren. Man kann nur festgelegte moralische Regeln und Gesetze algorithmisieren. Damit aber stehen wir vor der Aufgabe einer Interpretation – und die kann ein Regeln befolgendes autonomes Automobil wohl kaum leisten. Nicht diese Werkzeuge, sondern ihre Hersteller, Programmierer und Käufer stehen vor einem moralischen wie rechtlichen Dilemma, das nur schwer lösbar sein wird.

Haben Sie einen Ratschlag zur Hand?

Wir dürfen das Denken nicht in die Sackgasse eines vermeintlichen Wissens führen, sondern müssen die Lust am Weiterfragen lebendig halten. Aus der IT-Geschichte der letzten Jahrzehnte kann man sehr viel über den Mangel an Vor- und Nachdenken bezüglich praktisch anzugehender Aufgaben lernen und wie sie in letzter Konsequenz zur Pleite eines Unternehmens geführt haben, nur weil der eingeschlagene Weg nicht rechtzeitig als Widerspruch erkannt wurde. In Hölderlins Gedicht „An die Deutschen" heißt es: „Oh ihr Guten! Auch wir sind tatenarm und gedankenvoll!" Ich wünsche uns, wir wären mehr gedankenvoll. Die strikte Trennung der philosophischen Welt von Wirtschaft und Politik ist unheilvoll. Dabei gibt es genügend kluge Manager in der deutschen Automobilindustrie, die gute Vorschläge machen können.

Welches Rüstzeug müssen Schulen und Bildungseinrichtungen der Generation der Digital Natives an die Hand geben, damit nicht allein Technik deren Weltbild bestimmt?

In einer globalisierten Welt sind Fremdsprachenkenntnisse unerlässlich. Nur dann kann man die eigene Weltsicht relativieren, zum anderen hingehen und direkt von ihm lernen. Die Wissenschaftsgeschichte macht uns auf die Offenheit und Revidierbarkeit von Theorien und Begriffen aufmerksam. Und aus der Technikgeschichte kann man lernen, wie und warum etwas nicht funktioniert – nicht nur, weil eine Maschine kaputt ist, sondern auch, weil die zugrunde liegende Idee und ihre Verwirklichung Risse zeigen. Wenn Letzteres in Bezug auf die neuere IT-Geschichte gelehrt wird, müsste manchem Schüler ein Licht aufgehen, was Erfindergeist heißt. Man lernt dann Geschichte von der Zukunft her zu verstehen. Egal aus welchen Quellen sich Schüler informieren und wie sie ihre Erkenntnisse mit anderen teilen: Wichtig ist, dass sie offen diskutieren. Das Wort Ethik muss dabei nicht notwendigerweise fallen. Die Devise aber ist eine doppelte: für die Zukunft lernen und sozial Benachteiligte unterstützen. Ethische Fragen sind immer Lebensfragen.

Quellen, die in überarbeiteter Form aufgenommen wurden

I.1 Einführung in die Digitale Ontologie. In: Gerhard Banse & Armin Grunwald (Hg.): Technik und Kultur. Bedingungs- und Beeinflussungsverhältnisse. Karlsruhe: Karlsruher Institut für Technologie (KIT), Scientific Publishing, 2010, 217–228.

I.2 Über Künstlichkeit. In: Klaus Kornwachs (Hg.): Technik – System – Verantwortung. Münster: Lit, 2003, 165–172.

I.3 Zur Kritik des platonischen Höhlengleichnisses als Metapher der Medienkritik. In: Monag Stiftung Bildende Kunst (Hg.): (Ent-)Täuscht! Eine interdisziplinäre Vortrags- und Diskussionsveranstaltung. Nürnberg: Verlag für moderne Kunst, 2009, 76–85.

I.4 Die Rückkehr de Lokalen. In: Gérald Berthoud, Albert Kündig & Beat Sitter-Liver (Hg.): Informationsgesellschaft – Geschichten und Wirklichkeit. Société de l'information. Récits et réalité. Fribourg: Academic Press 2005, 359–370.

II.5 Wer ist der Mensch? Überlegungen zu einer vergleichenden Theorie der Agenten. In: Hans-Arthur Marsiske (Hg.): Kriegsmaschinen. Roboter im Militäreinsatz. Hannover: Heise 2012, 231–237.

II.6 Der Moment des Triumphs. E-Mail-Dialog über ein Bild. Rafael Capurro – Hans- Arthur Marsiske. In: Hans-Arthur Marsiske (Hg.): Kriegsmaschinen. Roboter im Militäreinsatz. Hannover: Heise 2012, 11–29.

II.7 Zwischen Vertrauen und Angst. Über Stimmungen der Informationsgesellschaft. In: Dieter Klumpp, Herbert Kubicek, Alexander Roßnagel & Wolfgang Schulz (Hg.): Informationelles Vertrauen für die Informationsgesellschaft. Berlin, Heidelberg: Springer 2008, 53–62.

II.8	Jenseits der Infosphäre. In: Yvonne Thorhauer & Christoph Kexel (Hg.): *Face-to-Interface*. Werte und ethisches Bewusstsein im Internet. Heidelberg: SpringerGabler 2017, 31–57.
II.9	*Robotic Natives*. Leben mit Robotern im 21. Jahrhundert. Erschienen als Broschüre hrsg. vom Club of Rome - European Research Centre e.V. 2016.
III.10	Ethik der Informationsgesellschaft. Eine kurze Fassung dieses Beitrags erschien in: Jahrbuch Deutsch als Fremdsprache. Intercultural German Studies München, Bd. 35. München: iudicium Verlag, 2009, 178–193.
III.11	Leben in der message society. Eine medizinethische Perspektive. In: Jahrbuch für Recht und Ethik, Themenschwerpunkt: Recht und Ethik im Internet, Bd. 23, Berlin: Duncker & Humbolt 2015, 3–15.
III.12	Fremddarstellung – Selbstdarstellung. Über Grenzen der Medialisierung menschlichen Leidens. In: Stefan Alkier & Kristina Dronsch (Hg.): HIV / Aids. Ethische Perspektiven. Berlin: de Gruyter 2009, 143–156.
III.13	Information und moralisches Handeln im Kontext der digitalen Informations- und Kommunikationstechnologien. Unveröffentlicht.
III.14	Digitale Ethik. Gespräch mit Hilmar Dunker und Ralf Bretting, IT- Wirtschaftsmagazin *business impact*. In: *business impact 04_2015, 40–43*.

Literatur

Doppelte Jahreszahlen: Erstpublikation / herangezogene Ausgabe

Accetto, Torquato (1641/1995): Von der ehrenwerten Verhehlung. Berlin: Wagenbach.
Allgemeine Erklärung der Menschenrechte. http://www.ohchr.org/EN/UDHR/Pages/Language.aspx?LangID=ger (abgerufen am 4.1.2017)
Arendt, Hannah (1958/1983): Vita Activa oder Vom tätigen Leben. München: Piper.
Arifon, Olivier / Ricaud, Philippe (2005): L'art du décentrement, ou comment la sinologie de François Jullien éclaire la médiation interculturelle. In: Chartier, Pierre / Marchaisse, Thierry (Ed.).: Chine / Europe. Percussions dans la pensée à partir du travail de François Jullien. Paris: Presses Universitaires de France, 111–128.
Aristoteles (1973): Metaphysica. Oxford University Press.
Aristoteles (1978): Politik. München: dtv.
Aristoteles (1950): Physica. Oxford University Press.
Balmer, Andrew / Martin, Paul (2008): Synthetic Biology. Social and Ethical Challenges. Institute for Science and Society, University of Nottingham. http://www.synbiosafe.eu/uploads/pdf/synthetic_biology_social_ethical_challenges.pdf (abgerufen am 4.1.2017)
Barlow, John Perry (1996): A Declaration of the Independence of Cyberspace. https://www.eff.org/cyberspace-independence (abgerufen am 4.1.2017)
Bartsch, Bernhard (2007): Sehr wichtige Störenfriede. In: Berliner Zeitung, 8. Oktober. http://www.berliner-zeitung.de/seit-einem-jahr-lebt-der-chinese-hu-jia-im-hausarrest---er-und-seine-frau-sind-nominiert-fuer-den-eu-menschenrechtspreis-sehr-wichtige-stoerenfriede-15553576 (abgerufen am 4.1.2017)
Bauman, Zygmunt (1998): Globalization: The Human Consequences. Cambridge: Polity Press.
Beck, Ulrich (1997): Was ist Globalisierung? Frankfurt am Main: Suhrkamp.
Berkeley, George (1710/1965): A Treatise Concerning the Principles of Human Knowledge. In: Berkeley's Philosophical Writings, D.M. Armstrong (ed.). New York, London: Macmillan, 42–128.
Berthoud, Gérald / Kündig, Albert / Sitter-Liver, Beat (ed.) (2005): Informationsgesellschaft. Kolloquium der Schweizerischen Akademie der Geistes- und Sozialwissenschaften. Fribourg: Academic Press.

Blume, Georg / Zhaohui, Qiang (2004): Die ausländische Krankheit. Jahrelang wurde Aids in China als Epidemie des dekadenten Westens abgetan. Erst mit Sars wandelt sich die offizielle Politik. In: ZEIT Online, 49, 18. http://images.zeit.de/text/2004/49/aids-china (abgerufen am 4.1.2017)

Blumenberg, Hans (1960): Paradigmen zu einer Metaphorologie. Archiv für Begriffsgeschichte. Bonn: Bouvier.

Blumenberg, Hans (1989): Höhlenausgänge. Frankfurt am Main: Suhrkamp.

Bode, Thomas (2015): (K)eine "Moral auf Distanz". In: Joachim Hruschka / Jan C. Joerden (Hg.): Jahrbuch für Recht und Ethik, Bd. 23, 259–311.

Boie, Johannes (2016): Der Gigant. In: Süddeutsche Zeitung, 6./7, 30, 45.

Boss, Medard (1977): Zollikoner Seminare. In: Günther Neske (Hg.): Erinnerung an Martin Heidegger. Pfullingen: Neske, 31–51.

Boss, Medard (1975): Grundriss der Medizin und der Psychologie. Bern: Huber.

Brown, John Seely / Duguid, Paul (2000): The Social Life of Information. Boston, Massachusetts: Harvard Business School Press.

Brun, Jean (1992): Le rêve et la machine. Technique et Existence, Paris: La Table Ronde.

Brunton, Finn / Nissenbaum, Helen (2015): Obfuscation. A User's Guide for Privacy and Protest. MIT Press.

Buchmann, Johannes (Hg.) (2012): Internet Privacy - Eine multidisziplinäre Bestandsaufnahme. A Multidisciplinary Analysis. Acatech Studie. Berlin: Springer. http://www.acatech.de/de/publikationen/publikationssuche/detail/artikel/internet-privacy.html (abgerufen am 4.1.2017)

Bundeszentrale für gesundheitliche Aufklärung (BZgA) (2008). http://www.bzga.de (abgerufen am 4.1.2017)

Capurro, Rafael (2017): Ethical Issues of Humanoid-Human Interaction. In: Prahlad Vadakkepat / Amarish Goswami / Jong-Hwan Kim (ed.): Handbook of Humanoids. Berlin: Springer (in Druck).

Capurro, Rafael (2016): The Quest for Roboethics. A Survey. http://www.capurro.de/roboethics_survey.html (abgerufen am 4.1.2017)

Capurro, Rafael (2016a): Informationsethik und kulturelle Vielfalt. In: Jessica Heesen (Hg.): Handbuch Informations- und Medienethik. Stuttgart: Metzler, 331–336.

Capurro, Rafael (2015): Living with Online Robots. http://www.capurro.de/onlinerobots.html (abgerufen am 4.1.2017)

Capurro, Rafael (2015a): Translating Information. In: Proceedings of the FIS/ISIS 2015 Conference: Information Society at the Crossroads — Response and Responsibility of the Sciences of Information, Vienna University of Technology. http://www.capurro.de/translatinginformation.html (abgerufen am 4.1.2017)

Capurro, Rafael (2015b): Shapes of Freedom in the Digital Age. In: Hasan S. Keseroğlu / Demir, Güler / Elsa Bitri, Elsa / Güneş, Ayşenur (ed.): 1st International Symposium on Philosophy of Library and Information Science. Ethics: Theory and Practice. Istanbul: hiperlink, 1–13. http://www.capurro.de/kastamonu.html (abgerufen am 4.1.2017)

Capurro, Rafael (2015c): Schwimmen im digitalen Chaos. Interview mit Fridtjof Küchenmann. In: Frankfurter Allgemeine Zeitung, 28.3.2017, Nr. 73, 13. http://www.faz.net/aktuell/feuilleton/familie/gespraech-mit-dem-info-ethiker-rafael-capurro-13509739.html (abgerufen am 4.1.2017)

Capurro, Rafael (2015c): ¿Qué es una revista científica? In: Informatio, 20, 1, 3–24. http://informatio.eubca.edu.uy/ojs/index.php/Infor/issue/view/16/showToc (abgerufen am 4.1.2017)

Capurro, Rafael (2013): Ethical Issues of Online Social Networks in Africa. In: Innovation: Journal of appropriate librarianship and information work in Southern Africa. 46, 161–175. http://www.capurro.de/OSNAfrica2012.html (abgerufen am 4.1.2017)

Capurro, Rafael (2013a): Intercultural aspects of digitally mediated whoness, privacy and freedom. In: Rafael Capurro / Michael Eldred / Daniel Nagel: Digital Whoness. Identity, Privacy and Freedom in the Cyberworld. Berlin: de Gruyter, 211–234.

Capurro, Rafael (2012): Towards a Comparative Theory of Agents. In: AI & Society, 27, 4, 479–488. http://www.capurro.de/agents.html (abgerufen am 4.1.2017)

Capurro, Rafael (2011): Never Enter Your Real Data. In: International Review of Information Ethics 16, 74–78. http://www.capurro.de/realdata.html (abgerufen am 4.1.2017)

Capurro, Rafael (2011a): Beyond Humanisms. In: Rafael Capurrom, Rafael / Holgate, John (ed.): Messages and Messengers. München: Fink, 161–179. http://www.capurro.de/humanism.html (abgerufen am 4.1.2017)

Capurro, Rafael (2011b): Seminar "En torno a Heidegger". Monterrey, México. http://www.capurro.de/TextosSeminarioMonterrey2011.pdf (abgerufen am 4.1.2017)

Capurro, Rafael (2010): Digital Ethics. In: The Academy of Korean Studies (ed.): 2009 Civilization and Peace, Korea: The Academy of Korean Studies, 203–214. http://www.capurro.de/korea.html (abgerufen am 4.1.2017)

Capurro, Rafael (2008): Interpreting the digital human. In: Buchanan, Elizabeth / Hansen, Carolyn (ed.): Thinking critically: Alternative methods and perspectives in library and information studies. University of Wisconsin-Milwaukee, Center for Information Policy Research, School of Information Studies, 190–220. http://www.capurro.de/wisconsin.html (abgerufen am 4.1.2017)

Capurro, Rafael (2008a): Intercultural Information Ethics. In: Himma, Kenneth Einar / Tavani, Herman T. (ed.) : The Handbook of Information and Computer Ethics. New Jersey: Wiley, 639–665. http://www.capurro.de/iiebangkok.html (abgerufen am 4.1.2017)

Capurro, Rafael (2008b): Theorie der Botschaft. In: Erich Hamberger Erich / Luger, Kurt (Hg.): Transdisziplinäre Kommunikation. Wien: Österreichischer Kunst- und Kulturverlag, 65–89. http://www.capurro.de/botschaft.htm (abgerufen am 4.1.2017)

Capurro, Rafael (2008c): Go Glocal. Intercultural Comparison of Leadership Ethics. In: EGE Newsletter Ethically Speaking 10 http://ec.europa.eu/archives/bepa/european-group-ethics/docs/publications/issue10_en.pdf http://www.capurro.de/DB_Akademie.html (abgerufen am 4.1.2017)

Capurro, Rafael (2006): Towards an Ontological Foundation of Information Ethics. In: Ethics and Information Technology, 8, 4, 175–186. http://www.capurro.de/oxford.html (abgerufen am 4.1.2017)

Capurro, Rafael (2005): Privacy. An intercultural perspective. In: Ethics and Information Technology, 7, 37–47. http://www.capurro.de/pivacy.html (abgerufen am 4.1.2017)

Capurro, Rafael (2003): Ethik im Netz. Stuttgart: Steiner.

Capurro, Rafael (2003a): Theorie der Botschaft. In: ders.: Ethik im Netz. Stuttgart: Steiner, 105–122. http://www.capurro.de/botschaft.htm (abgerufen am 4.1.2017)

Capurro, Rafael (2003b): Angeletics – A Message Theory. In: Diebner, Hans H. / Ramsay, Lehan (ed.): Hierarchies of Communication. Karlsruhe: ZKM, 58–71. http://www.capurro.de/angeletics_zkm.html (abgerufen am 4.1.2017)

Capurro, Rafael (2003c): Skeptisches Wissensmanagement. In: Fischer, Peter / Hubig, Christoph / Koslowski, Peter (Hrsg.): Wirtschaftsethische Fragen der E-Economy. Heidelberg: Physica Verlag 2003, 67–85. http://www.capurro.de/wm-afta.html (abgerufen am 4.1.2017)

Capurro, Rafael (2003d): *Face-to-face* oder *interface*? Möglichkeiten und Grenzen der Beratung per Internet. In: Mührel, Eric (Hg.): Ethik und Menschenbild der Sozialen Arbeit, Essen: Die blaue Eule, 107–118. http://www.capurro.de/face.htm (abgerufen am 4.1.2017)

Capurro, Rafael (2002): *Operari Sequitur Esse*. Zur existenzial-ontologischen Begründung der Netzethik. In: Hausmanninger, Thomas / Capurro, Rafael (Hg.): Netzethik. Grundlegungsfragen der Informationsethik. München: Fink, 61–77. http://www.capurro.de/operari.html (abgerufen am 4.1.2017)

Capurro, Rafael (2001): Strukturwandel der medialen Öffentlichkeit. In: Internet-Zeitschrift für Rechtsinformatik, JurPC, 136, 1–35. http://www.jurpc.de/jurpc/show?id=20010136 (abgerufen am 4.1.2017)

Capurro, Rafael (2000): Hermeneutics and the Phenomenon of Information. In: Mitcham, Carl (ed.): Metaphysics, Epistemology, and Technology. Research in Philosophy and Technology. 19, JAI/Elsevier, 79–85. http://www.capurro.de/ny86.htm (abgerufen am 4.1.2017)

Capurro, Rafael (1999): Ich bin ein Weltbürger aus Synope. Vernetzung als Lebenskunst. In: Bittner, Peter / Woinowski, Jens (Hg.): Mensch – Informatisierung – Gesellschaft. Münster, 1–19. http://www.capurro.de/fiff.htm (abgerufen am 4.1.2017)

Capurro, Rafael (1996): Was die Sprache nicht sagen und der Begriff nicht begreifen kann. In: Fauser, Peter / Madelung, Eva (Hg.): Vorstellungen bilden. Seelze: Velber, 41–64. http://www.capurro.de/fantasia.htm (abgerufen am 4.1.2017)

Capurro, Rafael (1995): Leben im Informationszeitalter. Berlin: Akademie Verlag. http://www.capurro.de/leben.html (abgerufen am 4.1.2017)

Capurro, Rafael (1994): 'Herausdrehung aus dem Platonismus'. Heideggers existenziale Erstreckung der Sinnlichkeit. In: Gander, Hans-Helmuth (Hg.), "Verwechselt mich vor allem nicht!" Heidegger und Nietzsche, Frankfurt am Main: Klostermann, 139–156. http://www.capurro.de/platonismus.htm (abgerufen am 4.1.2017)

Capurro, Rafael (1993): Ein Grinsen ohne Katze. Von der Vergleichbarkeit zwischen „künstlicher Intelligenz" und „getrennten Intelligenzen". In: Zeitschrift für philosophische Forschung, Januar/März, 93–102. http://www.capurro.de/grinsen.html (abgerufen am 4.1.2017)

Capurro, Rafael (1991): *Techne* und Ethik. Platons techno-theo-logische Begründung der Ethik im Dialog "Charmides" und die aristotelische Kritik. In: Concordia, 20, 2–20. http://www.capurro.de/techne.htm (abgerufen am 4.1.2017)

Capurro, Rafael (1991a): Sprengsätze. Hinweise zu E. Lévinas "Totalität und Unendlichkeit". In: prima philosophia 4, 2, 129–148. http://www.capurro.de/levinas.htm (abgerufen am 4.1.2017)

Capurro, Rafael (1990): Towards an Information Ecology. In: Wormell, Irene (ed.): Information Quality. Definitions and Dimensions. London, Taylor Graham, 122–139. http://www.capurro.de/nordinf.htm (abgerufen am 4.1.2017)

Capurro, Rafael (1986): Hermeneutik der Fachinformation. Freiburg, München: Alber. http://www.capurro.de/hermeneu.html (abgerufen am 4.1.2017)

Capurro, Rafael (1978): Information. Ein Beitrag zur etymologischen und ideengeschichtlichen Begründung des Informationsbegriffs. München: Saur. http://www.capurro.de/info.html (abgerufen am 4.1.2017)

Capurro, Rafael / Holgate, John (Hg.) (2011): Von Boten und Botschaften. Die Angeletik als Weg zur Phänomenologie der Kommunikation, München: Fink.

Capurro, Rafael / Eldred, Michael / Nagel, Daniel (2013): Digital Whoness: Identity, Privacy and Freedom in the Cyberworld. Berlin: de Gruyter.

Capurro, Rafael / Capurro, Raquel (2011): Secreto, lenguaje y memoria en la sociedad de la información In: Piazza, Tommaso (ed.): Segredo e memória. Ensaios sobre a Era da Informação. Porto: Afrontamento, 13–41. http://www.capurro.de/secreto.html (abgerufen am 4.1.2017)

Capurro, Rafael / Nagenborg, Michael (ed.) (2009). Ethics and Robotics. Heidelberg: Akademische Verlagsanstalt.

Capurro, Rafael / Frühbauer, Johannes / Hausmanninger, Thomas (ed.) (2007): Localizing the Internet. Ethical Issues in Intercultural Perspective. München: Fink.

Capurro, Rafael / Pingel, Christoph (2002): Ethical Issues of Online Communication Research. In: Ethics and Information Technology, 4, 3, 189–194.

Capurro, Rafael / Hjørland, Birger (2003): The Concept of Information. In: Cronin, Blaise (ed.): Annual Review of Information Science and Technology, Medford, NJ: Information Today, 37, 8, 343–411. http://www.capurro.de/infoconcept.html (abgerufen am 4.1.2017)

Cardoso, Gustavo (2006): The Media in the Network Society. Browsing, News, Filters and Citizenship. Lissabon: Centre for Research and Studies in Sociology.

Caron, David (2003): La littérature du sida. In: Magazine littéraire, 426, 53–55.

Cassirer, Ernst (1923/1994): Philosophie der symbolischen Formen. 3 Bde. Darmstadt: Wissenschaftliche Buchgesellschaft.

Clausen, Jens (2006): Ethische Aspekte von Gehirn-Computer-Schnittstellen in motorischen Neuroprothesen. In: International Review of Information Ethics, 5. http://www.i-r-i-e.net/issue5.htm (abgerufen am 4.1.2017)

Cicero, Marcus Tullius (1995): De natura deorum. Über das Wesen der Götter. Übers. u. hrsg. U. Blank-Sangmeister. Stuttgart: Reclam.

Cornasz, Laurent / Marchaisse, Thierry (2004): L'indifférence à la psychanalyse. Sagesse du lettré chinois, désir du psychanalyste. Rencontres avec François Jullien. Paris: Presses Universitaires de France.

Demosthenes (1985): Politische Reden. Stuttgart: Reclam.

Dengler, Katharina (2016): Folgen der Digitalisierung für die Arbeitswelt. Friedrich-Ebert-Stiftung, WISO direkt. http://library.fes.de/pdf-files/wiso/12663.pdf (abgerufen am 4.1.2017)

Dettienne, Marcel / Vernant, Jean-Pierre (1974): Les ruses de l'intelligence. La *mètis* des Grecs. Paris: Flammarion.

Deutsche AIDS-Hilfe e.V. (DAH) (2016) https://www.aidshilfe.de/ (abgerufen am 4.1.2017)

Deutsche Aids-Stiftung (2016) https://aids-stiftung.de/ (abgerufen am 4.1.2017)

Diels, Hermann (1965): Antike Technik. Osnabrück: Otto Zeller.

Diels, Hermann / Kranz, Walther (Hg.) (1959): Die Fragmente der Vorsokratiker. Berlin: Weidmannsche.

Dreyfus, Hubert L. (1991): Being-in-the-world. A Commentary on Heidegger's Being and Time, Division I. The MIT Press.

Dschuang Dsi (1988): Das wahre Buch vom südlichen Blütenland. Übers. v. Richard Wilhelm. München: Diederichs.

Eiden, Petra / Schönbach, Klaus (2007): 1987: AIDS erreicht Deutschland. Die ‚Bild'-Zeitung und die Furcht vor einer neuen Seuche – eine Fallstudie. In: Publizistik, 4, 52, 524–538.

Elberfeld, Rolf / Wohlfart, Günter (Hg.) (2002): Komparative Ethik. Das gute Leben zwischen den Kulturen. Köln: Chora.

Eldred, Michael (1999/2014): The Digital Cast of Being. http://www.arte-fact.org/dgtlon_e.html (abgerufen am 4.1.2017)

Eldred, Michael (2001): Entwurf einer digitalen Ontologie. http://www.arte-fact.org/dgtlontl.html (abgerufen am 4.1.2017)

Eldred, Michael (2008): Social Ontology. Recasting Political Philosophy Through a Phenomenology of Whoness. Heusenstamm: ontos. http://www.arte-fact.org/sclontlg.html (abgerufen am 4.1.2017)

Ess, Charles (2009/2014): Digital Media Ethics. Cambridge: Polity Books.

Ess, Charles (2002): Electronic Global Village or McWorld? In: Elberfeld, Rolf / Wohlfart, Günter (Hg.): Komparative Ethik. Das gute Leben zwischen den Kulturen. Köln: Chora, 319–242.

ETICA (2011): Ethical Issues of Emerging ICT Applications http://www.etica-project.eu/ (abgerufen am 4.1.2017)

ETHICBOTS (2008): Emerging Technoethics of Human Interaction with Communication, Bionic and Robotic Systems. https://www.researchgate.net/publication/258833649_Techno-Ethical_Case-Studies_in_Robotics_Bionics_and_Related_AI_Agent_Technologies (abgerufen am 4.1.2017)

Euripides (1982): Ion. Stuttgart: Reclam.

European Commission (2016): Digital Agenda: Das Onlife Manifest. Menschsein im Zeitalter der Hypervernetzung. https://ec.europa.eu/digital-agenda/sites/digital-agenda/files/Manifesto_de_1.pdf (abgerufen am 4.1.2017)

European Group on Ethics in Science and New Technologies (EGE) (2009): Ethics of Synthetic Biology. Opinion 25. Brussels: European Commission. http://ec.europa.eu/archives/bepa/european-group-ethics/publications/opinions/index_en.htm (abgerufen am 4.1.2017)

European Group on Ethics in Science and New Technologies (EGE) (2007): Ethical Aspects of Nanomedicine. Opinion 21. Brussels: European Commission. http://ec.europa.eu/archives/bepa/european-group-ethics/publications/opinions/index_en.htm (abgerufen am 4.1.2017)

European Group on Ethics in Science and New Technologies (EGE) (2005): Ethical Aspects of ICT Implants in the Human Body. Opinion 20. Brussels: European Commission. http://ec.europa.eu/archives/bepa/european-group-ethics/publications/opinions/index_en.htm (abgerufen am 4.1.2017)

Feenberg, Andrew (2003): Active and Passive Bodies: Comments on Don Ihde's Bodies in Technology. In: Techné 7, 2, 102–109.

Fink, Eugen (2010): Spiel als Weltsymbol. Freiburg: Alber.

Finsterbusch, Stephan / Pennekamp, Johannes (2016): Nehmen uns Maschinen die Arbeit weg? In: Frankfurter Allgemeine WOCHE. Nr. 22, 27. Mai 2016, 14–17.

Fleissner, Peter / Hofkirchner, Wolfgang / Müller, Harald / Pohl, Margit / Stary, Christian (1995): Der Mensch lebt nicht vom Bit allein. Information in Technik und Gesellschaft. Frankfurt am Main: Lang.

Floridi, Luciano (2015): Die 4. Revolution. Wie die Infosphäre unser Leben verändert. Berlin: Suhrkamp.
Flusser, Vilém (1996): Kommunikologie. Mannheim: Bollmann.
Foot, Philippa (1978): The Problem of Abortion and the Doctrine of the Double Effect, In: ders.: Virtues and Vices: Oxford: Basil Blackwell.
Foucault, Michel (1988): Technologies of the Self. A Seminar with Michel Foucault. Martin, Luther H. / Huck Gutman, Huck / Patrick H. Hutton, Patrick H. (ed.). Amherst: The University of Massachusetts Press.
Foucault, Michel (1983): Discourse and Truth: the Problematization of Parrhesia. University of California at Berkeley. http://foucault.info/doc/documents/parrhesia/index-html (abgerufen am 4.1.2017)
Franck, Georg (1998): Ökonomie der Aufmerksamkeit. Ein Entwurf. München: Hanser
Freud, Sigmund (1989): Vorlesungen zur Einführung in die Psychoanalyse und Neue Folge. Frankfurt am Main: S. Fischer.
Freud, Sigmund (1930/1974): Das Unbehagen in der Kultur. In: ders.: Fragen der Gesellschaft. Ursprünge der Religion. Frankfurt am Main: S. Fischer, 191–270.
Friedman, Thomas L. (2016): Why 'Facebook Revolutions' Fall Apart. In: The New York Times. International Weekly, February, 2.
Friedman, Thomas L. (2004): Origin of Species. In: The New York Times, March 14, 2004.
Frohmann, Bernd (2000): Cyber Ethics: Bodies or Bytes? In: International Information & Library Review, 32, 423–435.
Gadamer, Hans-Georg (1960/1975): Wahrheit und Methode. Tübingen: Mohr.
Gelbin, Cathy S. (2001): The Golem Returns: From German Romantic Literature to Global Jewish Culture, 1808–2008. The University of Michigan Press.
Gendlin, Eugene T. (1978): Befindlichkeit: [1] Heidegger and the Philosophy of Psychology. In: Review of Existential Psychology & Psychiatry: Heidegger and Psychology. XVI, 1–3. http://www.focusing.org/gendlin_befindlichkeit.html. (abgerufen am 4.1.2017)
Gill, Santinder P. (2015): Tacit Engagement. Beyond Interaction. Heidelberg: Springer.
Glaser, Peter (2016): Der blaue Planet. In: Süddeutsche Zeitung, 24, 13–15.
Globale (2016): New Sensorium : Exiting from Failures of Modernization. Ausstellung. ZKM Karlsruhe. http://zkm.de/event/2016/03/globale-new-sensorium (abgerufen am 4.1.2017)
Globale (2016a): Allahs Automaten. ZKM http://zkm.de/event/2015/10/globale-allahs-automaten (abgerufen am 4.1.2017)
Gracián, Baltasar (1647/1981): El Arte de la Prudencia, Madrid: Ed. Temas de Hoy.
Greis, Andres (2001): Identität, Authentizität und Verantwortung. Die ethischen Herausforderungen der Kommunikation im Internet. München: KoPäd Verlag.
Grimm, Petra / Capurro, Rafael (Hg.) (2008): Informations- und Kommunikationsutopien. Stuttgart: Steiner.
Grossklaus, Götz (2011): Orts-Botschaften. Orte in Jordanien und Syrien. In: Rafael Capurro / John Holgate (Hg.): Von Boten und Botschaften. Die Angeletik als Weg zur Phänomenologie der Kommunikation. München: Fink, 271–277.
Hägler, Max (2016): Der kann das schon allein. In: Süddeutsche Zeitung, 122, 30. Mai, 17.
Hagemeister, Dirk (2006): "Software must not manipulate the physicians." The IT Challenge to Patient Care. In: International Review of Information Ethics, 5. http://www.i-r-i-e.net/issue5.htm (abgerufen am 4.1.2017)

Hayek, Friedrich A. (1945): The Use of Knowledge in Society. In: American Economic Review, XXXV, 4, 519–30. http://www.kysq.org/docs/Hayek_45.pdf (abgerufen am 4.1.2017)
Hayles, Katherine N. (1999): How we Became Posthuman. Virtual Bodies in Cybernetics, Literature, and Informatics. The University of Chicago Press.
Haverkamp, Anselm (Hg.) (1983): Theorie der Metapher. Darmstadt: Wissenschaftliche Buchgesellschaft.
Hegel, Georg Wilhelm Friedrich (1807/1975): Phänomenologie des Geistes. Frankfurt am Main: Suhrkamp.
Hegel, Georg Wilhelm Friedrich (1821/1976): Grundlinien der Philosophie des Rechts. Frankfurt am Main: Suhrkamp.
Hegel, Georg Wilhelm Friedrich (1833/1986): Vorlesungen über die Geschichte der Philosophie I. Frankfurt am Main: Suhrkamp.
Heidegger, Martin (2002): Sein und Wahrheit. Frankfurt am Main: Klostermann. Gesamtausgabe 36/37.
Heidegger, Martin (1992): Platon: Sophistes. Frankfurt am Main: Klostermann, GA 19.
Heidegger, Martin (1929/1991): Kant und das Problem der Metaphysik. Frankfurt am Main: Klostermann.
Heidegger, Martin (1983): Die Grundbegriffe der Metaphysik. Welt – Endlichkeit – Einsamkeit. Frankfurt am Main: Klostermann, GA 29/30.
Heidegger, Martin (1976): Einführung in die Metaphysik. Tübingen: Niemeyer
Heidegger, Martin (1927/1976): Sein und Zeit. Tübingen: Mohr.
Heidegger, Martin (1975): Aus einem Gespräch von der Sprache. Zwischen einem Japaner und einem Fragenden. In: ders.: Unterwegs zur Sprache. Pfullingen: Neske, 83–155.
Heidegger, Martin (1928/1973): Vom Wesen des Grundes, Frankfurt am Main: Klostermann
Heidegger, Martin (1938/1972): Die Zeit des Weltbildes. In: ders.: Holzwege. Frankfurt am Main: Klostermann, 69–104.
Heidegger, Martin (1951/1971): Was heißt Denken? Tübingen: Niemeyer.
Heidegger, Martin (1955/1967): Zur Seinsfrage. Frankfurt am Main: Klostermann.
Herodot (1971): Historien. Stuttgart: Kröner.
Hildt, Elisabeth (2006): Electrodes in the brain: Some anthropological and ethical aspects of deep brain stimulation. In: International Review of Information Ethics, 5 http://www.i-r-i-e.net/issue5.htm. (abgerufen am 4.1.2017)
Himma, Kenneth Einar / Tavani, Herman (ed.) (2008): The Handbook of Information and Computer Ethics. Hoboken, New Jersey: Wiley.
Hobart, Michael E. / Schiffman, Zachary S. (1998): Information Ages. Literacy, Numeracy, and the Computer Revolution. Baltimore, Maryland: The John Hopkins University Press.
Holzhey-Kunz, Alice (2001): Leiden am Dasein. Die Daseinsanalyse und die Aufgabe einer Hermeneutik psychopathologischer Phänomene. Wien: Passagen.
Homer (1979): Ilias. Frankfurt am Main: Insel.
Hongladarom, Soraj / Ess, Charles (ed.) (2007): Information Technology Ethics: Cultural Perspectives. Hershey: Idea Group.
Hongladarom, Soraj (2007): Analysis and Justification of Privacy from a Buddhist Perspective. In: Hongladarom. Soraj / Ess, Charles (ed.): Information Technology Ethics: Cultural Perspectives: Idea Group, 108–122.
Honneth, Axel (1994): Kampf um Anerkennung. Zur moralischen Grammatik sozialer Konflikte. Frankfurt am Main: Suhrkamp.

Honneth, Axel (2011): Das Recht der Freiheit. Grundriss einer demokratischen Sittlichkeit. Berlin: Suhrkamp.
Hume, David (1739/1962): A Treatise of Human Nature. In: ders.: On Human Nature And The Understanding. New York: Macmillan.
IBTimes (2011): Osama bin Laden's Death Photo Prepared for Release. http://www.ibtimes.com/articles/140747/20110503/osama-bin-laden-s-death-photo-prepared-for-release.htm (abgerufen am 4.1.2017)
Ihde, Don (2002): Bodies in Technology. The University of Minnesota Press.
International Center for Information Ethics (ICIE) http://icie.zkm.de (abgerufen am 4.1.2017)
International Review of Information Ethics (IRIE) http://www.i-r-i-e.net (abgerufen am 4.1.2017)
IORG (Information Overload Research Group) (2008) http://www.iorgforum.org/ (abgerufen am 4.1.2017)
IRIE (International Review of Information Ethics) (2009): Network Ecologies: Ethics of Waste in the Information Society. 11. http://www.i-r-i-e.net/issue11.htm (abgerufen am 4.1.2017)
Janich, Peter (2006): Kultur und Methode - Philosophie in einer wissenschaftlich geprägten Welt. Frankfurt am Main: Suhrkamp.
Johnson, Samuel (1755/1968): A Dictionary of the English Language. Hildesheim: Olms.
Joncic, Andrea (2016): Indische Telekom-Aufsicht verbietet Zero-Rating-Angebote. In: Netzpolitik.org 8.2.2016 https://netzpolitik.org/2016/indische-telekom-aufsicht-verbietet-zero-rating-angebote/ (abgerufen am 4.1.2017)
Jünger, Ernst (1950/1980): Über die Linie. In: ders. Sämtliche Werke: Essays I. Betrachtungen zur Zeit, 7. Stuttgart: Klett, 237–280.
Jünger, Ernst (1932/1982): Der Arbeiter. Herrschaft und Gestalt. Stuttgart: Klett-Cotta.
Jullien, François (2005): Nourrir sa vie. À l'écart du bonheur. Paris: Seuil.
Jullien, François (2005a): Eine Dekonstruktion von außen. Von Griechenland nach China, oder: Wie man die fest gefügten Vorstellungen der europäischen Vernunft ergründet. In: Deutsche Zeitschrift für Philosophie 53, 4, 523–539.
Jullien, François (Hg.) (2004): Die Kunst, Listen zu erstellen. Berlin: Merve.
Jullien, François (1985/2003): La valeur allusive. Paris.: Presses Universitaires de France.
Jullien, François (2002): Der Umweg über China. Ein Ortswechsel des Denkens. Berlin: Merve.
Jullien, François (2000): Umweg und Zugang. Strategien des Sinns in China und Griechenland. Wien: Passagen.
Jullien, François (1999): Über das Fade - eine Eloge. Zu Denken und Ästhetik in China. Berlin: Meve.
Jullien, François (1995): Le détour et l'accès. Paris: Presses Univ. de France.
Kang, Hyo Yoon (2011): Autonomic computing, genomic data and human agency: the case of embodiment. In: Hildebrandt, Mireille / Rouvroy, Antoinette (ed.). The Philosophy of Law Meets the Philosophy of Technology: Autonomic Computing and Transformations of Human Agency. Chapter 6, London, New York: Routledge.
Kant, Immanuel (1800/1975): Logik. In: Kant Werke, Hg. W. Weischedel. Darmstadt: Wissenschaftliche Buchgesellschaft.

Kant, Immanuel (1784/1975a): Beantwortung der Frage: Was ist Aufklärung? In: Kant Werke, Hg. W. Weischedel. Darmstadt: Wissenschaftliche Buchgesellschaft.

Kant, Immanuel (1786/1975b): Was heißt: sich im Denken orientieren? In: Kant Werke, Hg. W. Weischedel. Darmstadt: Wissenschaftliche Buchgesellschaft.

Kant, Immanuel (1797/1977): Die Metaphysik der Sitten, Tugendlehre. In Kant Werke, W. Weischedel (Hg.). Frankfurt am Main: Suhrkamp.

Kant, Immanuel (1790/1974). Kritik der Urteilskraft. In: Kant Werke, W. Weischedel (Hg.). Frankfurt am Main: Suhrkamp.

Karafyllis, Nicole (Hg.) (2003): Biofakte. Versuch über den Menschen zwischen Artefakt und Lebewesen. Paderborn: mentis.

Kemper, Peter / Sonnenschein, Ulrich (Hg.) (2002): Globalisierung im Alltag, Frankfurt am Main: Suhrkamp.

Konersmann, Ralf (Hg.) (2007): Wörterbuch der philosophischen Metaphern. Darmstadt: Wiss. Buchgesellschaft.

Konersmann, Ralf (2007a): Vorwort. In: ders.: Wörterbuch der philosophischen Metaphern. Darmstadt: Wissenschaftliche Buchgesellschaft, 7–21.

Konfuzius – Kungfutse (2005): Gespräche – Lunyü. Übers. v. Richard Wilhelm. Wiesbaden: Marix.

Krüger, Alfred (2016): Silicon Valley: Grundeinkommen fürs schlechte Gewissen. ZDF heute. http://www.heute.de/silicon-valley-investoren-fordern-bedingungsloses- grundeinkommen-44296748.html (abgerufen am 4.1.2017)

Lacan, Jacques (1991): Le Transfert. Le Séminaire de Jacques Lacan, VIII. Paris: Seuil.

Laudse (1990): Daudedsching. E. Schwarz (Übers.). Leipzig: Reclam.

Lehmann, Elke (2003): HIV/AIDS und die Rolle der Medien: Die Entwicklung von HIV/AIDS in Großbritannien aus medizinhistorischer Sicht und die Darstellung in den Medien. Dissertation, LMU München: Medizinische Fakultät. https://edoc.ub.uni-muenchen.de/1106/ (abgerufen am 4.1.2017)

Lem, Stanisław (1981/1984): Also sprach Golem. Frankfurt am Main: Suhrkamp.

Lessig, Lawrence (2002): The Future of Ideas. New York: Vintage Books.

Lessig, Lawrence (1999): Code and Other Laws of Cyberspace. New York: Basic Books. (dt. Code und andere Gesetze des Cyberspace", 2001; "Code Version 2.0", 2005)

Lévinas, Emmanuel (1961/1987): Totalität und Unendlichkeit. Versuch über die Exteriorität. Freiburg, München: Alber.

Levy, David M. (2008): Information Overload. In: Kenneth E. Himma, Kenneth E. / Tavani, Herman T. (ed.): The Handbook of Information and Computer Ethics. Hoboken: New Jersey, 497–515.

Lovink, Geert (2008): Fragen oder googeln. Gegen Informationsüberflutung brauchen wir eine kreative Netzkultur. In: Lettre International, 81, 206–208.

Luhmann, Niklas (1987): Soziale Systeme. Frankfurt am Main: Suhrkamp.

Lyotard, Jean-François (1988): Ob man ohne Körper denken kann. In: Hans Ulrich Gumbrecht / K. Ludwig Pfeiffer (Hg.): Materialität der Kommunikation. Frankfurt am Main: Suhrkamp, 813–829.

Lyre, Holger (1998): Quantentheorie der Information. Wien, New York: Springer.

Maresch, Rudolf / Rötzer, Florian (Hg.) (2001): Cyberhypes. Möglichkeiten und Grenzen des Internet, Frankfurt am Main: Suhrkamp.

Marckmann, Georg / Goodmann, Kenneth W. (ed.) (2006). Ethics of Information Technology in Health Care. International Review of Information Ethics, 5. http://www.i-r-i-e. net/issue5.htm (abgerufen am 4.1.2017)

Marx, Karl (1867/2009): Das Kapital. Kritik der politischen Ökonomie. Köln: Anaconda.

Mayer, Brigitte Maria / Müller, Heiner (2005). Der Tod ist ein Irrtum. Frankfurt am Main: Suhrkamp.

McLuhan, Marshall (1964): Understanding Media: The Extensions of Man. New York: Signet Books.

McLuhan, Marshall (1962): The Gutenberg Galaxy: The Making of Typographic Man. University of Toronto Press.

Meckel, Miriam (2007): Das Glück der Unerreichbarkeit. Wege aus der Kommunikationsfalle. Hamburg: Murmann.

Meier, Richard L. (1962): A Communication Theory of Urban Growth. Cambridge, MA.: MIT Press.

Mitchell, William J. (2003): ME++ The Cyborg Self and the Neworked City. The MIT Press.

Möller, Hans-Georg (2002): Moral und Pathologie. In: Rolf Elberfeld, Rolf; Günter Wohlfart (Hg.): Komparative Ethik. Das gute Leben zwischen den Kulturen. Köln: Chora, 303-318.

Moravec, Hans (1988): Mind Children. The Future of Robot and Human Intelligence. Harvard University Press.

Mordini, Emilio / Stacey, Mannari (ed.) (2008). Including Seniors in the Information Society. 28 World Leading Expert Talks on Privacy, Ethics, Technology and Aging. Rom.

Mori, Masahiro (1970): The Uncanny Valley. In: Energy, 7, 4, 33–35 http://www.androidscience.com/theuncannyvalley/proceedings2005/uncannyvalley.html (abgerufen am 4.1.2017)

Morus, Thomas (1516/2001): Utopia. Übers. v. Gerhard Ritter. Stuttgart: Reclam.

Mührel, Eric (1997): Zum Problem der Anerkennung und Verantwortung bei Emmanuel Lévinas. Essen: Die blaue Eule.

Mührel, Eric (Hg.) (2003): Ethik und Menschenbild der Sozialen Arbeit, Essen: Die blaue Eule, 107–118.

Nakada, Makoto / Capurro, Rafael (2013): An Intercultural Dialogue on Roboethics http:// www.capurro.de/intercultural_roboethics.html (abgerufen am 4.1.2017)

Nakada, Makoto / Capurro, Rafael (2009): The Public / Private Debate. A Contribution to Intercultural Information Ethics. In: Rocci Luppicini; Rebecca Adell (Hg.): Handbook of Research in Technoethics, Hershey PA: IGI Global, 339–353.

Nakada, Makoto / Capurro, Rafael (2007): Intercultural Information Ethics. A Dialogue. http://www.capurro.de/iie_dialogue.html (abgerufen am 4.1.2017)

Nakada, Makoto / Tamura, Takanori (2005): Japanese conceptions of privacy: An intercultural perspective. In: Ethics and Information Technology 7, 27–36.

Negrotti, Massimo (1999): The Theory of the Artificial. Exeter: Intellect Books.

Negrotti, Massimo (1995): Verso una teoria dell'artificiale, In: ders. (Hg.): Artificialia. La dimensione artificiale della natura umana. Bologna: CLUEB.

Nietzsche, Friedrich (1999): Kritische Gesamtausgabe, Colli, Giorgio / Montinari, Mazzino (Hg.), Bd. 1–6, München: dtv.

Nissenbaum, Helen (2010): Privacy in Context. Technology, Policy, and the Integrity of Social Life. Stanford: Stanford University Press.

OED (1989): The Oxford English Dictionary. Oxford: Clarendon Press.

Ong, Aihwa / Collier, Stephen J. (ed.) (2005). Global Assemblages: Technology, Politics, and Ethics as Anthropological Problems. Malden, MA: Blackwell.

Ortega y Gasset, José (1935/1962): Misión del bibliotecario. Madrid: Revista de Occidente, 49–128.

Ovid (1983): Metamorphosen. München, Zürich: Artemis Verlag

Palm, Goedart (2005): Journalismus und Mediendämmerung. In: Telepolis 14.12.2005. http://www.heise.de/tp/r4/artikel/21/21567/1.html (abgerufen am 4.1.2017)

Pascal, Blaise (1977): Pensées. Paris: Gallimard.

Peters, John Durham (2015): The Marvellous Clouds. Toward a Philosophy of Elemental Media. The University of Chicago Press.

Platon (1988): Sämtliche Dialoge. Hamburg: Meiner.

Platon (1991): Politeia. Frankfurt am Main: Insel.

Prantl, Heribert (2008): Orwell und Orwellness. In: Süddeutsche Zeitung 96, 2.

Pylyshyn, Zenon W. (1986): Computation and Cognition, Cambridge, MA: MIT Press.

Rahner, Karl (1966): Experiment Mensch. In: Heinrich Rombach (Hg.): Die Frage nach dem Menschen. Freiburg/München: Alber, 45–69.

Reuter, Till (2016): "Es gibt kein Zurück". Interview: Elisabeth Dostert und Ulrich Schäfer. In: Süddeutsche Zeitung, 161, 14. Juli, 13.

Robert Koch Institut (2008) http://www.rki.de/DE/Home/homepage_node.html (abgerufen am 4.1.2017)

Robot Companions for Citizens (EU-Project) (2012) http://www.robotcompanions.eu/ (abgerufen am 4.1.2017)

Rorty, Richard (2004): Feind im Visier. Im Kampf gegen den Terror gefährden westliche Demokratien die Grundlagen ihrer Freiheit. DIE ZEIT, März 18, 13, 49–50.

Rorty, Richard (1979): Philosophy and the Mirror of Nature. Princeton University Press.

Scheule, Rupert M. / Capurro, Rafael / Hausmanninger, Thomas (Hg.) (2004): Vernetzt gespalten. Der Digital Divide in ethischer Perspektive. München: Fink.

Schinzel, Britta (2006): Gender and ethically relevant issues of visualizations in the life science. In: International Review of Information Ethics, 5. http://www.i-r-i-e.net/issue5.htm (abgerufen am 4.1.2017)

Schmidt, Helmut (2011): Altkanzler kritisiert Tötung Bin Ladens. In: Focus, 25.05.2011 http://www.focus.de/politik/ausland/osama-bin-laden/helmut-schmidt-altkanzlerkritisiert-toetung-bin-ladens_aid_631091.html (abgerufen am 4.1.2017)

Schmidt, Siegfried J. (1995): Platons Höhle - Ein philosophischer 'Betriebsunfall'? In: Fehr, Michael / Krümmel. Clemens / Müller, Markus (Hg.): Platons Höhle. Das Museum und die elektronischen Medien. Köln: Wienand, 36–56.

Schneider, Gregor (2008): Künstler will humane Orte für den Tod bauen. Interview. In: Welt Online, 21. http://www.welt.de/kultur/article1922105/Kuenstler-will-humane-Orte-fuer-den-Tod-bauen.html

Schwab, Klaus (2016): The Fourth Industrial Revolution: what it means, how to respond. http://www.weforum.org/agenda/2016/01/the-fourth-industrial-revolution-what-it-means-and-how-to-respond (abgerufen am 4.1.2017)

Shannon, Claude E. (1948): A Mathematical Theory of Communication. In: The Bell System Technical Journal 27, 379–423, 623–656. http://worrydream.com/refs/Shannon%20-%20A%20Mathematical%20Theory%20of%20Communication.pdf (abgerufen am 4.1.2017)

Sheppard, R.Z. (1971): Rock Candy. In: Time Magazine, April 12. http://content.time.com/time/magazine/article/0,9171,905004,00.html (abgerufen am 4.1.2017)
Siemons, Mark (2003): Die Rückkehr des Meisters. In China gelangt der Konfuzianismus zu neuer Blüte. In: Frankfurter Allgemeine Zeitung, 8, 31.
Simon, Herbert A. (1969/1982): The Sciences of the Artificial. The M.I.T. Press.
Sloterdijk, Peter (2009): Du musst dein Leben ändern. Über Anthropotechnik. Frankfurt am Main: Suhrkamp.
Sloterdijk, Peter (1998 ff): Sphären. 3 Bde. Frankfurt am Main: Suhrkamp.
Sloterdijk, Peter (1997): Kantilenen der Zeit. In: Lettre International, 36, 71–77.
Sontag, Susan (1989): Krankheit als Metapher. Frankfurt am Main: Fischer.
Sontag, Susan (1989a): Aids und seine Metaphern. München: Hanser.
Spencer Brown, George (1973): Laws of Form. New York: Bantam Book.
Strauss, Leo (1988): Persecution and the Art of Writing. The University of Chicago Press.
Sudweeks, Fay / Ess, Charles (2004): Cultural Attitudes towards Technology and Communication 2004. Murdoch: Murdoch University.
Sützl, Wolfgang (2002): Emanzipation oder Gewalt. Gianni Vattimos ästhetischer Pazifismus, Diss. (Valencia, Spanien) (Emancipación o violencia. Pacifismo estético en Gianni Vattimo. Barcelona: Icaria 2007).
Szlezák, Thomas A. (1985): Platon und die Schriftlichkeit der Philosophie. Berlin: Springer.
The Global Fund (2008): To Fight Aids, Tuberculosis and Malaria. http://www.theglobalfund.org/en/
The Lutheran World Federation (2004): Churches Cautioned against a Moralistic Approach to HIV/AIDS. https://www.lutheranworld.org/News/LWI/EN/1441.EN.html (abgerufen am 4.1.2017)
The Milwaukee Sentinel (1926): 'Phantom Auto' will tour city. 8. Dezember.
The Victoria Advocate (1957): Power companies build for your new electric living. 24. März. https://news.google.com/newspapers?nid=861&dat=19570324&id=qtFHAAAAIBAJ&sjid=nn8MAAAAIBAJ&pg=1952,2616834&hl=de (abgerufen am 4.1.2017)
Thiele, Carmela (2016): I desire to become data: Code, Kritik und Kunst. Besuch der "Infosphäre". Eine Ausstellung als begehbare Link-Sammlung. In: Kunstforum International, 237, 87–143.
Thomas von Aquin (1922): Summa Theologiae. Rom: Ed. Leonina.
Thomsen, Dirko (1990): 'Techne' als Metapher und als Begriff der sittlichen Bildung. Freiburg, München: Alber.
Toffler, Alvin (1980): The Third Wave. New York: Bantam Books.
Toffler, Alvin (1970): Future Shock. New York: Bantam Books.
Topnotch FM (2011): Obama watched Osama shot down on live video in White House. http://timesofindia.indiatimes.com/world/us/Obama-watched-Osama-shot-down-on-live-video-in-White-House/articleshow/8151019.cms (abgerufen am 4.1.2017)
Tripathi, Arun Kumar (2015): Postphenomenological investigations of technological experience. In: AI & Society, 30, 199–205.
Turkle, Sherry (2016): Das Leben ist keine App. In: Süddeutsche Zeitung, 24, 15.
Tzafestas, Spyros G. (2016): Roboethics. A Navigating Overview. Heidelberg: Springer.
UNAIDS (2007): AIDS epidemic update http://data.unaids.org/pub/EPISlides/2007/2007_epiupdate_en.pdf (abgerufen am 4.1.2017)

UNESCO (2007): Another way to learn. Case Studies http://unesdoc.unesco.org/images/0015/001518/151825e.pdf (abgerufen am 4.1.2017)

Varela, Francisco (1992): Un know-how per l'etica, Roma, Bari: Laterza.

Vattimo, Gianni (1985): La fine della modernità. Nichilismo ed ermeneutica nella cultura post-moderna, Mailand: Garzanti.

Vattimo, Gianni (1990): Das Ende der Moderne. R. Capurro (Übers.). Stuttgart: Reclam.

Veruggio, Gianmarco / Operto, Fiorella (2006): Roboethics: a Bottom-up Interdisciplinary Discourse in the Field of Applied Ethics in Robotics. In: International Review of Information Ethics, Vol. 6, 12. http://www.i-r-i-e.net/inhalt/006/006_Veruggio_Operto.pdf (abgerufen am 4.1.2017)

Vidal, Denis (2016)V Aux frontières de l'humain. Dieux, figures de cire, robots et autres artefacts. Paris: Alma editeur.

Von Krogh, Georg / Ichijo, Kazuo / Nonaka, Ikujiro (2000): Enabling Knowledge Creation. Oxford University Press.

Wagner, Cosima (2013): Robotica Niponica - Recherchen zur Akzeptanz von Robotern in Japan. Marburg: Tectum.

Walker, John (2003): The Digital Imprimatur. http://www.fourmilab.ch/documents/digital-imprimatur/

Wallach, Wendall / Allen, Colin (2009): Moral Machines: Teaching Robots Right from Wrong. Oxford: Oxford University Press.

Weibel, Peter (2015/2016): Das neue Kunstereignis im digitalen Zeitalter: die GLOBALE. In: Kunstforum International, 237, 28–31.

Weibel, Peter / Jocks, Heinz-Norbert (2015/2016): Die Transzendierung des Menschen durch den Menschen Oder Was sich Peter Weibel zur GLOBALE gedacht hat. Ein Gespräch mit Heinz-Norbert Jocks. In: Kunstforum International, Bd. 237, S. 74–85.

Weibel, Peter / Jocks, Heinz-Norbert (2015/2016a): Vorbei die Zeit der Dinosaurier der Unmittelbarkeit. Ein Streifzug durch die GLOBALE mit Peter Weibel. In: Kunstforum International, 237, 145–159.

Welsch, Wolfgang (1996): Grenzgänge der Ästhetik. Stuttgart: Reclam.

Wiener, Norbert (1950/1989): The Human Use of Human Beings. Cybernetics and Society. London: Free Assoc. Books.

Wiener, Norbert (1948/1965): Cybernetics: or Control and Communication in the Animal and the Machine. Cambridge, Mass.: The MIT Press.

Wittgenstein, Ludwig (1965/1989): Vortrag über Ethik. Frankfurt am Main: Suhrkamp.

Wittgenstein, Ludwig (1929/1984). Zu Heidegger. In: B.F. McGuiness (ed.): Ludwig Wittgenstein und der Wiener Kreis. Gespräche, aufgezeichnet von Friedrich Waismann. Frankfurt am Main: Suhrkamp, 68–69.

Wittgenstein, Ludwig (1922/1984a): Tractatus logico-philosophicus, Frankfurt am Main: Suhrkamp.

Wohlfart, Günter (2002): Alte Geschichten zum wuwei. In: Elberfeld, Rolf / Wohlfart, Günter (Hg.): Komparative Ethik. Das gute Leben zwischen den Kulturen. Köln: Edition Chora, 97–106

WSIS (2003/2005): World Summit on the Information Society. http://www.itu.int/wsis/ (abgerufen am 4.1.2017)

WSIS (2003): Declaration of Principles. http://www.itu.int/wsis/index.html (abgerufen am 4.1.2017)

Wurman, Richard Saul (2001): Information Anxiety 2. Indianapolis, Indiana: DoubleDay.

Wynsberghe, Aimee van (2016): Designing Robots with Care: Creating an ethical framework for the future design and implementation of care robots. London, New York: Routledge.

Zabala, Santiago (ed.) (2007): Weakening Philosophy. Essays in Honour of Gianni Vattimo. McGill-Queen's University Press.

Zielinski, Siegfried / Weibel, Peter (Hg.). Allah's Automata. Artifacts of the Arab-Islamic Renaissance (800–1200). ZKM - Hatje Cantz.

Zimmerli, Walther Chr. (1990): Auf dem Weg zur mediengesteuerten Gesellschaft. In: Hans Albrecht Koch / Agnes Krup-Ebert (Hg.): Welt der Information: Stuttgart: Metzler, 204–212.

Žižek, Slavoj (1997): Die Pest der Phantasmen. Wien: Passagen.

Zuboff, Shoshana (2016): Wie wir Sklaven von Google wurden. In: Frankfurter Allgemeine Zeitung, 53, 11.

The manufacturer's authorised representative in the EU is Springer Nature Customer Service Centre GmbH, Europaplatz 3, 69115 Heidelberg, Germany. If you have any concerns regarding our products, please contact ProductSafety@springernature.com

Printed and bound by CPI Group (UK) Ltd, Croydon, CR0 4YY
25/03/2026
02078194-0002